DOGS HUNDE-FÜHRERSCHEIN

MARTIN RÜTTER DOGS

MIT KOSMOS MEHR ENTDECKEN

Mit **FRAGE-ANTWORT-KATALOG**

SEIT 1822

KOSMOS

☞ *Inhalt*

DOGS HUNDEFÜHRERSCHEIN

Mensch und Hund leben in der heutigen Zeit sehr eng zusammen, Hunde begleiten ihre Familien nahezu überall im Alltag.

Bei der Vielzahl an Hunden führt das enge Zusammenleben schnell zu Problemen, vor allem dann, wenn sich Hundehalter und Nicht-Hundehalter treffen, deren Bedürfnisse meist stark voneinander abweichen. Damit Ärger nicht schon vorprogrammiert ist, muss ein Hund gut erzogen sein und von seinem Menschen so durch den Alltag geführt werden, dass er niemanden stört oder gar belästigt. Das wird aber nur dann funktionieren, wenn der Hund sich an seinem Menschen orientiert und ihm vertraut, wenn also beide ein harmonisches Team bilden.

VERANTWORTUNG

Der Hundehalter ist für seinen Hund und dessen Wohlbefinden verantwortlich! Dazu ist es notwendig, dass man seinen Hund versteht und seine Körpersprache lesen kann. Man muss die Bedürfnisse seines Hundes kennen – dazu gehört neben der Überprüfung der Gesundheit (und bei Bedarf tiermedizinischer Behandlung) sowie der ausreichenden Versorgung mit Wasser und Nahrung auch, seinen Hund rassespezifisch und altersgemäß körperlich und geistig zu beschäftigen sowie ihm Sozialkontakt zu Menschen und Artgenossen zu ermöglichen. Bei alldem steht der hundegerechte Umgang im Vordergrund, der Mensch muss bei der Haltung, Versorgung und Erziehung seines Hundes immer die verschiedenen gesetzlichen Vorgaben einhalten und die Beziehung zu seinem Hund nach den aktuellen kynologischen Kenntnissen gestalten.
Mit den unterschiedlichen Trainingsangeboten zum DOGS Hundeführerschein lernt der Hundehalter in allen teilnehmenden DOGS Hundeschulen die theoretischen Grundlagen der Hundehaltung und übt in der Praxis, entspannt mit seinem Hund durch den Alltag zu kommen.
Mit der Prüfung zum DOGS Hundeführerschein weist der Halter seine Sachkunde in Bezug auf das Führen eines Hundes nach. Er weist nach, dass er jederzeit in der Lage ist, den von ihm in der Prüfung geführten Hund so zu kontrollieren und zu führen, dass von diesem keine Belästigungen oder Gefahren in der Öffentlichkeit ausgehen. Er weist zudem nach, dass er die theoretische Sachkunde in der Praxis umsetzen kann, vorausschauend handelt und somit Gefahrensituationen rechtzeitig erkennt und vermeidet. Ein Hund, der die praktische Prüfung des DOGS Hundeführerscheins bestanden hat, weist nach, dass er die Grundsignale beherrscht und sich an seinem Menschen orientiert. Siehe auch Prüfungsordnung DOGS Hundeführerschein, Link auf S. 249.

Rechts: Mischlingsrüde Sky begrüßt Martin zwar freundlich, aber auch ein wenig aufdringlich.

BEDÜRFNISSE VON HUNDEN

Kein Hund trifft die Entscheidung, bei einem bestimmten Menschen zu leben – wir entscheiden für den Hund!
Wir suchen ihn als Welpe beim Züchter aus, holen ihn aus dem Tierheim oder Ausland oder retten ihn aus schlechter Haltung. Damit sind wir es dem Hund schuldig, ihm ein möglichst artgerechtes Leben entsprechend seiner Bedürfnisse zu bieten. Menschen und Hunde passen gut zusammen, doch auch wenn es einige Gemeinsamkeiten wie ähnliche soziale Strukturen gibt, handelt es sich doch um zwei völlig unterschiedliche Arten. Daher ist es unabdingbar, dass wir Menschen lernen, welche Bedürfnisse und besonderen Eigenschaften Hunde haben, wie sie kommunizieren, worauf man in Bezug auf Ernährung und Gesundheit achten muss und letztlich, wie man sie am besten auf das Leben in der menschlichen Gemeinschaft vorbereitet und integriert, sodass sich das Zusammenleben mit dem Hund nicht nur für diesen, sondern auch für alle Menschen in seinem Umfeld entspannt und harmonisch gestaltet.

FACHKENNTNISSE

— *für Hundehalter*

ENTWICKLUNGSGESCHICHTE, AUSWAHL UND HALTUNG

Mithilfe der sogenannten „Klassifikationswissenschaft" werden Lebewesen in zusammengehörende Gruppen unterteilt, dabei gibt es unterschiedliche Stufen.

So gehört beispielsweise zur Ordnung der Primaten neben den vielen Affenarten auch der Mensch. Der Haushund (lat.: *Canis lupus familiaris*) ist eine Unterart der Art „Wolf" (lat.: *Canis lupus*), der wiederum zur Familie der „Hunde" (lat.: *Canidae*) gehört. Alle Hundeartigen werden der Ordnung der „Raubtiere" (lat.: *Carnivores*) zugeordnet, deren Gebiss auf den Verzehr von Fleisch angepasst ist. Sie besitzen ein scherenartiges Gebiss, mit dem die Nahrung lediglich zerkleinert und dann direkt hinuntergeschluckt wird. Hunde nehmen zwar auch in geringem Umfang pflanzliche Nahrung zu sich, gehören damit aber nicht zu den „Pflanzenfressern" (lat.: *Herbivores*), deren Gebiss aufgrund ihrer Mahlzähne auf den Verzehr von pflanzlicher Nahrung ausgerichtet ist.

Graycie ist eine Mischlingshündin aus Husky und Berger de Picardie. Den nordischen Elternteil sieht man ihr deutlich an.

DOMESTIKATION

Unter Domestikation (*domesticus* (lat.) = häuslich) wird die Haustierwerdung einer wilden Tierart verstanden. Der Begriff umfasst aber auch die allmähliche Umwandlung von wild wachsenden Pflanzen in Kulturpflanzen durch den Menschen.

URVATER WOLF

Auch wenn es früher viele Theorien gab, wer als „Urvater" des Haushundes gilt und man neben dem Wolf auch den Schakal, den Kojoten oder Wildhunde wie den Basenji vermutete, ist man heute aufgrund unterschiedlicher Forschungen sicher, dass der Hund sich aus dem Wolf entwickelt hat. Auch Zeitpunkt und Ort der Domestikation des Hundes sind umstritten. Man geht momentan von unterschiedlichen Orten in Asien und Europa sowie einem Zeitraum von mindestens 15 000 Jahren aus.
Im Laufe der Domestikation hat sich der Hund zwar aus dem Wolf (bzw. einer Urform des heutigen Wolfes) entwickelt, doch auch wenn er damit als Unterart des Wolfes zur gleichen Familie (den *Canidae*) gehört, kann man das Verhalten von Wölfen nicht eins zu eins auf das Verhalten von Hunden übertragen. Der Haushund hat sich in vielen Bereichen so an den Menschen angepasst, dass deutliche Unterschiede entstanden sind. Beim Aussehen wird dies bei der Betrachtung der vielen unterschiedlichen Rassen sofort deutlich. In Bezug auf das Verhalten fällt auf, dass der Hund z. B. deutlich häufiger und auch viel differenzierter bellt als der Wolf, wohingegen dieser viel häufiger und auch differenzierter heult als der Hund. Die Erforschung des Verhaltens von Wölfen kann

Nordische Hunde haben nicht nur äußerlich viele Ähnlichkeiten mit dem Wolf. Dennoch kann man ihr Verhalten nicht eins zu eins mit dem der Urahnen vergleichen.

damit zwar Hinweise auf die Deutung der Verhaltensweisen von Hunden geben, was Haltung und Erziehung von Hunden angeht, muss man den Haushund jedoch individuell betrachten.

ENTSTEHUNG DER RASSEN

Hunde wurden vom Menschen gezielt für bestimmte Aufgaben gezüchtet. So musste der Jagdhund das Wild für den Jäger aufspüren und der Hovawart den Hof bewachen (Mittelhochdeutsch: hova = Hof, wart = Wächter), während der Schoßhund dem Menschen einfach nur Gesellschaft leisten sollte. Auch wenn viele Hunde heutzutage kaum noch in ihrem eigentlichen Aufgabenbereich eingesetzt werden, zeigen sie die dadurch bedingte Veranlagung dennoch. Bei der Auswahl eines Hundes sollte man sich daher genau über die jeweiligen rassespezifischen Veranlagungen erkundigen und überlegen, ob diese zu einem selbst und den eigenen Lebensumständen passen. Natürlich gibt es auch individuelle Unterschiede von Hunden innerhalb einer Rasse, dennoch ist die Wahrscheinlichkeit, einen Deutsch Drahthaar mit wenig jagdlicher Motivation anzutreffen, eher gering. Insbesondere die Rassen, die auch heute noch aktiv für bestimmte Aufgaben eingesetzt und dementsprechend gezielt dafür gezüchtet werden, besitzen die gewünschten Veranlagungen in ausgeprägter Form, und das meist ohne Ausnahme. Bei Arbeitshunderassen muss also sehr genau überprüft werden, ob man mit den genetisch bedingten Verhaltensweisen des Hundes leben kann und will.

Der Große Schweizer Sennenhund lässt sich als Haus- und Hofhund eher für ruhige Beschäftigungsformen wie Fährte oder Mantrailen begeistern.

RASSEGRUPPEN

Den meisten Menschen fällt zunächst auf, dass sich Hunde deutlich im Aussehen unterscheiden. Dabei gibt es im Laufe der Zeit große Unterschiede in dem, was gerade als „schön" empfunden wird, Modetrends bestimmen oftmals die Zucht. Hunde allein aufgrund ihres Aussehens für die Zucht zu selektieren, birgt jedoch die Gefahr, dass andere Aspekte wie Gesundheit, Charakter und Verhalten vernachlässigt werden und es hier zu Problemen kommt. Hunde unterscheiden sich also auch durch ihre Eigenschaften wie Territorialität, jagdliche Motivation etc. Man teilt sie in unterschiedliche Rassegruppen ein, deren Hauptmerkmal der ursprüngliche Verwendungszweck ist.

HAUS-, HOF-, WACH- UND SCHUTZHUNDE

Unter den Begriff „Haus-, Hof-, Wach- und Schutzhunde" fallen Hunderassen, die speziell dafür eingesetzt wurden, das Hab und Gut des Menschen zu bewachen und zu verteidigen. Diese Hunde liefen oft frei auf den Höfen umher und registrierten sofort jeden, der das – meist nicht einmal eingezäunte – Grundstück betrat. Doch soll ein Hund ein bestimmtes, nicht umzäuntes Areal nicht verlassen, darf er keine große Motivation zum Herumstreunen entwickeln. Die jagdliche Motivation ist bei diesen Hunden daher in aller Regel eher gering ausgeprägt. Leider entscheiden sich viele Menschen für diese Hunde aufgrund ihres Aussehens: Große, ruhige, oft plüschige Hunde scheinen ideal für die Familie zu sein. Dass zu dem ruhigen Charakter ein starkes Territorialverhalten gehört, das in einer Stadtwohnung meist fehl am Platz ist, übersehen die meisten. Doch wer ursprünglich nachts allein Eindringlinge vertreiben musste, ist fremden Menschen gegenüber natürlich skeptisch und handelt auch schnell einmal selbstständig. Gegenüber der eigenen Familie sind diese Hunde sehr sozial. Besucher werden jedoch meist als Eindringling angesehen, vor dem vor allem die im Haushalt lebenden Kinder beschützt werden müssen. Daher kann eine Haltung als Familienhund schnell zu Problemen führen, wenn täglich Menschen zu Besuch kommen.

HERDENSCHUTZHUNDE

Herdenschutzhunde werden häufig mit Hütehunden verwechselt. Dabei handelt es sich um vollkommen unterschiedliche Hunderassen, die lediglich verbindet, dass sie an der Herde arbeiten. Während der Hütehund die Schafherde treiben und auf Signale des Schäfers einzelne Tiere isolieren soll, ist der Herdenschutzhund der selbstständige Begleiter der Herden. Er soll die Schafe weder hüten noch treiben, sondern fungiert lediglich als Beschützer. Zum Teil läuft er tagelang mit der Herde mit, ohne dass der Schäfer anwesend ist. Er beobachtet die Umgebung, liegt präsent am Rand der Herde und lässt sich durchaus auch auf einen Kampf mit einem Räuber, wie z. B. dem Wolf, ein. Hier liegt auch das ausgeprägte Territorialverhalten sowie die große Selbstständigkeit dieser Hunde begründet. Fremde Menschen sollten sich daher niemals unangemeldet auf ein Grundstück mit einem frei laufenden Herdenschutzhund begeben, da dieser den Eindringling nicht nur melden, sondern auch vertreiben wird. Gegenüber der eigenen Familie sind diese Hunde sehr sozial, Besucher werden aber als Eindringling angesehen, vor dem vor allem die Kinder der Familie beschützt werden müssen. Daher kann eine Haltung als Familienhund sehr schnell zu Problemen führen. Spaziergänge im belebten Park können ebenfalls zu einer großen Herausforderung werden, da der Herdenschutzhund über andere Artgenossen in „seinem Revier" nicht wirklich begeistert sein wird.

Der aus der Türkei stammende Kangal gehört zu den Herdenschutzhunden, er wird dort noch aktiv zur Bewachung der Herden eingesetzt.

HÜTEHUNDE

Hütehunde wurden für das Hüten gezüchtet. Je nach Rasse sollen sie dabei die Herde vor sich hertreiben, zusammentreiben, auf einem bestimmten Gebiet halten, einzelne Tiere absondern oder die Tiere sogar vor Angreifern bewachen. Daher sind Hütehunde, je nach ursprünglicher Verwendung, durchaus auch sehr wachsam.
Beim Hüten pirscht sich der Hütehund fixierend an die Herde an, er zeigt also nichts anderes als Jagdverhalten. Daher hat er in der Regel eine hohe jagdliche Motivation, jedoch ist die Kette der Jagdverhaltenselemente nach dem Fixieren unterbrochen. Er soll z. B. die Schafe natürlich weder hetzen noch packen oder gar töten. Hütehunde lieben dynamische Aktivitäten, dennoch müssen sie nicht stundenlang beschäftigt werden. Viel wichtiger ist, dass sie lernen, Reize auszuhalten. Ruhe und Entspannung sind daher für sie genauso wichtig wie das gemeinsame Training mit ihrem Menschen. Und das darf dann gern dynamisch sein: Agility, Hoopers, Flyball, Frisbee – der Hütehund lässt sich für viele sportliche Aktivitäten begeistern.

TREIBHUNDE

Treibhunde wurden ursprünglich zum Treiben von Herden eingesetzt. Im Gegensatz zum Hütehund darf der Treibhund durchaus auch einmal zupacken. Da es sich bei den Herden meist um große und robuste Tiere wie Kühe handelt, muss der Hund sich dementsprechend durchsetzen

können. Fixieren reicht nicht aus, um eine Kuh voranzutreiben, zumal Kühe eher ausbrechen, wenn ein Hund sich frontal vor sie stellt und fixiert. Daher zwicken Treibhunde die Kühe von hinten in die Fersen, um ihrer Forderung, sich fortzubewegen, Nachdruck zu verleihen. Natürlich dürfen die Tiere hierbei nicht ernsthaft verletzt werden! Treibhunde sind sehr robuste und körperlich wenig sensible Hunde, die gern selbstständig, aber durchaus auch mit dem Menschen zusammenarbeiten. Genauso wie Hütehunde reagieren sie schnell auf Reize, lieben also die dynamische und aktive Beschäftigung. Ihre Erregung äußern sie in durchdringendem Gebell. Da sie auch für die Bewachung der Herden und Höfe eingesetzt wurden, sind sie meist sehr territorial und melden jeden Eindringling.

Treibhunde, wie die Rottweilerhündin Emma, lieben den körperlichen Einsatz beim Treibball.

JAGDHUNDE

Jagdhunde begleiten den Menschen schon seit sehr langer Zeit und wurden entsprechend der jagdlichen Bedürfnisse gezüchtet. Dadurch entstanden nicht nur in Bezug auf das Aussehen sehr unterschiedliche Hunde, auch das Jagdverhalten ist unterschiedlich ausgeprägt. So gibt es kleine Hunde mit kurzen Beinen, die problemlos den Fuchs im Bau verfolgen können. Diese Hunde sind sehr unerschrocken und selbstständig, denn im Bau müssen sie allein, ohne die Hilfe des Menschen, klarkommen. Sichthetzer reagieren auf jede kleinste Bewegung und jagen der Beute in rasantem Tempo nach. Spurjäger verfolgen ausdauernd kilometerlange Fährten und führen den Jäger zum Wild. Apportierhunde bringen das Wild nach erfolgreicher Jagd zum Jäger zurück. Einige Jagdhunderassen eignen sich durchaus auch als Familienhund. Hier sind an erster Stelle die Retriever wie Labrador oder Golden zu nennen, da diese speziell für die Zusammenarbeit mit dem Menschen gezüchtet wurden. Zudem müssen sie während der jagdlichen Arbeit hauptsächlich ruhig und geduldig warten, während der Jäger das Wild

Die Leidenschaft des Labrador Retrievers ist, wie es der Name schon sagt, das Apportieren. Felldummys sind als Beute besonders begehrt.

Links: Der Australian Shepherd hat viel Spaß an dynamischen Beschäftigungen wie z. B. Agility.

erlegt. Damit bringen diese Hunde bereits durch die Zucht bedingte Ruhe und Impulskontrolle mit, dennoch gibt es individuell für den einzelnen Hund hierfür natürlich keine Garantie.
Aber auch einige Vorstehhunde, vor allem wenn sie nicht aus Leistungszuchten kommen, sowie einige Stöberhunde wie der Cocker Spaniel, Meutehunde wie der Beagle oder auch Solitärjäger wie Dackel, Foxterrier etc. sind von ihrer Veranlagung her eher gemäßigt in ihrer jagdlichen Motivation, sodass sie durchaus auch als Familienhunde artgerecht gehalten werden können. Vorstehhunde aus Leistungszuchten wie Deutsch Drahthaar, Deutsch Langhaar, Weimaraner und Pudelpointer führen in der Regel nur dann ein glückliches Leben, wenn sie ihrer starken Jagdleidenschaft auch wirklich nachgehen können. Daher werden sie von seriösen Züchtern auch ausschließlich an Jäger vermittelt.

JAGDVERHALTEN
So unterschiedlich Jagdhunde auch sind, besitzen sie doch alle eine mehr oder weniger starke jagdliche Motivation. Diese kann man jedoch gut mit alternativen Trainingsformen wie Fährte, Mantrailen, Hetzspielen an der Reizangel oder Apportiertraining befriedigen, sodass viele Jagdhunde – zumindest in begrenztem Rahmen – ohne Leine laufen können. Dennoch muss man jeden Jagdhund auf dem Spaziergang immer gut im Blick haben, denn auch der noch so gut aufgebaute Rückruf hat seine Grenzen. Lässt sich ein Hund im Ansatz des Verhaltens noch gut abrufen, ist der Abbruch der wilden Hatz nur sehr selten erfolgreich.

WINDHUNDE

Windhunde sind Sichtjäger, die in weiten Ebenen wie in der Wüste zur Jagd eingesetzt werden. Dort kann man weit blicken, es gibt keine Wälder, die die Sicht eingrenzen. Das Wild muss möglichst schnell, z. T. auch über eine etwas längere Distanz, verfolgt werden. Somit sind Windhunde in der Regel hochbeinige, sehr schnelle Hunde, die hauptsächlich das Auge nutzen, um Wild aufzuspüren. Jede noch so kleinste Bewegung in der Umgebung wird registriert, die Hetzjagd beginnt. Daher haben sie eine große Leidenschaft für Beschäftigungen, bei denen sie Beute verfolgen können, z. B. beim Hetzspiel mit der Reizangel. Auf der Jagd sind sie schnell wie der Wind, daher

Links: Der Körperbau des Whippets ermöglicht ihm, in wenigen Sekunden rasante Geschwindigkeit aufzunehmen.

Bordeauxdoggen können ein Gewicht von 50 kg und mehr erreichen und zählen somit eher zu den Schwergewichten unter den Hunderassen.

brauchen sie zudem auch die Möglichkeit, einmal so richtig Gas geben zu können. Aus dieser Leidenschaft des Windhundes entstanden Windhundrennen, bei denen der schnellste Hund gewinnt. Viele Menschen denken daher, dass lange und ausgedehnte Radtouren sich gut dafür eignen, einen Windhund auszulasten. Doch auch auf einem Rennen laufen diese Hunde nur über eine relativ kurze Distanz: Windhunde sind Kurzstrecken-Sprinter! Langsame und lang andauernde Radtouren, bei denen große Ausdauer gefragt ist, langweilen sie meist. Lastet man sie aber entsprechend ihrer Veranlagung aus und trainiert einen zuverlässigen Rückruf, kann man Windhunde durchaus auch ohne Leine laufen lassen. Doch auch bei ihnen gilt wie bei allen Jagdhunden: Man sollte sie gut im Auge behalten. Denn wenn sie einmal loslaufen, haben sie in kürzester Zeit eine große Distanz überwunden.

DOGGENARTIGE HUNDE

Die meisten dieser Hunde wurden ursprünglich für den Kampf gegen andere Hunde, Bären oder Stiere gezüchtet. Hierzu bedurfte es Beißkraft und Schnelligkeit. Einige Rassen wurden auch primär als „erbarmungslose" Jäger auf Wildschweine, Bären und Co genutzt, sodass sie oftmals eine stark ausgeprägte jagdliche Motivation besitzen. Zusätzlich wurden sie häufig auch z. B. von Jagdaufsehern als Schutzhund gegen Wilderer eingesetzt. Daher sind diese Hunde häufig sehr territorial, dennoch zeigen sie in der Regel selten aggressives Verhalten gegenüber Menschen. Denn diese mussten die Hunde während der Kämpfe immer wieder trennen, sodass aggressives Verhalten Menschen gegenüber absolut unerwünscht war. Aufgrund ihres Körperbaus sind sie robust, zudem sind sie wenig sensibel. Das mag sie vielleicht im ersten Augenblick als genügsame „Kinderhunde"

Vielen Nordischen Hunden, wie der Huskyhündin Laika, kann man aufgrund der ausgeprägten jagdlichen Motivation keinen Freilauf gewähren.

erscheinen lassen. Und sie lassen sich von Kindern aufgrund ihrer hohen Reizschwelle auch viel gefallen. Doch hier lauert die Gefahr! Denn wird diese Reizschwelle irgendwann überschritten, wird blitzschnell und ohne deutliche Vorwarnung korrigiert. Daher sind sie für Familien mit kleineren Kindern eher nicht zu empfehlen.

HUNDE VOM URTYP/NORDISCHE HUNDE

Da die meisten nordischen Rassen nicht für eine bestimmte jagdliche Nutzung gezüchtet wurden, besitzen sie alle Elemente des Jagdverhaltens noch in ursprünglicher Ausprägung, was einen Freilauf häufig schwierig macht. Daher lassen sich diese Hunde auch selten auf spielerische Formen des Jagdverhaltens ein. Warum soll man einem Ball hinterherlaufen, wenn man diesen nicht fressen kann? Einem Hasen hinterherzurennen, kann sich dagegen durchaus lohnen. Dabei zeigen sie auch große Ausdauer. Das bedeutet allerdings nicht, dass tägliche lange Radtouren eine angemessene Beschäftigung für Nordische Hunde wären, denn meist ist die Fortbewegung neben dem Fahrrad für diese Hunde viel zu langsam. Schnelle Läufe, gern auch gemeinsam in der Gruppe, sind eher nach ihrem Geschmack, weshalb sie bei Schlittenhunderennen zu viert, acht oder noch mehr Hunden vor den Schlitten oder Hundewagen gespannt werden können. Gemeinsam geht es dann im Höchsttempo „auf die Jagd". Die Haltung mehrerer Nordischer Hunde ist daher meist gut möglich. Da sie aus Gegenden kommen, in denen oft Minustemperaturen herrschen, haben sie in der Regel ein dickes Fell mit dichter Unterwolle. Doch sie können auch in unseren Breitengraden gehalten werden. Im Sommer sollte man Rücksicht nehmen und Aktivitäten in die frühen Morgen- und späten Abendstunden verlegen, oder ganz darauf verzichten.

GESELLSCHAFTS- UND BEGLEITHUNDE

Gesellschaftshunde wurden einzig als Begleiter des Menschen gezüchtet. Schon früher waren sie oft Kindersatz, aber eben auch lustiger Begleiter oder wärmender Kuschelpartner. Sie übernahmen keine speziellen Aufgaben, wie den Besitz des Menschen zu bewachen oder den Menschen als Helfer bei der Jagd zu begleiten, sie sollten einfach nur da sein und den Menschen glücklich machen. Damit geht einher, dass sie so wenige Probleme wie möglich bereiten durften, weder im Bereich des Aggressions- noch des Jagdverhaltens, und daher in der Regel sehr ausgeglichen und gelassen waren. Auch heute zeichnen sich diese Rassen durch ihre geringe jagdliche sowie territoriale Motivation, und damit auch durch eine große Verträglichkeit mit Artgenossen aus. Ihre soziale Motivation, also ihre Motivation eine Bindung mit dem Sozialpartner, in diesem Fall mit dem Menschen, einzugehen, ist sehr hoch. Dennoch brauchen sie natürlich, genauso wie alle anderen Hunde, regelmäßig Kontakt zu befreundeten Artgenossen. Da es sich meist um eher kleine Hunde handelt, eignen sie sich zwar als Familienhunde, jedoch sollten die Kinder schon etwas größer sein, damit es, durch die noch ungeschickte Motorik der Kleinkinder, nicht zu Verletzungen kommt.

MISCHLINGE

Wer einen Münsterländer, in der Regel ein Hund mit starker jagdlicher Motivation, mit einem Hovawart, in der Regel ein Hund mit ausgeprägt territorialem Verhalten, verpaart, bekommt nicht automatisch den nicht oder nur wenig jagenden, nicht oder nur wenig territorialen Mischling! Denn wie die Gene vererbt werden, lässt sich nicht vorhersagen! Und mit viel Pech hat man dann einen Hund, den man im Freien wegen seiner starken jagdlichen Motivation nie ohne Leine laufen lassen kann und der im Haus keine Besucher

KINDCHENSCHEMA MIT FOLGEN

Da Gesellschaftshunde nur gezüchtet wurden, um dem Menschen zu gefallen, entsprechen sie häufig dem sogenannten „Kindchenschema". Große Kulleraugen und runde Köpfe sollen sie süß und kindlich aussehen lassen. Leider bringen diese Eigenschaften auch große gesundheitliche Probleme wie Atemnot sowie Nerven- und Gelenkserkrankungen mit sich. Der Begriff „Qualzucht" fällt im Zusammenhang mit vielen dieser Rassen sehr häufig. Daher sollte man sich bei der Auswahl eines solchen Hundes unbedingt gut mit den jeweiligen Rassen sowie guten Zuchtbedingungen auseinandersetzen und gesundheitliche Aspekte – neben dem Verhalten – in den Vordergrund der Auswahl stellen.

Der Havaneserrüde Mailo liebt sämtliche Beschäftigungen gemeinsam mit seinem Menschen, wie z. B. das Tricktraining.

hereinlässt! Dennoch weiß man schon bei der Geburt solcher Mischlingswelpen, dass diese territoriales Verhalten oder starke jagdliche Motivation besitzen können. Inwieweit nur eine der Verhaltensweisen oder beide zu einem gleichen oder unterschiedlichen Anteil gezeigt werden, lässt sich vorab jedoch nicht einschätzen. Aus dem gleichen Grund lässt sich daher auch nur bedingt vorhersagen, wie ein Mischlingswelpe einmal aussehen wird, also wie groß und schwer er als erwachsener Hund werden wird.

Mischlinge sind also Kreuzungen aus mindestens zwei Rassehunden. Oftmals sind aber auch die Elterntiere selbst schon Mischlingshunde, sodass häufig die Gene vieler unterschiedlicher Rassen in einem Mischling zu finden sind.

Sind Mischlinge gesünder?

Das Thema Gesundheit wird in Bezug auf Mischlinge viel diskutiert, lässt sich aber nicht so einfach klären. Warum sollte ein Mischling aus einem Deutschen Boxer und einem Labrador Retriever gesündere Hüften haben, wenn doch beide Rassen zu Hüftgelenksdysplasie neigen? Wenn jedoch viele unterschiedliche Gene zusammenkommen, besteht tatsächlich eine etwas größere Chance, in Bezug auf genetisch bedingte Krankheiten gesund zu sein als bei vielen Rassen, bei denen der Genpool heutzutage durch enge Zucht sehr klein geworden ist. Eine Garantie für Gesundheit gibt es aber auch bei Mischlingen nicht, es können eben immer auch diejenigen Gene zusammentreffen, durch die eine Krankheit vererbt wird. Aufgrund

Jeff ist ein intelligenter Hund, der viele unterschiedliche Tricks beherrscht. Er liebt die Zusammenarbeit mit dem Menschen.

der Tatsache, dass für Mischlinge keine gesundheitlichen Untersuchungen, z. B. für spätere Zuchteinsätze, vorgeschrieben sind, werden diese Hunde in der Regel auch nicht auf Krankheiten wie Hüft- oder Ellenbogengelenksdysplasie untersucht, wie es bei Rassehunden häufig der Fall ist. Somit gibt es auch keine mir bekannten, wissenschaftlich fundierten Statistiken über entsprechende Erkrankungen von Mischlingshunden, sodass sich nicht konkret sagen lässt, wer letztlich wirklich gesünder ist. Gerade dann, wenn Sportarten wie Agility oder Zughundesport durchgeführt werden sollen, ist ein vorheriger Check-up beim Tierarzt inklusive Röntgen der Hüft- und Ellenbogengelenke zu empfehlen.

Links: Mischlingsrüde Jeff ist von Teneriffa nach Deutschland gereist und hat hier ein neues Zuhause gefunden.

AUSWAHL DES HUNDES

Menschen sind stark visuell veranlagt, sodass das Augenmerk häufig zuallererst auf optische Merkmale gelegt wird. Hunde unterscheiden sich deutlich in Bezug auf das Aussehen: Es gibt große und kleine Hunde, schwarze, graue, braune, gelbe, einfarbige oder mehrfarbige, Hunde mit Punkten, mit Streifen, mit langen oder kurzen Haaren, mit Steh-, Kipp- oder Hängeohren, die Variabilität ist unendlich groß. Natürlich darf man bei der Auswahl des Hundes auch optische Vorlieben berücksichtigen. Manchmal spielen diese sogar eine wichtige Rolle: Oftmals haben beispielsweise Kinder vor schwarzen Hunden deutlich mehr Respekt als vor Hunden mit heller Fellfarbe. Dennoch sollte das Aussehen immer nur ein Nebenaspekt bei der Hundeauswahl sein. Beim Zusammenleben von Mensch und Hund gilt zwar: „Gleich und gleich gesellt sich gern!", doch das gilt lediglich in Bezug auf das Verhalten. Man findet mit Sicherheit auch Hunde, die in Bezug auf das Aussehen ihrem Menschen ähneln, doch das sind wohl eher die Ausnahmen, die Künstler gezielt für die Erstellung gelungener Porträts suchen. Ein aktiver Sportler wird mit einem Mops oder einem Bernhardiner vermutlich nicht glücklich werden. Hunde unterscheiden sich jedoch auch in Bezug auf ihre Grundmotivationen wie Territorialität, jagdliche Motivation etc. Einen stark territorialen Herdenschutzhund in der Mietwohnung im zehnten Stock des Hochhauses zu halten, führt nicht nur beim Hund zu großem Stress, wenn er jeden vorbeilaufenden Bewohner lautstark meldet. Die ständige Ruhestörung wird auch kaum zu einem harmonischen Miteinander mit den Hausbewohnern führen.

So unterschiedlich wie Hunde aussehen ...

BERATUNG VOR DER AUSWAHL

Viele DOGS Hundeschulen bieten eine Beratung vor der Auswahl eines Hundes an, leider wird diese jedoch immer noch viel zu selten genutzt. Denn je besser ein Hund in Bezug auf das Verhalten und seine genetisch bedingten Veranlagungen zum Menschen und dessen Lebensumfeld passt, desto entspannter wird das Zusammenleben sein. Natürlich kann man sich auch mit der ein oder anderen Eigenheit arrangieren, doch wenn jeder Spaziergang Stress bedeutet oder der Alltag nur mit großen Einschränkungen und ständiger Vorsicht ablaufen kann, kommen alle schnell an ihre Grenzen. Zwar kann jeder Hund gewisse Signale und Regeln lernen, die Eigenschaften eines Hundes lassen sich jedoch, wenn überhaupt, nur sehr bedingt verändern. Dies gilt gerade in Bezug auf die genetisch bedingten Veranlagungen, die man schon beim sehr jungen Hund erkennen und beim erwachsenen Hund gut einschätzen kann. Egal, ob es also ein Welpe oder ein erwachsener

Die Charaktereigenschaften eines Hundes sollten zum Menschen und dessen Lebensumständen passen.

… so variabel sind auch ihre Charakter- und Wesenszüge, und damit auch ihre Verhaltensweisen, Vorlieben und Abneigungen.

Hund sein soll, macht es Sinn, zur Auswahl einen professionellen Hundetrainer mitzunehmen, der sich den Vierbeiner in den unterschiedlichsten Situationen anschaut, um daraus Rückschlüsse auf dessen Charakter zu ziehen. Und das gilt nicht nur für Mischlinge, deren Verhalten sich je nach Vermischung der Erbanlagen der Elterntiere unterscheidet, sondern auch für Rassehunde, die durchaus unterschiedliche Ausprägungen der ihnen typischen Verhaltensweisen zeigen.

HALTUNGSBEDINGUNGEN

Wer einen Hund möchte, muss vorab überlegen, ob er die Anforderungen erfüllen kann. Hunde sind Lebewesen mit individuellen Bedürfnissen. Dazu gehört neben der ausreichenden Versorgung mit Futter und Wasser die regelmäßige Fellpflege, tiermedizinische Betreuung sowie Erziehung und Training. Doch Hunde wollen auch entsprechend ihrer Veranlagung beschäftigt und körperlich ausgelastet werden. Genauso sollten regelmäßige Verwöhneinheiten durch Streicheln und Kraulen auf dem Programm stehen. Hunde brauchen Zeit!

Kontakt zu anderen Hunden

Hunde können zwar als Einzelhund in der Familie gehalten werden, dennoch brauchen sie auch Kontakte zu Artgenossen – jedoch nicht um jeden Preis! Es ist also sinnvoller, seinem Hund ab und an Kontakt zu zwei oder drei ausgewählten Hunden zu ermöglichen, mit denen er sich gut versteht, als täglich auf der „Hundewiese“ viele neue Hunde zu treffen, mit denen es gegebenenfalls zu stressigen Situationen und Streitigkeiten kommt. Wie viele Hunde in der direkten Nachbarschaft leben, spielt für die eigene Haltung daher keine Rolle.

Nicht gern allein!

Was man jedoch bedenken muss, ist die Tatsache, dass Hunde nicht gern allein sind. Zu lange sollte man einen Hund daher nicht allein lassen, denn Hunde leben in ihrem Sozialverband, sie sind keine Einzelgänger. Bringt man dem jungen Hund das Alleinbleiben von Beginn an in kleinen Schritten bei, können die meisten zwar lernen, einige Stunden täglich allein zu bleiben. Vier Stunden sind dabei in aller Regel problemlos möglich, mehr als sechs Stunden täglich sollten es aber auf keinen Fall sein. Ein Hund braucht den Kontakt mit seiner Familie!

Das kleine und große „Geschäft"

Erwachsenen Hunden muss man regelmäßig mehrmals (mindestens drei- bis viermal) am Tag die Möglichkeit geben, sich zu lösen. Welpen sowie alte oder kranke Hunde müssen in der Regel sogar noch häufiger koten oder urinieren. Dennoch müssen Hunde nicht dauerhaft ungehinderten Zugang ins Freie haben. Sie können lernen, wie der Mensch auch, ihre Blase und ihren Darm in einem gewissen Rahmen zu kontrollieren.

Wohneigentum oder zur Miete?

Hat man Wohneigentum, erleichtert dies insofern die Anschaffung eines Hundes, da man den Eigentümer nicht um Erlaubnis fragen muss. Doch ein generelles Verbot der Hundehaltung in einer Mietwohnung ist nicht zulässig, Klauseln, die die Erlaubnis des Vermieters einfordern, hingegen schon. Das heißt, Vermieter dürfen selbst entscheiden, ob sie in der Mietwohnung einen Hund erlauben oder nicht, man muss also vor der Haltung eines Hundes das Einverständnis des Vermieters einholen. Blinden- sowie Therapiehunde sind von dieser Regelung ausgenommen. Sie müssen jedoch offiziell zugelassen sein, eine entsprechende Bescheinigung muss vorliegen.

Im Garten kann man ausgelassen mit dem Hund spielen und schmusen sowie kleinere Trainingseinheiten durchführen.

Und wie sieht es mit den Nachbarn aus?

Solange es nicht zu einer Belästigung der Nachbarn kommt, z. B. durch einen dauerhaft bellenden Hund oder eine sehr große Anzahl von Hunden, kann der Nachbar nichts gegen eine Hundehaltung einwenden. Dennoch erleichtert es natürlich den Alltag, wenn die Nachbarn nichts gegen die Hundehaltung haben und vielleicht sogar erfreut über den vierbeinigen Zuwachs sind. Die Nachbarn vorab über die Haltung eines Hundes zu informieren und den Vierbeiner nach dem Einzug vorzustellen, schadet daher mit Sicherheit nicht.

Hund und Garten?

Es muss nicht die Villa mit parkähnlichem Garten sein. Sicher ist es bequem, den Hund spätabends noch schnell in den Garten zu lassen, und ein entspannter Sommernachmittag mit Kindern und Hund im Garten ist auch nicht zu verachten. Doch ein Hund muss nicht nur „raus an die frische Luft", er braucht vielmehr Bewegung und Beschäftigung. Wer also den Garten nicht aktiv nutzt, um mit dem Hund zu trainieren, muss dennoch mit ihm in die Natur. Ein Garten erleichtert also einige Aspekte der Hundehaltung, Voraussetzung ist er aber nicht.

Kosten der Hundehaltung

Der Kaufpreis eines Hundes, auch eines eher teuren Rassehundewelpen, macht den geringsten Anteil der Kosten aus. Neben Geld für Futter und Kauartikel, Anschaffungen wie Spielzeug, Halsband/Geschirr/Leine und Körbchen, muss man auch Geld für Tierarztbesuche, Versicherung und Steuer sowie das Training in der Hundeschule einplanen. Im Laufe der Jahre eines Hundelebens kommt man so schnell auf den Kaufpreis eines Kleinwagens!

Dennoch muss es beispielsweise nicht immer das teuerste Futter sein. Es gibt durchaus gute Produkte im mittleren Preissegment, mit denen man einen Hund füttern kann, ohne dass es zu gesundheitlichen Problemen kommt. Doch die Versorgung muss gesichert sein, bevor man sich für einen Hund entscheidet. Dabei gibt es keinen Unterschied, ob es sich um einen Mischling oder Rassehund handelt.

☞ KOSTEN HUNDEHALTUNG

EINMALIGE KOSTEN	
Welpe vom Züchter	bis zu 2 000 €
Hund aus dem Tierschutz	ca. 500 €
Halsband, Geschirr und Leine	ca. 50 €
Spielzeug	ca. 50 €
Bürste, Zeckenzange, Näpfe etc.	ca. 50 €
Liegeplatz	ca. 100 €
Box (für das Auto)	ca. 200 €
Trainingsutensilien	ca. 50 €
Welpengruppe	ca. 100 €
Hundeschule/Monat, in der Regel in den ersten zwei Jahren notwendig	ca. 100 €
Gesamtkosten Anschaffung	**ca. 3 500 – 5 000 €**

JÄHRLICHE KOSTEN	
Haftpflichtversicherung/Jahr	ca. 70 €
Steuer/Jahr	ca. 80 €
Tierarzt/Jahr (Impfen/Entwurmen)	ca. 150 €
Futter/Jahr (bei einem mittelgroßen Hund)	ca. 600 €
Gesamtkosten/Jahr	ca. 900 €
Gesamtkosten in 12 Jahren (durchschnittliche Lebensdauer eines Hundes)	**ca. 10 800 €**

Gesamtkosten für die Haltung eines Hundes	**ca. 14 300 – 15 800 €**

Hund und andere Heimtiere

Da letztendlich jeder Hund eine mehr oder weniger große jagdliche Motivation besitzt, sollte man ihn mit kleinen „Beutetieren" wie Kaninchen oder Ziervögeln niemals allein zu Hause lassen. Das Tier sollte in einem Käfig gesichert sein, und – je nach Hund – sollte dieser so platziert werden, dass der Hund erst gar nicht davor herumlungern kann. Dennoch können viele Hunde lernen, dass Kleintiere zur Familie gehören und nicht gejagt werden. Dazu müssen sie diese im Idealfall bereits von Welpe an kennenlernen und die Erfahrung machen, dass es verboten ist, diesen hinterherzulaufen und sie zu fangen.

EINZELHUND

Hunde stammen zwar vom Wolf ab, dennoch haben diese sich im Laufe der Domestikation an den Menschen und dessen Leben angepasst. Auch wenn wild lebende Hunde und verwilderte Hunde in Gruppen leben, kann man Hunde im Haushalt des Menschen auch einzeln halten. Hunde schließen sich eng an „ihren" Menschen an. Sie bilden damit eine Ausnahme im Tierreich, da sie einen Sozialverband mit dem Menschen, und damit mit einer anderen Art eingehen. Oftmals bevorzugen sie sogar das Zusammensein mit dem Menschen gegenüber dem mit Artgenossen. Allein im Zwinger vereinsamt der Hund jedoch, eine solche Haltung ist nicht artgerecht und tierschutzrelevant. Denn zu einem gemeinsamen Leben gehören nicht nur die ausreichende Versorgung mit Futter und Wasser, sondern auch sozialer Kontakt und gemeinsames Miteinander.

Sozialkontakt zu anderen Hunden ist für jeden Hund wichtig.

Die Golden Retriever Sherlock und Crispy sind zu einem tollen Team zusammengewachsen. Beide orientieren sich im Alltag immer an Hubert.

Doch der Mensch sollte regulierend eingreifen können, wenn die Toberei zu wild wird.

MEHRHUNDEHALTUNG

Auch wenn Hunde gut einzeln gehalten werden können, brauchen sie dennoch den Kontakt zu Artgenossen. Man sollte einem Einzelhund daher immer wieder einmal Kontakt zu anderen Hunden ermöglichen. Doch auch unter Hunden gibt es Sympathie und Antipathie. Grundsätzlich gilt daher, dass ein zweiter, in der Familie lebender Hund so ausgewählt werden muss, dass er nicht nur zur Familie, sondern auch zum bereits vorhandenen Hund passt, damit das Zusammenleben möglichst unproblematisch abläuft.

Ob es Probleme gibt, hängt dabei nicht vom Geschlecht der Hunde ab. Zwar kann es zwischen zwei Rüden immer wieder einmal kleinere Konkurrenzstreitigkeiten geben, dennoch steht einem harmonischen Zusammenleben, wenn der Mensch das Leben lenkt, nichts im Weg.

Bei Hündinnen ist Vorsicht geboten, denn nicht jede Hündin akzeptiert fremde Welpen. Es kann daher passieren, dass die Hündin den Welpen schwer verletzt oder sogar tötet. Die meisten Hündinnen sind zum Glück jedoch gut sozialisiert und akzeptieren fremde Welpen, sodass auch ein fremder Welpe und eine erwachsene Hündin zu einem guten Team zusammenwachsen können. Dennoch sollte man die bereits in der Familie lebende erwachsene Hündin in der ersten Zeit nicht allein mit dem Welpen lassen.

Hält man ein Hundepärchen, muss man sich Gedanken darüber machen, wie unerwünschter Nachwuchs verhindert werden kann. Denn nicht jede Hündin muss oder sollte Nachwuchs haben, nur gesunde und wesensfeste Hunde gehören in die Zucht. Man kann beispielsweise den Rüden in Zeiten der Läufigkeit zu Bekannten geben oder auch einen der beiden Hunde kastrieren lassen. Die Vor- und Nachteile und unterschiedlichen Möglichkeiten (chemisch/chirurgisch) sollte man vorab mit seinem Tierarzt besprechen.

Gleich und gleich ...?

Sowohl die Haltung mehrerer Hunde der gleichen Rasse als auch die Haltung von Hunden unterschiedlicher Rassen (Typen) kann gut funktionieren. Bei Hunden der gleichen Rasse kommt es seltener zu Kommunikationsmissverständnissen, doch sie verstehen sich manchmal auch so gut, dass der Mensch weniger im Fokus steht. Zudem haben sie häufig die gleichen Interessen, sodass sich Probleme wie unerwünschtes Jagdverhalten schnell potenzieren können.

Im Idealfall kommt der zweite Hund ins Haus, wenn der erste bereits erwachsen und gut erzogen ist. Orientiert sich der bereits in der Familie lebende Hund an seinem Menschen, kann dies bei der Erziehung des zweiten Hundes zwar helfen, dennoch muss man auch viel einzeln mit dem neuen Vierbeiner unternehmen. Nur so wird sich der neue Hund am Menschen orientieren, diesem vertrauen sowie dessen Signale lernen und aufgestellte Regeln und Grenzen akzeptieren. Gerade in Bezug auf das Alleinbleiben kann aber z. B. ein erwachsener Hund, der entspannt allein bleiben kann und an dem sich der erste Hund orientiert, eine Hilfe sein, eine Garantie dafür gibt es aber nicht. Gibt es mit dem ersten Hund Probleme, sollten diese im Großen und Ganzen gelöst sein bzw. für eine entspannte Haltung der Hunde keine Rolle spielen, bevor ein weiterer Hund hinzukommt.

Die Haltung von Mutter und Sohn, wie bei den beiden Labrador Retrievern Lilyen und Raven, ist meist harmonisch und problemlos möglich.

Wurfgeschwister

Welpen aus einem Wurf kennen sich von der ersten Sekunde an, sie verstehen sich quasi „ohne Worte", sodass der Mensch es schwer hat, den Fokus auf sich zu lenken. Allerdings kennen sie auch ihre Stärken und Schwächen genau, sodass Auseinandersetzungen schnell eskalieren können. Ein Welpe braucht besonders viel Aufmerksamkeit und Betreuung, was man bei zwei Welpen im gleichen Alter kaum gewährleisten kann. Da sich der Welpe aber am Menschen orientieren soll, ist die Aufnahme von Geschwisterwelpen, mit Ausnahme einer Gruppenhaltung, wie sie bei einer Jagdhundemeute oder im Schlittenhunderudel besteht, nicht zu empfehlen.

HUNDE AUS DEM TIERSCHUTZ

In den Tierheimen im In- und Ausland findet man viele unterschiedliche Hunde, für jeden Geschmack ist etwas dabei. Dabei sind nicht nur das Aussehen, sondern auch der Charakter und die Persönlichkeit dieser Hunde vollkommen unterschiedlich. Es gibt ängstliche Hunde, die nur wenige oder schlechte Erfahrungen gemacht haben, genauso wie aggressive Hunde, die bereits andere Hunde oder Menschen gebissen haben.

Im Tierschutz findet man neben Rassehunden die unterschiedlichsten Mischlinge, für jeden Geschmack ist etwas dabei.

Aber natürlich gibt es auch viele nette und unkomplizierte Hunde, die sich durchaus für Anfänger in der Hundehaltung oder als Familienhund eignen. Denn viele Hunde verlieren ihr Zuhause vollkommen unverschuldet, beispielsweise weil der Halter stirbt oder schwer erkrankt. Doch Hunde passen sich schnell an und können auch nach einem Verlust ihres Sozialpartners wieder vermittelt werden, sich neu auf einen anderen Menschen einlassen und zu diesem eine starke Bindung aufbauen.

Und nur, weil man einen Rassehund als Welpe zu sich holt, bedeutet das nicht, dass keine Probleme auftreten können. Angefangen von einer unpassenden Rassewahl, die so gar nicht zum Leben der Familie passt, über einen unseriösen Züchter, der die Welpen nicht gut auf das Leben in unserer Gesellschaft vorbereitet hat, bis hin zu unglücklichen Zwischenfällen, die zu einer Traumatisierung oder anderen Problemen führen können, gibt es auch bei diesen Hunden die gesamte Bandbreite an Problemverhalten.

Hunde sind wahre Anpassungskünstler. Sie leben im Hier und Jetzt, sie trauern nicht der Vergangenheit nach oder sorgen sich um die Zukunft.

Hunde auf Bestellung

Einen Hund kann man jedoch nicht „auf Bestellung" kaufen oder sich gar per Post schicken lassen! Unseriöse Tierschutzorganisationen, die einen Hund via Internet vermitteln, sollte man daher meiden. Die Beschreibungen der Hunde dort sind häufig sehr berührend, die Fotos vermitteln, welch großes Leid sie durchgemacht haben, wenn sie in Käfigen, ohne Decken und Spielzeug, oft abgemagert und mit großen Augen in die Kamera blicken. Wer möchte da nicht direkt helfen? Problematisch ist dabei aber, dass man in der Regel keine Möglichkeit hat zu überprüfen, inwieweit eine Beschreibung mit dem tatsächlichen Wesen des Hundes zusammenpasst. Natürlich kann es gut gehen, und der Hund ist wirklich wie beschrieben „eine Seele von Hund". Doch was ist, wenn es nicht so läuft? Was macht man, wenn der Hund einen vollkommen anderen Charakter hat, wenn es Einschränkungen durch gesundheitliche Probleme gibt und der Hund überhaupt nicht zum eigenen Leben passt? Zurück in sein Land kann er nicht mehr, und so landet er in aller Regel im Tierheim, erneut hinter Gittern.

Einem unsicheren Hund muss man viel Zeit lassen, sich in der neuen Umgebung einzugewöhnen, man darf ihn keinesfalls bedrängen.

Vor der Aufnahme eines in Not geratenen Hundes muss also, genauso wie bei jeder Auswahl eines Hundes, überprüft werden, ob er zur Familie passt. Und das geht nur, wenn man zuverlässige Informationen über den Hund, seinen gesundheitlichen Zustand sowie seine Eigenschaften und eventuellen Probleme hat. Die Tierschutzorganisation sollte immer ein Ansprechpartner für den Interessenten sein und sich auch nach der Vermittlung für ihre Schützlinge interessieren, indem sie für Fragen zur Verfügung steht und bei Problemen die Halter unterstützt.

Empathie statt Mitleid

Wer einen Hund aus dem Tierschutz aufnimmt, hat oftmals großes Mitleid mit dem Hund, der in seinem bisherigen Leben so viele schreckliche Erfahrungen durchmachen musste, und möchte ihn rund um die Uhr verwöhnen, ihm sozusagen jeden Wunsch von den Augen ablesen. Wird der Hund jedoch immer nur als „armes Tier" betrachtet, steht ständig seine Vergangenheit im Fokus. Damit verhindert Mitleid, den Hund so zu sehen, wie er eigentlich ist, mit all seinen positiven und wundervollen Eigenschaften. Wer dagegen Empathie statt Mitleid empfindet, sieht vielmehr die Gegenwart als die Vergangenheit. Er sieht, welches Glück der Hund hat, denn ihn erwartet ab sofort ein wundervolles Leben!

Genauso wie beim Einzug eines Welpen gilt auch beim Secondhand-Hund: Es sollte keine Willkommensparty veranstaltet werden. Der neue Hund muss erst einmal in Ruhe ankommen und das neue Heim sowie die zur Familie gehörenden Menschen kennenlernen. Vor allem dann, wenn er eine lange Anreise hinter sich hat, muss er erst einmal durchatmen. Daher ist es wichtig, nicht direkt am nächsten Tag wieder zum Alltagsgeschehen überzugehen, sondern Geduld zu haben, den Hund nicht zu überfordern und ihn in seinem eigenen Tempo ankommen zu lassen.

Verständigung

Natürlich kennt ein Hund aus dem anderssprachigen Ausland die Wörter für bestimmte Signale wie „Sitz" oder „Bleib" noch nicht, er muss diese also erst einmal in kleinen Schritten neu lernen. Doch Hunde kommunizieren hauptsächlich über visuelle Signale, sodass ein Hund sich in der Regel schnell auch in einer neuen Umgebung, in denen die Menschen eine andere Wort-Sprache sprechen, zurechtfindet. Denn körpersprachliche Signale sind nicht nur beim Hund artübergreifend, auch die Körpersprache des Menschen ist sehr ähnlich, selbst wenn diese aus anderen Ländern kommen.

EIN WELPE ZIEHT EIN ...

In der Welpenzeit wird der Grundstein für das spätere Leben gelegt. Diese Phase ist daher eine der wichtigsten im ganzen Hundeleben. Das betrifft sowohl die Zeit beim Züchter als auch die ersten Wochen in der neuen Familie.

DER RICHTIGE ZÜCHTER

Ein Züchter sollte immer bereit sein, zukünftige Welpenkäufer intensiv kennenzulernen, gern auch schon lange vor dem geplanten Wurf. Dabei sollte er diese von sich aus offen über seine Hunde, deren Charakter und Eigenschaften sowie sämtliche gesundheitliche Ergebnisse informieren. Alle Fragen der Interessenten wird er gern und ausführlich beantworten. Aber auch der Züchter selbst sollte sich für das Lebensumfeld der zukünftigen Welpenkäufer interessieren, denn schließlich will er seine Welpen später einmal gut untergebracht wissen. Er muss nachfragen, ob beispielsweise in einer Mietwohnung die Erlaubnis für eine Hundehaltung besteht und wie die Familie den Welpen in der ersten Zeit, aber auch später betreuen wird und wie lange der Hund allein bleiben muss. Genauso wichtig ist die Frage, aus welchem Grund man einen Welpen möchte. Wenn ein Hund später einmal als Assistenzhund eingesetzt werden soll, für sportliche Aktivitäten gedacht ist oder den Menschen bei seiner Arbeit unterstützen soll, sind diese Informationen entscheidend für die Welpenauswahl. Ist der Züchter Mitglied in einem seriösen Zuchtverband wie dem VDH (Verband für das Deutsche Hundewesen), müssen die Elterntiere bestimmte rassetypische Anforderungen (Aussehen, Gesundheit, Wesen, Leistung) vor dem Zuchteinsatz nachweisen, zudem wird das Wissen des Züchters über Aufzuchtbedingungen, Genetik etc. überprüft.

KRITERIEN EINES GUTEN ZÜCHTERS

- Die Zuchthunde (und alle weiteren Hunde) sind freundlich, sie zeigen weder große Angst noch starkes Aggressionsverhalten.
- Die Hunde sind gepflegt und in einem guten Ernährungszustand. Sie sind geimpft, entwurmt und gechippt.
- Der Züchter geht freundlich und respektvoll mit seinen Hunden um.
- Die Mutterhündin sowie alle weiteren Hunde leben im Haus des Züchters. Der Vaterrüde ist bekannt und kann besucht werden.
- Der Züchter bietet Einblick in alle Zuchtunterlagen wie Ahnentafel, Zuchtzulassung etc.
- Der Züchter züchtet nicht mehr als zwei Hunderassen.
- Die Hündin hat maximal vier Würfe zwischen dem 2. und 8. Lebensjahr.
- Für die Welpen ist genug Platz vorhanden, damit sie in der 7. und 8. Lebenswoche genügend Freiraum und Entdeckungsmöglichkeiten haben.
- Der Züchter ist sympathisch und beantwortet alle Fragen.
- Der Züchter fragt nach den Lebensumständen des Interessenten, damit seine Welpen einen Platz fürs Leben finden werden.

Labrador Retrieverhündin Lilyen genießt die Welpenzeit mit ihren 8 Welpen. In den ersten Tagen liegt sie fast ausschließlich in der Wurfkiste.

ZÜCHTER VERSUS VERMEHRER

Gibt ein Züchter nur verhalten Auskunft über seine Welpen und seine Zucht, lehnt vorherige Besuche ab, interessiert sich nicht, wohin seine Welpen verkauft werden und übergibt diese womöglich noch aus dem Kofferraum auf einem Parkplatz, sollte man von einem Kauf absehen. Im besten Fall handelt es sich „nur“ um einen unseriösen Züchter, im schlechtesten Fall wurden die Welpen gestohlen oder billig in einer „Welpenfabrik“ produziert und illegal oder mit falschen Angaben verkauft. Hier besteht nicht nur die Gefahr, dass die Welpen schlecht geprägt und nicht sozialisiert sind, oftmals sind sie auch schwer krank und versterben häufig wenige Wochen nach dem Kauf.

Findet man bei einem Besuch viele unterschiedliche Rassen in großen Zwingeranlagen vor, ist ebenfalls Vorsicht geboten. Hierbei handelt es sich in der Regel um Hundehändler, die Würfe aufkaufen oder Welpen in großen Mengen produzieren. Auch wenn der Zwinger sauber ist, kann bei der Zucht kaum individuell auf rassespezifische gesundheitliche Probleme geachtet werden und auch die Vorbereitung der Welpen auf die individuellen Bedürfnisse der zukünftigen Welpenfamilien ist kaum möglich. Hat der Welpe nicht genügend Reize wie Staubsauger, Spülmaschine etc., die in jedem Haushalt vorkommen, kennengelernt, weil er z. B. in einem Stall oder Keller aufgezogen wurde, kann man diese verpassten Erfahrungen nur sehr bedingt nachholen.

ENTWICKLUNGSPHASEN

NEONATALE PHASE

In den ersten 10 bis 14 Tagen befinden sich die Welpen in der neonatalen Phase. Sie sind in dieser Zeit noch blind und taub, die Augen und Ohren sind verschlossen. Die Welpen halten sich ausschließlich in der Wurfkiste auf, meist liegen sie eng aneinandergekuschelt. Da sich das Nervensystem in dieser Zeit erst vollständig entwickeln muss, sind die Hinterbeine noch nicht komplett mit Nerven versorgt. Sie können daher in dieser Zeit noch nicht laufen und robben durch die Wurfkiste, um die Zitzen von Mama zu finden. Dabei kriechen sie in der Regel immer im Kreis, so wird verhindert, dass sie sich vom Wurflager entfernen. Eine weitere Verhaltensweise ist das sogenannte Pendeln. Die Welpen bewegen den Kopf und z. T. den Vorderkörper hin und her. Damit können sie durch die bereits funktionierenden Sinne Riechen und Tasten die Mutterhündin und hier insbesondere die Zitzen finden. An der Zitze angekommen, wird kräftig gesaugt. Mit dem sogenannten Milchtritt – die Welpen treten mit einer Vorderpfote immer wieder auf die Zitze der Mutterhündin – wird der Milchfluss angeregt.

Wenige Tage nach der Geburt sind die Welpen noch blind und taub. Beim gelben Labrador kommt das dunkle Pigment an Nase und Pfoten erst nach und nach.

ÜBERGANGSPHASE

Zum Ende der zweiten Woche öffnen sich die Augen. Bis sich die Sehfähigkeit jedoch richtig eingestellt hat, dauert es noch ein paar Tage.
In der Mitte der dritten Woche weiten sich die Gehörgänge, die Welpen reagieren das erste Mal auf Geräusche. Daher wird diese Zeit Übergangsphase genannt, sie dauert etwa eine Woche. Die Welpen zeigen erste soziale Verhaltensweisen wie „Wedeln“ und „Vorderpfote auflegen“. Ein richtiges interaktives Spiel, bei dem der Welpe seine Geschwister erkennt, gibt es jedoch noch nicht. Sie beginnen nun auch ohne externe Reize zu koten und zu urinieren. Da das Nervensystem mittlerweile bis in die hinteren Extremitäten gereift ist, können die Welpen auch ein paar Schritte laufen.

Die Hündin ist in der ersten Zeit ganz für ihre Welpen da.

SENSIBLE UND WEITERE SOZIALISIERUNGSPHASE

Die sogenannte Sozialisierungsphase beim Welpen unterteilt sich in zwei Phasen, die sensible Sozialisierungsphase von der vierten bis zur siebten Lebenswoche sowie die weitere Sozialisierungsphase von der achten bis etwa 14./16. Lebenswoche.
In der ersten Phase lebt der Welpe beim Züchter und macht die ersten Erfahrungen mit vielen unterschiedlichen Menschen. **In Bezug auf positive Erfahrungen ist diese Zeit für die Welpen eine besondere Zeit. Sie lernen jetzt alles zum ersten Mal kennen. Der Züchter ist daher in der Verantwortung, dass seine Welpen möglichst nur positive Erfahrungen machen.** Eine negative Erfahrung, ohne vorherige positive Erfahrungen, wird viel traumatischer sein, als wenn bereits viele angenehme Erfahrungen vorhanden sind.
Diese erste Phase unterteilt sich noch einmal in zwei Abschnitte. Bis zur fünften Woche sind die Welpen relativ angstfrei. Alle Reize, die sie jetzt kennenlernen, werden daher mit Entspannung verknüpft. Daher sollten Welpen vor allem in dieser Zeit im Haus aufgezogen werden, da diese Reize dann zu ihrer sogenannten „Geborgenheitsgarnitur“ gehören, der Welpe wird sich auch künftig im Haus sicher und geborgen fühlen.
Mit der fünften Lebenswoche setzt das Angstverhalten ein, ein wichtiger Gegenspieler zur großen Neugierde, der die Welpen bisher beherrschte. Erst wenn die Welpen diese Phase überwunden haben und ein gutes Gleichgewicht zwischen Angst und Neugierde besteht, sind sie bereit, den Züchter sowie die Mutterhündin und die Geschwister zu verlassen.
In der Regel zieht der Welpe im Alter von acht bis zehn Wochen zu seiner neuen Familie.

Mit drei Wochen können sie bereits sehen und hören.

Natürlich lernen Welpen in der Zeit nach der achten Woche weiter – und auch jetzt sollte man darauf achten, dass die Erfahrungen mit neuen Reizen möglichst positiv ausfallen. Dennoch kann der Welpe eine negative Erfahrung besser verkraften, wenn er beim Züchter diesen Reiz (z. B. den Staubsauger) mehrfach kennengelernt und entsprechend positiv abgespeichert hat.
Mit etwa vierzehn bis sechzehn Wochen ist die Sozialisation des Welpen, und damit die Sozialisierungsphase, im Großen und Ganzen abgeschlossen. Natürlich muss der Junghund auch danach noch – möglichst positive – Erfahrungen machen, die beim Welpen gelegte Grundlage muss gefestigt werden.

DIE ZEIT BEIM ZÜCHTER

Ein guter Züchter steckt viel Herzblut in seine Zucht. Er kennt seine Hunderasse genau, deren Bedürfnisse, gesundheitliche Probleme und charakterliche Eigenschaften. Nur so kann er möglichst gesunde Welpen züchten und für jeden einzelnen die passende Familie finden.
Welpen müssen in den ersten acht bis zehn Wochen beim Züchter viele positive Erfahrungen mit den unterschiedlichsten Menschen machen und viele verschiedene Alltagsreize kennenlernen, damit sie entspannte Begleiter werden. Eine solche Aufzucht kostet nicht nur Zeit, sondern natürlich auch Geld. Wurfkiste, Welpenspielzeug, Welpenfutter, Impfung, Entwurmung, aber auch Wasser und Waschpulver für unendlich viele Maschinen Wäsche und vieles mehr müssen bezahlt werden. Daher bekommt man einen Welpen vom seriösen Züchter nicht für wenige hundert Euro!

NAHRUNGSPRÄGUNG

Etwa ab der vierten Lebenswoche bekommen die Welpen das erste Mal feste Nahrung. Damit es später, wenn der Welpe in seiner neuen Familie lebt, keine Probleme bei der Fütterung gibt, sollte der Züchter die Welpen an unterschiedliches Futter gewöhnen. Lernen sie beim Züchter sowohl Trocken- als auch Nass- und Frischfutter kennen, wird die Umstellung in der neuen Familie problemlos sein. In der Regel gibt der Züchter für die ersten Tage im neuen Zuhause etwas vom gewohnten Futter mit.

ARTGENOSSEN-SOZIALISATION

Sobald die Welpen feste Nahrung bekommen, zieht sich die Mutterhündin zwar deutlich zurück, dennoch wird sie gern immer wieder mit ihren Welpen zusammen sein wollen. Dies ist auch wichtig, denn in dieser Phase lernen sie von ihr, wie Hunde miteinander kommunizieren.
Die Mutterhündin spielt mit den Welpen, zeigt ihnen aber auch Grenzen auf. Wird ein Welpe zu frech, korrigiert sie ihn z. B. mit einem Schnauzgriff, sie greift also einmal mit ihrem Maul über die Schnauze des Welpen. Das wird so fest ausgeführt, dass der Welpe beeindruckt ist, doch selbstverständlich wird sie ihre Welpen dabei nicht verletzen.

Hunde sind vollwertige Mitglieder der Familie, sodass auf Sozialisierung in Bezug auf Menschen sowie auf eine gute Umweltprägung viel Wert gelegt werden muss.

Welpen müssen in der Zeit beim Züchter viele unterschiedliche Reize, wie z. B. den bunten Spieltunnel, kennenlernen.

GEWÖHNUNG AN REIZE

Welpen müssen ab der vierten Lebenswoche nach und nach an viele unterschiedliche Reize gewöhnt werden. Der Züchter muss den Welpen immer wieder die Möglichkeit geben, neue Reize wie Spielzeug, Klettergeräte, Folien, Glocken etc. zu erkunden. Natürlich lieben es die meisten Welpen, sich im Außenbereich auf dem schlammigen Boden zu wälzen, sodass ihr Fell beim Besuch durchaus auch schmutzig sein kann. Trotzdem müssen sie gepflegt aussehen: verfilztes Fell, verklebte Augen oder entzündete Haut sind Zeichen für Vernachlässigung. Ein Züchter muss die Welpen täglich auf Verletzungen oder Erkrankungen überprüfen und sie gegebenenfalls tierärztlich versorgen lassen.

Welpen müssen auch das Leben im Haus kennenlernen. Dazu gehört der Lärm von Staubsauger, Waschmaschine oder Trockner, auch Fernseher und Radio dürfen einmal laut gestellt werden.

UNTERSCHIEDLICHE MENSCHEN

Zudem müssen die Welpen in dieser Zeit viele unterschiedliche Menschen kennenlernen und möglichst positive Erfahrungen mit ihnen machen, Besucher sind in aller Regel also immer willkommen. Da der Züchter mit den Welpen auch Ausflüge unternimmt, kommen diese mit Umgebungsreizen und damit auch mit Keimen in Kontakt, vollständig abzuschirmen braucht man sie also nicht. Selbstverständlich sollten kranke Menschen nicht zu Besuch kommen, auch um den Züchter nicht anzustecken. Die meisten Züchter lassen Besucher ab Ende der vierten Woche zu. Sicherlich sind Welpen im Alter von vier Wochen noch vorsichtiger und nicht so aktiv wie im Alter von acht Wochen, und generell gilt, dass Welpen viel Schlaf brauchen und daher natürlich nicht durchgängig den ganzen Tag

unterwegs sind. Dennoch sollten Welpen, egal in welchem Alter, neugierig und offen auf Besucher zugehen und von sich aus Kontakt aufnehmen. Drängen sie sich dagegen in einer Ecke zusammen und flüchten bei Annäherungsversuchen, ist in der Aufzucht viel schiefgelaufen. Defizite in dieser Zeit können leider nur bedingt aufgeholt werden, sodass die Gefahr besteht, dauerhaft mit einem unsicheren Hund, der vor Menschen Angst hat, leben zu müssen.
In aller Regel sind Welpen jedoch eher aufdringlich, jeder neue Mensch wird neugierig hüpfend begrüßt. Dann setzt man sich am besten zu ihnen auf den Boden, um mit ihnen zu spielen und zu schmusen. So vermeidet man das unerwünschte Anspringen und eine Verletzungsgefahr der Welpen wird vermieden.

UMWELTPRÄGUNG

Etwa ab der siebten Lebenswoche unternimmt der Züchter immer wieder kleinere Ausflüge mit den Welpen. Übertreiben sollte man es damit aber nicht. Ein Spaziergang im nahe gelegenen Wald oder auf einer kleinen Wiese, vielleicht mit einem Bachlauf, oder auch der Besuch auf dem Bauernhof von Bekannten reichen aus, damit die ganze Welpenschar gemeinsam mit Mama die Welt erkunden kann. Orte, an denen sich viele Menschen und gegebenenfalls auch Hunde aufhalten, überfordern die Welpen und können eine traumatisierende Erfahrung sein. Damit erreicht man dann das Gegenteil einer guten Umweltprägung und Sozialisierung auf den Menschen und mit Artgenossen.

TRAINING MIT DEM WELPEN

Natürlich lernen Welpen auch in der Zeit beim Züchter viel. Eine bestimmte Position einzunehmen, an einer Stelle zu bleiben, auf Rückruf zu kommen und an entspannter Leine zu laufen muss ein noch nicht einmal acht Wochen alter Welpe jedoch nicht beherrschen. Züchter können zwar bereits die Grundlagen für das spätere Training legen, indem sie z. B. die Welpen an Halsband und Leine gewöhnen oder sie bei der Fütterung auf einen Pfiff konditionieren, eine unabdingbare Voraussetzung ist das jedoch nicht. Auch stubenrein sind Welpen zum Zeitpunkt der Abholung in aller Regel noch nicht. Bei guten Züchtern haben sie jedoch häufig die Möglichkeit, sich draußen auf Rasen zu lösen oder haben sogar einen freien Zugang zum Außenbereich, und im Innenbereich gibt es eine Kiste mit Einstreu. So vorbereitet, lernen die meisten Welpen die Stubenreinheit dann innerhalb weniger Wochen nach dem Umzug in die neue Familie.

Links: Das gemeinsame Spiel mit dem Welpen fördert die Beziehung und festigt die Bindung.

DER WELPE IM NEUEN ZUHAUSE

Endlich ist es so weit, der Einzug des Welpen steht kurz bevor! In Deutschland ist der früheste Abgabezeitpunkt laut Tierschutzgesetz mit Vollendung der achten Lebenswoche erlaubt, die Züchter müssen natürlich die jeweiligen Landesvorschriften einhalten. Viele Welpen sind zu diesem Zeitpunkt auch auszugsbereit, manche aber brauchen vielleicht noch ein oder zwei Wochen in ihrer Entwicklung. Spätestens mit etwa zehn bis zwölf Wochen sollte der Welpe jedoch in die neue Familie ziehen, denn ein Züchter kann die in diesem Alter notwendige, individuelle Förderung kaum noch leisten.

Sicher getragen, blickt die 10 Wochen alte Labrador-Weimaraner-Mischlingshündin Nala neugierig in die gemeinsame Zukunft mit ihrer neuen Familie.

VORBEREITUNGEN VOR DEM EINZUG

Vor dem Einzug sollte man sich mit der ganzen Familie abstimmen, an welche Regeln sich der Welpe im Alltag halten und auf welche Signale er eine Übung wie „Sitz", „Down" oder „Hier" ausführen soll. Verwendet man unterschiedliche Signale, muss der Welpe quasi mehrere „Fremdsprachen" lernen, sodass man ihm das Lernen unnötig schwer macht. Gilt im Alltag zudem mal dies, mal das, weiß er nicht, woran er ist und wird sich gegebenenfalls an keine der Regeln halten.
Damit es zu keinem Unfall und zu keiner Verletzung kommt, muss man das Zuhause „welpensicher" machen. Dazu müssen Lücken im Zaun geschlossen, der Teich im Garten abgesichert, Treppen abgesperrt und offen herumliegende Kabel sicher verstaut werden. Welpen können Gefahren nicht abschätzen und begeben sich daher oft unbewusst in Lebensgefahr.
Sicher ist es sinnvoll, einiges Zubehör bereits vor dem Einzug zu kaufen. Da man mit dem Welpen nach einigen Tagen aber eh gemeinsam die Welt erkunden will, kann man diese Zeit auch nutzen, um alles Fehlende erst dann zu kaufen (z. B. ein Geschirr, das man dann auch anprobieren kann).
Beim Einzug eines Welpen sollte man den Urlaub so planen, dass man ihn gemeinsam mit ihm zu Hause verbringt. Er muss ja erst einmal seinen künftigen Lebensraum kennenlernen. Eine Fahrt in den Urlaub, kurz nach der Abholung, ist daher weder gemeinsam mit dem Welpen zu empfehlen, noch sollte man ihn gleich in einer Hundepension unterbringen, damit man mit dem Flugzeug in den Sommerurlaub reisen kann.
Mit dem Junghund kann man dann auch einmal das Schlafen „außer Haus" bei Freunden oder Bekannten üben, die ihn in Notfällen dann auch aufnehmen. Will man den erwachsenen Hund später nicht mit in den Urlaub nehmen, muss man zudem frühzeitig nach einer guten Hundepension suchen.

Nach der Ankunft im neuen Zuhause schaut sich Nala erst einmal in Ruhe alles an und erkundet das Wohnzimmer.

Hundepension

Natürlich möchten Hunde am liebsten immer und den ganzen Tag mit ihrem Menschen zusammen sein. Leider kann man ihnen nicht erklären, dass man jetzt arbeiten oder auch nur kurz einkaufen muss und sie nicht mitnehmen kann. Dies gilt auch dann, wenn der Hund für einen längeren Zeitraum bei Bekannten oder in einer Hundepension untergebracht werden muss.
Für den Hund bedeutet gerade die längere Trennung erst einmal den Verlust der Bezugsperson. Dennoch, Hunde sind anpassungsfähig und können sich auf neue Situationen einstellen. In einer guten Hundepension, in der die Hunde im Idealfall mit Familienanschluss leben und körperlich sowie geistig ausgelastet werden, übersteht der Hund die Trennung von seinem Sozialpartner in der Regel problemlos. Doch man sollte sich gut überlegen, wie oft man seinen Hund weggibt. Verbringt der Hund ständig Wochen in der Hundepension, kann dies die Beziehung belasten, da der Hund gar nicht mehr weiß, wohin er eigentlich gehört und an wem er sich orientieren soll.

DER WELPE ZIEHT EIN ...

Hat man den Welpen vom Züchter abgeholt, muss man ihm zunächst einmal die Möglichkeit geben, sich zu lösen, damit nicht gleich ein Malheur in der Wohnung passiert. Danach lässt man ihn in Ruhe den Wohnbereich erkunden und nach und nach Kontakt zu den im Haus lebenden Familienmitgliedern aufnehmen, damit er lernt, wer alles zur Familie gehört. Zu viele fremde Menschen würden ihn überfordern. Erst nach einigen Tagen dürfen dann gern auch Freunde und Verwandte zu Besuch kommen, um das neue Familienmitglied kennenzulernen. Natürlich muss der Welpe auch bereits im Haushalt lebende Hunde direkt zu Beginn kennenlernen. Mit dem Kontakt zu fremden Hunden kann man sich aber erst einmal noch etwas Zeit lassen.

SOZIALISATION UND HABITUATION

In der ersten Woche muss man sich sehr viel Zeit für den Welpen nehmen, damit er sich in seinem Tempo an die neue Umgebung gewöhnen kann. Nachdem er nach und nach die Wohnung sowie

Haus und Garten erkundet hat, kann man kleine Ausflüge in die nähere Umgebung unternehmen. Anfangs reicht dabei die große Wiese gegenüber oder ein Ausflug in den nahe gelegenen Wald. Woche für Woche kann der Welpe immer mehr Reize kennenlernen, z. B. durch einen Ausflug in die Stadt oder auf den Wochenmarkt. Dabei darf er jedoch nicht überfordert werden, er sollte möglichst entspannt und ohne Angst die Welt entdecken. Zwar sollte er viele unterschiedliche Reize, die später in seinem Leben eine Rolle spielen, kennenlernen, er darf aber durch die Vielzahl der Reize nicht überfordert werden. Ein Zuviel an Reizen kann dazu führen, dass er generell sehr schreckhaft wird. Es ist auch gar nicht notwendig, dass der Welpe jeden einzelnen Reiz separat kennenlernt. Hat er z. B. einen großen, einen kleinen, einen dicken und einen dünnen Mann, einen Mann mit Bart und einen mit flatterndem Mantel kennengelernt und alle positiv abgespeichert, wird er generalisieren, dass Männer grundsätzlich nett sind und keine Gefahr darstellen. Es ist dann nicht notwendig, dass er in dieser Zeit sämtliche Erscheinungsbilder von Männern kennenlernt.

Angelegte Ohren, abgewendeter Körper: Die Körpersprache der Hündin zeigt deutlich, dass ihr der Mann im Mantel nicht geheuer ist.

WELPENSCHUTZ

Fremde Hunde trifft man heutzutage überall, sodass sich schnell die Frage stellt, wie man mit Hundebegegnungen umgehen soll. Darf der Welpe Kontakt mit dem anderen Hund aufnehmen oder verzichtet man besser auf ein Kennenlernen? Leider heißt es auch heute noch allzu oft: „Lassen Sie ihn ruhig laufen, der hat noch Welpenschutz!“ Viele Menschen denken, dass ein Welpe von einem erwachsenen Hund nichts befürchten muss, da es sozusagen einen „Welpenschutz“ gibt. Das ist aber nur bedingt so!

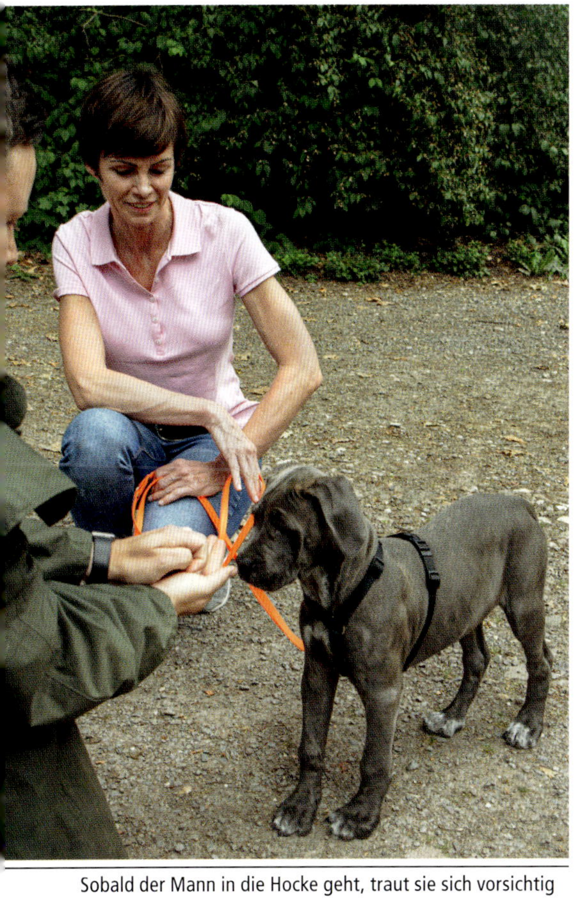

Sobald der Mann in die Hocke geht, traut sie sich vorsichtig näher heran.

Welpenschutz gibt es zunächst einmal nur im eigenen Rudel! Denn warum sollte eine Hündin einen fremden Welpen nicht verletzen oder gar töten? Letztendlich ist er ein Konkurrent ihrer eigenen – bereits vorhandenen oder irgendwann einmal kommenden – Welpen. Aber es gibt auch Gründe, aus denen eine Hündin ihre eigenen Welpen töten kann, ohne dass dieses Verhalten einer Verhaltensstörung zugerechnet werden muss. So erahnt eine Mutterhündin in der Regel direkt nach der Geburt, ob ein Welpe eine schwerwiegende Erkrankung wie einen Herzfehler hat. Dieser Welpe wird dann oft einfach ignoriert und nicht versorgt, manchmal sogar getötet und aufgefressen. Auch später darf ein Welpe sich nicht alles erlauben. Wer zu frech wird und sich z. B. an Mutters Knochen heranwagt, der bekommt dies deutlich zu spüren. Die Mutterhündin setzt hier nach einem Fixieren und Knurren zur Korrektur z. B. einen Schnauzgriff ein. So lernt der Welpe, Grenzen zu akzeptieren. Schwer verletzt wird er dabei aber nicht.

Welpenschutz bedeutet also, dass die Mutterhündin sich um ihre eigenen Welpen kümmert und diese vor Gefahren schützt! Nähern sich fremde Menschen oder Hunde einer Hündin, die gerade ihre Welpen versorgt, kann es zu aggressivem Verhalten kommen, auch wenn die Hündin normalerweise freundlich gegenüber Menschen und Artgenossen ist.

LIEGEPLATZ

Liegeplatz tagsüber

Der Liegeplatz eine Hundes befindet sich am besten in der Nähe seiner Menschen, damit er aktiv am Leben der Familie teilnehmen kann. Gern dürfen es auch zwei oder drei Liegeplätze sein, je nachdem, wie viele Hauptaufenthaltsräume es in der Wohnung gibt. Dennoch sollte das Körbchen nicht mitten im Raum oder direkt unter dem Fernseher stehen, denn der Liegeplatz

Hunde leben nicht einzeln, sondern in Gruppen oder Familienverbänden. Sie brauchen den engen Kontakt zu ihren Sozialpartnern.

ist ein sicherer Rückzugsort, wo sich der Hund entspannen soll. Eine Ecke im Raum neben dem Sofa bietet sich beispielsweise an.

Befindet sich der Liegeplatz im Flur, den alle Bewohner ständig betreten, womöglich noch direkt neben der Haustür, handelt es sich dabei wohl kaum um einen ruhigen Ort. Zudem bekommt der Hund so den Eindruck vermittelt, er wäre für die Sicherheit des Hauses zuständig, da er direkt in der Nähe des Eingangs liegen soll. Hat man einen stark territorial veranlagten Hund, kann dies zu Problemen führen. Oftmals entscheidet dieser dann, welcher Besucher hereingelassen wird und welcher nicht.

Den Welpen vom Leben der Familie auszusperren, indem man ihn im Wirtschaftsraum, Wintergarten oder im Garten, eventuell sogar dort in einem Zwinger, unterbringt, damit er bei einem Malheur den Teppich nicht beschmutzt, erfüllt nicht die Bedürfnisse des Hundes.

Verbringt der Welpe die meiste Zeit allein im Garten, wird er sich zudem Beschäftigungen suchen, die meist nicht den Vorstellungen der Halter entsprechen. Welpen lieben es z. B., tiefe Löcher zu buddeln sowie Pflanzen herauszuziehen und ggf. zu fressen. Territorial veranlagte Hunde können auch zu dem Schluss kommen, dass sie für die Sicherheit des Hauses zuständig sind, wenn sie allein im Garten sind und ihr Mensch sich in die sichere Wohnung zurückzieht. Schnell kann es passieren, dass am Gartenzaun vorbeilaufende Passanten verbellt und aus Sicht des Hundes auch erfolgreich vertrieben werden, denn sie entfernen sich wieder vom Grundstück. Vom Stress für den Hund einmal abgesehen, wird das Gekläffe kaum Freude bei den Nachbarn auslösen.

Der Liegeplatz des Hundes sollte sich in der Nähe des Menschen, jedoch an einer ruhigen und territorial unwichtigen Stelle befinden.

Für die Nacht bietet sich eine Box an. Steht diese direkt neben dem Bett, ist der Kontakt zum Menschen möglich.

Schlafplatz nachts

Der Schlafplatz befindet sich im Idealfall in einer Ecke im Schlafzimmer oder sogar direkt neben dem Bett. So bemerkt der Mensch sofort, wenn der Welpe unruhig wird und kann ihn nach draußen bringen, damit er sich löst. Und sollte man doch einmal zu spät sein, wechselt man einfach die Decke im Körbchen aus, die Einrichtung der Wohnung bleibt verschont. Der Schlafplatz kann auch ein Zimmerkennel sein – die meisten Hunde lieben höhlenartige Rückzugsorte. Gewöhnt man den Welpen in kleinen Schritten an eine Box, kann diese auch später einmal in vielen Situationen hilfreich sein, da der Hund immer einen sicheren Rückzugsort hat, an dem er schnell zur Ruhe kommt. Dennoch dient eine Box nicht dazu, den Hund stundenlang wegzusperren, damit die Menschen ihre Ruhe haben!

STUBENREINHEIT

Damit der Welpe stubenrein wird, muss man ihm regelmäßig, also nach dem Schlafen, nach dem Fressen, nach dem Spielen und spätestens zwei Stunden nach dem letzten Urinieren die Möglichkeit bieten, sich zu lösen. Zudem ist genaues Beobachten angesagt: Kurz vorher wird er suchend durch die Wohnung laufen, am Boden schnüffeln und sich manchmal auch im Kreis drehen. Dennoch kann ein Malheur immer passieren, sodass man den teuren Berberteppich besser wegräumt, bis der Welpe stubenrein ist.

Ist ein Malheur passiert, macht es keinen Sinn, mit dem Welpen zu schimpfen, denn er weiß noch gar nicht, was sein Mensch von ihm erwartet und hat noch nicht gelernt, dass er sein „Geschäft“ nicht in der Wohnung verrichten darf. Auch heutzutage greifen manche Menschen den Welpen zur

Strafe im Nacken und schütteln ihn. Diesen Griff nutzen Hunde jedoch, wenn sie ein Beutetier (z. B. Kaninchen) gefangen haben, um dieses durch Genickbruch zu töten. Das Verhalten stammt also aus einem vollkommen anderen Funktionskreis, der Mensch würde dem Welpen damit Tötungsabsicht vermitteln. Dieser wird die Handlung seines Menschen daher nicht verstehen und, da eine solche Korrektur zudem auch schmerzhaft ist, das Vertrauen in ihn verlieren. Dies gilt genauso für das Wegsperren als Strafe, längeren Entzug des Sozialkontaktes als Strafe gibt es bei Hunden nicht! Zwar wird ein Hund einen anderen durchaus einmal kurzfristig ignorieren, benimmt dieser sich jedoch angemessen, wird ein erneuter Kontakt zugelassen.

GEWÖHNUNG AN PFLEGEMASSNAHMEN

Im Idealfall gewöhnt man bereits den Welpen an Pflegemaßnahmen wie bürsten und sich überall anfassen zu lassen. Dazu nimmt man anfangs eine weiche Bürste und streicht einmal kurz über den Rücken. Verhält er sich dabei ruhig, belohnt man ihn. Schritt für Schritt wird er dann immer länger gebürstet und dabei auch an empfindlicheren Stellen berührt, bis er sich am ganzen Körper bürsten lässt.

Je nach Fellart kann man nun die zum Fell passende Bürste verwenden, die in der Regel härtere Borsten besitzt. Dabei muss man jedoch aufpassen, dass man dem Welpen nicht wehtut, wenn die Bürste im Fell hängen bleibt oder man über knochige Körperteile bürstet. Auch wenn sowohl der Welpe als auch der Junghund noch kein langes Fell hat, sollte man diese Übung regelmäßig, anfangs alle zwei bis drei Tage, später wenigstens einmal pro Woche, durchführen. Wird dann das Bürsten aufgrund des längeren, dichteren und härteren Fells notwendig, erträgt der Hund dieses ruhig oder genießt es im Idealfall sogar wie eine Massage. Dieser Vorgang gilt entsprechend für alle Pflegemaßnahmen wie das Überprüfen der Ohren, Augen und Pfoten oder das Schneiden der Krallen.

BEISSHEMMUNG

Bisher hat der Welpe im Spiel mit seinen Geschwistern gelernt, wie er sich im Umgang mit Artgenossen verhalten muss. Ein guter Züchter hat die ersten Schritte in Bezug auf die Beißhemmung gegenüber Menschen begonnen, indem er den Welpen nicht erlaubt hat, in Hände, Füße, Schuhe und Schnürsenkel zu beißen.

Dieses Training wird nun weiter fortgesetzt. Kann der Welpe im Spiel mit den Geschwistern auch einmal richtig fest ins Fell hineinbeißen und das Geschwisterchen dabei wild hin und her schütteln, ohne dass er es dabei verletzt oder ihm besonders wehtut, gilt dies nicht für den Umgang mit Menschen. Der Welpe muss daher lernen, dass Menschenhaut empfindlicher ist. Dies kann man ihm genauso beibringen, wie es zuvor seine Geschwister taten. Denn auch hier gibt es Grenzen im Spiel: Wer zu fest zubeißt, muss die Konsequenzen tragen! Setzt der Welpe also seine Zähne im Spiel mit dem Menschen ein, bricht man das Spiel sofort ab. Dabei kann man auch einen kurzen Schmerzschrei ausstoßen. Dann steht man auf, geht vom Welpen weg und ignoriert ihn einen Augenblick. So lernt der Welpe schnell, dass das tolle Spiel vorbei ist, wenn er dabei zu wild wird.

Bei einigen Welpen wird man aber allein durch Ignorieren des Verhaltens keinen Erfolg haben. Dann muss man ein zu festes Beißen durch einen Schnauzgriff korrigieren. Schon die Mutterhündin hat diesen den Welpen gegenüber angewendet, wenn diese eine bestimmte Grenze übertreten haben. Dabei greift sie einmal kurz und fest mit ihrer Schnauze über den Fang des Welpen, oftmals begleitet von einem tiefen Knurren. Man kann diesen Schnauzgriff nachahmen, indem man in dem Augenblick, in dem der Welpe zu fest zupackt, einmal mit der Hand fest über dessen Fang greift und ein Korrekturwort wie „Tabu" ausspricht. In der Regel hat der Welpe bereits nach wenigen Wiederholungen verstanden, dass diese Handlung nicht erwünscht ist.

Immer wieder liest man, dass man den Welpen ins Ohr beißen muss, damit er die Beißhemmung durch eigene, schmerzhafte Erfahrung lernt. Ins-Ohr-Beißen ist jedoch keine Korrektur, die Hunde untereinander nutzen. Der Welpe wird dies daher nicht verstehen. Da ein Biss ins Ohr zudem schmerzhaft ist, besteht die Gefahr, dass er nicht nur verunsichert ist, sondern auch das Vertrauen in den Menschen verliert.

Links: Solange Aiko strampelt, hält Martin ihn konsequent fest. Erst wenn er ruhig abwartet, darf er wieder frei laufen.

Gemeinsames Spiel stärkt die Bindung, der Welpe lernt aber auch, welche Regeln im Umgang miteinander gelten.

GRENZEN SETZEN

Welpen müssen erst noch lernen, was erlaubt und was verboten ist. Für sie ist es natürlich, alles erst einmal ins Maul zu nehmen und darauf herumzukauen. Dies dient der Beschäftigung, zudem wirkt das Kauen beruhigend. Damit der Welpe lernt, dass er beispielsweise nicht auf dem Teppich herumkauen darf, nimmt man ihn in dem Augenblick, in dem er den Teppich mit seinen Zähnen bearbeitet, mit einem deutlichen Abbruchsignal wie einem laut ausgesprochenen „Tabu" oder „Lass es" vom Teppich weg. Vermutlich würde er sich direkt erneut auf den Teppich stürzen, sodass man ihm eine Alternative zum Kauen wie einen Kauknochen anbietet. Einfach nur zu warten, dass sich das Verhalten von selbst gibt, ist wenig erfolgreich, da das Kauen selbstbelohnend wirkt. Genauso ist es nicht sinnvoll, alle Teppiche wegzuräumen, denn so hat der Welpe keine Möglichkeit zu lernen, was erlaubt und was verboten ist.

ERZIEHUNG UND TRAINING

Der Hund muss von Beginn an erzogen werden. Dazu gehört neben dem Training der Grundsignale wie „Sitz", „Down", „Bleib" und „Hier" sowie dem entspannten Laufen an der Leine natürlich auch das Erlernen der Regeln im Alltag und im Umgang mit dem Menschen.
Gerade im Welpenalter lernen Hunde unglaublich viel. Jetzt ist die Zeit, in der der Welpe alles das, was im späteren Leben für ihn wichtig ist, kennenlernen muss. Alle für das spätere Leben notwendigen Verknüpfungen im Gehirn werden nun gefestigt und spätestens in der Pubertät werden während der Umbauprozesse im Gehirn alle nicht notwendigen Nervenverbindungen gekappt. Im ersten Lebensjahr wird die Basis für das weitere Leben gelegt, sowohl in Bezug auf den Alltag als auch auf bestimmte Trainingsformen, die der Mensch später einmal mit seinem Hund

Hält sich der Welpe nicht an die Regeln, kann eine Korrektur sinnvoll sein. Diese kann z. B. durch den Schnauzgriff erfolgen.

ausführen möchte, oder Arbeitsaufgaben, bei denen der erwachsene Hund eingesetzt werden soll. Daher hat es keinen Sinn, ein Training erst mit einem Jahr oder noch später zu beginnen, wie das früher einmal propagiert und auch umgesetzt wurde. Hat der Hund die Grundlagen im ersten Jahr erlernt, kann man im weiteren Training darauf aufbauen und ihn auch an kompliziertere Aufgaben heranführen.

GUTE HUNDESCHULEN

Eine gute Hundeschule zeichnet sich dadurch aus, dass der Trainer auf die Wünsche des Kunden eingeht. Er erkennt die Bedürfnisse des Hundes und gestaltet das Training so, dass weder Mensch noch Hund überfordert sind und beide Spaß am Lernen haben. Natürlich sollte der Hundetrainer eine fundierte Ausbildung absolviert haben, die Anzahl erreichter Zertifikate und Prüfungsnachweise sagt jedoch nichts über die Qualität des Unterrichts aus. Wer sich mit Bisswunden rühmt, um zu zeigen, dass er viele gefährliche Hunde trainiert hat, sagt letztlich damit aus, dass er gar nicht in der Lage ist, mit solchen Hunden umzugehen. Ein guter Trainer kann Hunde einschätzen und aggressives Verhalten verhindern. Er baut das Training so auf, dass weder Mensch noch Hund gefährdet sind.

Das Training in einer guten Hundeschule muss individuell auf jedes Mensch-Hund-Team zugeschnitten sein. Dies kann sowohl im Einzel- als auch im Gruppentraining erfolgen. Zu große Gruppen ermöglichen jedoch kaum, auf einzelne Wünsche und Bedürfnisse einzugehen. Insbesondere Welpengruppen dürfen nicht zu groß sein, da es sonst schnell drunter und drüber geht und der Trainer sowie die Halter den Freilauf nicht mehr lenken und leiten können, also nicht mehr eingreifen und das Spiel der Welpen steuern können.

WELPENGRUPPE

Während der Welpe mit seinem Halter im Einzeltraining die Grundsignale sowie weitere Trainingsformen erlernt, steht in der Welpengruppe die weitere Sozialisierung sowie die Förderung der Kommunikation mit Artgenossen im Vordergrund. Dazu kann man zwar auch gut sozialisierte Hunde in der Nachbarschaft oder von Bekannten treffen, und auch weitere eigene Hunde fördern die Sozialisation des Welpen. Dennoch ersetzen Kontakte zu erwachsenen Hunden nicht das gemeinsame Spiel mit anderen Welpen, das der Hund normalerweise ja auch weiterhin mit seinen Geschwistern erleben würde. Und dabei kann es auch einmal ganz schön wild zugehen. Deshalb muss der Hundetrainer darauf achten, dass die Hunde in der Welpengruppe gut zusammenpassen. Das bedeutet nicht, dass nur Welpen einer Rasse miteinander spielen dürfen. Es ist sogar sinnvoll, wenn der Border Collie das körperliche Spiel des Labrador Retrievers kennenlernt und einschätzen kann, denn im Alltag wird er auf Hunde dieser und anderer Rassen treffen. Dennoch dürfen die Welpen durch den Kontakt nicht überfordert oder sogar traumatisiert werden. Der sechzehn Wochen alte Rottweiler kann den zehn Wochen alten Chihuahua noch so vorsichtig zum Spiel auffordern, allein schon aufgrund des enormen Größenunterschiedes besteht Verletzungsgefahr.

Der Hundetrainer muss das Spiel der Welpen also immer im Blick haben und eingreifen, wenn es zu wild wird oder einer der Welpen zu sehr bedrängt wird, damit keiner traumatisiert oder sogar verletzt wird. Die Halter befinden sich dabei gemeinsam mit dem Trainer, der ihnen das Verhalten der Welpen erklärt, auf dem Gelände. Er beobachtet die Welpen und leitet zudem die Menschen an, ihren Welpen zu begleiten und, falls notwendig, in das Spiel einzugreifen. Futter darf nur auf Anweisung des Trainers gegeben werden, damit es nicht zu einer Futteraggression unter den Welpen kommt. Daher ist auch das Essen und Trinken in der Welpengruppe nicht erlaubt.

DOGS Coach Sarah Leidenheimer leitet die Hundehalter in der Welpengruppe beim Training der Grundsignale an und hilft individuell bei Problemen.

IMPFSCHUTZ

Zwar muss man in Bezug auf Hundekontakte noch etwas vorsichtig sein, da der Welpe in der Regel noch keinen vollständigen Impfschutz hat. Bevor man den Welpen mit anderen Hunden spielen lässt, sollte man sich daher vergewissern, dass diese gesund sind. Eine hundertprozentige Sicherheit gibt es jedoch nicht. Würde man den Welpen allerdings erst im Alter von dreizehn Wochen, also nach der zweiten Impfung, die Außenwelt erkunden lassen, ist der kurze Zeitraum, an den er an Reize in der Umgebung gewöhnt werden und eine Sozialisierung erfolgen kann, fast schon vorbei. Die Gefahr, dass der Welpe große Unsicherheiten entwickelt, die ein Leben lang bestehen bleiben, ist daher groß. Eine Teilnahme an der Welpengruppe ist somit wenige Tage nach der Welpen-Übernahme möglich, und nicht erst ab der dreizehnten Lebenswoche!

Bevor es zum gemeinsamen Toben in den Freilauf geht, soll sich jeder Welpe erst einmal auf seinen Menschen konzentrieren.

TRAINING DER GRUNDSIGNALE

Das Training der Grundsignale beginnt man in der Regel nach einer kurzen Eingewöhnungszeit im neuen Zuhause. Sobald sich der Welpe oder auch erwachsene Hund in seiner neuen Umgebung wohlfühlt, kann das Training in kleinen Schritten anfangen. Dabei startet man mit dem einfachsten Signal, dem „Sitz“. Danach kann man dem Hund beibringen, sich auf ein Zeichen des Menschen hinzulegen sowie an Ort und Stelle zu bleiben. Auch das wichtigste Signal im Leben eines Hundes, den Rückruf, kann man nun mit dem Hund trainieren. Dabei darf er natürlich nicht überfordert werden, kurze Trainingseinheiten von etwa zwei Minuten mehrmals am Tag reichen aus, denn die Konzentrationsphase des Welpen ist noch sehr kurz. Dauer und auch Schwierigkeit werden Schritt für Schritt gesteigert, die Steigerung muss dabei individuell an den Hund und sein Lerntempo angepasst sein. Das Training sollte immer spielerisch aufgebaut werden, damit der Hund Spaß am gemeinsamen Training hat und dieses damit gleichzeitig die Bindung zum Halter fördert. Führt ein Hund ein Signal nicht aus, muss man überlegen, was die Ursache hierfür war. Hat man die Trainingsschritte zu schnell gesteigert? Waren die ablenkenden Reize zu groß? Fühlt sich der Welpe nicht wohl, ist er also z. B. müde oder hungrig? Je nachdem, was der Grund für den Fehler im Training war, verändert man dieses entsprechend und führt die Übungen einfacher und mit weniger Ablenkungen durch oder beendet das Training vorerst und setzt es zu einem späteren Zeitpunkt fort. Signale mit Druck durchzusetzen, führt dazu, dass der Hund verunsichert ist und seinem Halter nicht mehr vertraut.

DER WELPE WIRD ERWACHSEN …

Ab etwa dem vierten Lebensmonat, mit Beginn des Zahnwechsels, folgt die juvenile Phase (Junghundezeit), bevor der Hund dann in die Pubertät kommt.

JUVENILE PHASE

Auch mit dem Junghund muss man Kontakt zu unterschiedlichen Menschen suchen und er muss weiterhin viele verschiedene Reize erleben, um ein souveräner erwachsener Hund zu werden. Die in der Welpenzeit gelegte Grundlage wird gefestigt.

GEBISS DES HUNDES

Der Hund hat ein Fleischfressergebiss, das aus scherenartig ineinandergreifenden Zähnen besteht, mit denen Beute schnell in kleine Stücke zerteilt werden kann.
Der erwachsene Hund hat normalerweise insgesamt 42 Zähne. Im Oberkiefer befinden sich sechs Schneidezähne, die *Incivisi*, zwei Fangzähne, die *Canini*, acht vordere Backenzähne, die *Prämolaren*, und vier hintere Backenzähne, die *Molaren*. Im Unterkiefer befinden sich ebenfalls sechs Schneidezähne, zwei Fangzähne und vier vordere Backenzähne, sowie sechs hintere Backenzähne.

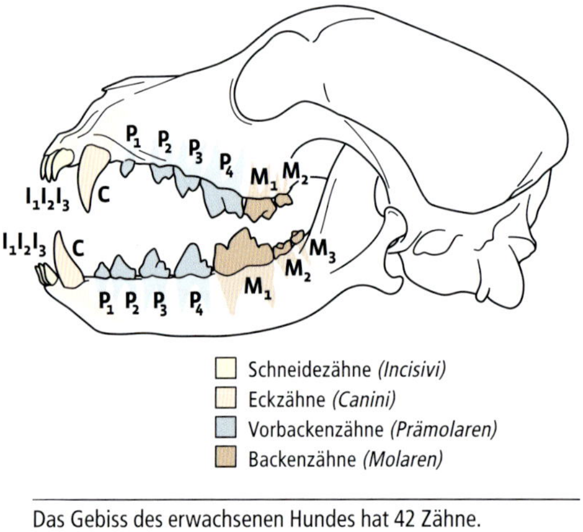

Das Gebiss des erwachsenen Hundes hat 42 Zähne.

Reißzahn und Fangzahn

Viele Menschen glauben, dass es sich bei den Reißzähnen um die Eckzähne handelt, vermutlich, weil sie sich vorstellen, dass der Hund mit den langen, spitzen Zähnen die Beute aufreißt. Die Eckzähne des Hundes bezeichnet man jedoch als Fangzähne (Canini), denn sie dienen dazu, die gefangene Beute beim Transport festzuhalten, damit diese nicht aus dem Maul herausrutscht. Als Reißzahn bezeichnet man den größten Vorbackenzahn (*Prämolar: P4*) im Oberkiefer und den größten Backenzahn (*Molar: M1*) im Unterkiefer des Hundes. Mit diesen scherenartig ineinandergreifenden Backenzähnen zerteilt der Hund die Beute in Stücke.

Zahnschema Milchzahngebiss

Der Welpe hat normalerweise insgesamt 32 Zähne. Im Oberkiefer und Unterkiefer befinden sich sechs Schneidezähne, die *Incivisi*, zwei Fangzähne, die *Canini*, sowie sechs vordere Backenzähne, die *Prämolaren*. Der erste vordere Backenzahn (*Prämolar*), der P1, sowie die hinteren Backenzähne, die *Molaren*, sind nur im bleibenden Gebiss vorhanden.

Der Zahnwechsel beginnt ab dem vierten Lebensmonat. Als erstes fallen die Schneidezähne aus. Die bleibenden Zähne brechen, beginnend mit dem kleinsten Prämolar (P1), durch. Etwa mit sechs Monaten ist der Zahnwechsel abgeschlossen.

PUBERTÄT

Die Pubertät zeigt sich bei der Hündin durch die erste Läufigkeit und beim Rüden mit dem Heben des Beins beim Urinieren, was jedoch noch unregelmäßig gezeigt wird. Auch viele erwachsene Rüden urinieren nach der Pubertät noch hin und wieder im Stehen anstatt mit erhobenem Bein, wenn sie sich einfach nur lösen und nichts markieren wollen. Kleinere Hunde kommen früher in die Pubertät als größere, in der Regel beginnt sie jedoch zwischen dem sechsten und zwölften Lebensmonat, bei sehr großen Hunderassen aber auch später.

Der Mensch sollte das wilde und dynamische Spiel junger Hunde immer im Blick behalten, um gegebenenfalls regulierend eingreifen zu können.

In der Pubertät sind erlernte Signale wie der Rückruf oft scheinbar wie ausgelöscht. Dann hilft nur eines: den Hund durch die Leine sichern.

VERHALTEN IN DER PUBERTÄT

Mit Beginn der Pubertät entwickelt sich der Junghund zum erwachsenen Hund. Dabei finden nicht nur körperliche Veränderungen statt, auch im Gehirn laufen viele Umbauprozesse ab. Das Verhalten ändert sich vom emotionalen und infantilen hin zum mehr rationalen und zielorientierten Handeln. Doch bis es so weit ist, dauert es, sodass der pubertierende Hund oft weder in der Lage ist, seine Impulse zu kontrollieren, noch Risiken abzuschätzen. Er kann sich nur schwer konzentrieren, muss alles erkunden und lässt sich von spannenden Reizen nur allzu gern verlocken. Selbstbelohnendes Verhalten, wie das Hetzen von Wild oder das Erschnüffeln einer Spur, bekommt in dieser Zeit einen höheren Stellenwert.

Die Pubertät erfordert viel Geduld und Verständnis, denn eines ist klar: Der Hund handelt nicht so, um seinen Menschen bewusst zu ärgern!

Auch wenn der eine mehr, der andere scheinbar weniger pubertiert, müssen alle Hunde durch diese Entwicklungsphase, weder der Charakter noch die Intelligenz spielen dabei eine Rolle. **Auch das Verhalten der Halter in der Welpen- und Junghundezeit hat keinen Einfluss auf die Ausprägung der Pubertät. Der Mensch kann noch so fleißig mit seinem jungen Hund trainiert haben, in der Pubertät scheint auf einmal alles bereits Gelernte vergessen.** Sich über das Verhalten des Hundes in der Pubertät aufzuregen oder sich auf „Diskussionen" mit ihm einzulassen, ändert genauso wenig etwas daran, wie besonders streng zu sein oder den Hund zu bestrafen. Natürlich darf ein Hund in dieser Phase nicht alles und auch nicht alle Signale des Menschen ignorieren. Vielmehr sollte man unerwünschtes Verhalten möglichst verhindern, den Hund also z. B. an die Schleppleine nehmen. Auch sollte man keine schweren, sondern einfache Aufgaben stellen, die der Hund bewältigen kann und so gemeinsame Erfolgserlebnisse schaffen.

LÄUFIGKEIT DER HÜNDIN

Der Zeitpunkt der ersten Läufigkeit ist individuell unterschiedlich, jedoch meist zwischen dem 6. und 15. Lebensmonat. Dabei werden Hündinnen kleiner Rassen in der Regel früher läufig. Hündinnen sehr großer Rassen können durchaus auch erst im Alter von bis zu zwei Jahren das erste Mal läufig werden. Tut sich bis dahin jedoch nichts, sollte man den Tierarzt aufsuchen und die Ursache abklären. Doch nicht immer muss ein gesundheitliches Problem dahinterstecken. Eine sehr sensible Hündin kann auch aufgrund der sozialen Strukturen nicht läufig werden, z. B. wenn sich eine sehr selbstbewusste Hündin in der Gruppe befindet. Die Anwesenheit von Rüden hat in der Regel keinen Einfluss auf das Eintreten der Läufigkeit.

Abstand zwischen den Läufigkeiten

Weibliche Wölfe sind nur einmal im Jahr, nämlich im Frühjahr, paarungsbereit. Dieser Rhythmus hat sich beim Hund im Laufe der Domestikation verändert. Es kommt bis zum Lebensende der Hündin in der Regel zu zwei Läufigkeiten im Jahr, die nicht an eine feste Jahreszeit gebunden sind. Der Abstand der Läufigkeit ist von Hündin zu Hündin unterschiedlich, beträgt meist jedoch ca. sechs Monate. Aber auch acht, neun oder zwölf Monate, oder nur fünf Monate, kommen vor. Bei einem noch kürzeren Abstand sollte man den Tierarzt aufsuchen und die Ursache hierfür abklären lassen, denn die Hündin hat dann im Grunde genommen keine „Ruhephase". Die Abstände können immer ein wenig variieren. Verkürzt oder verlängert sich der Abstand mehrfach deutlich, muss ebenfalls der Tierarzt aufgesucht werden.

Einfache Aufgaben und Absicherung durch die Schleppleine schaffen auch in der Pubertät Erfolgserlebnisse und stärken die Beziehung.

Die Schleppleine hält man in Schlaufen aufgewickelt ...

Dauer der Läufigkeit

Die Läufigkeit dauert drei bis vier Wochen. Zu Beginn ist die Vulva leicht geschwollen, der Ausfluss ist kräftig und dunkelrot. Die sogenannte Standhitze, in der die Hündin erfolgreich vom Rüden gedeckt werden kann, erkennt man an der geschwollenen Vulva und dem hellroten, durchsichtigen Ausfluss. Zudem nimmt die Hündin die Rute am Rutenansatz zur Seite, wenn man sie an der Rutenwurzel streichelt. Die Standhitze dauert etwa vier Tage an, sie beginnt je nach Hündin unterschiedlich, oft jedoch um den 13. bis 17. Tag der Läufigkeit.

Natürlich darf man mit einer läufigen Hündin spazieren gehen, denn auch sie muss sich lösen und braucht körperliche sowie geistige Auslastung. Dennoch gilt es in dieser Zeit, besonders vorsichtig zu sein. So lange die Hündin Ausfluss hat, besteht insbesondere in den Tagen der Standhitze die Gefahr, dass sie gedeckt wird. Um einen unerwünschten Deckakt und daraus folgend unerwünschten Nachwuchs zu verhindern, sollte man die Hündin an die Schleppleine nehmen und zu sich rufen, wenn sich andere Hunde, insbesondere Rüden, nähern. Am besten geht man in dieser Zeit nicht in stark von anderen Hundehaltern frequentierte Gebiete und nimmt eine weitere Leine mit, mit der man aufdringliche Rüden von der Hündin fernhalten kann.

Die Hündin kann bereits in der ersten Läufigkeit erfolgreich gedeckt werden und Welpen bekommen. Wirklich erwachsen ist sie in dieser Zeit noch nicht. Körperlich und geistig ausgereift ist sie erst in einem Alter von zwei bis drei Jahren. Erst dann sollte sie auch zur Zucht eingesetzt werden.

TRÄCHTIGKEIT UND SCHEIN-TRÄCHTIGKEIT

Die Trächtigkeit der Hündin dauert normalerweise zwischen 58 und 63 Tage. Bei einer Geburt nach weniger als 57 Tagen sind die Welpen in der Regel noch nicht überlebensfähig. Ist die Geburt nach einer Trächtigkeit von 63 Tagen nicht erfolgt, muss der Tierarzt aufgesucht werden. Eventuell müssen die Welpen dann per Kaiserschnitt auf die Welt geholt werden.

Die Scheinträchtigkeit oder Scheinmutterschaft der Hündin im Rudel ist ein ganz natürlicher Vorgang, der etwa ein bis drei Monate nach der

... in der einen Hand. Läuft der Hund vor, gibt man Leine frei, bleibt er stehen, wickelt man sie wieder auf.

Läufigkeit einsetzt. Er wird durch die hormonelle Veränderung im Körper der Hündin ausgelöst. Das Hormon Prolaktin, das für die Milchbildung zuständig ist, steigt an, sodass der Hormonstatus dem einer trächtigen Hündin gleicht. Dadurch schwellen die Milchdrüsen an, es kommt zu leichtem bis starkem Milchfluss. Aufgrund dieser Tatsache kann die Hündin in der Natur die Welpen einer anderen Hündin aus der Gruppe oder dem Rudel versorgen und ernähren. So ist das Überleben der Welpen gesichert, auch wenn die Mutterhündin wenig Milch hat, oder z. B. bei der Nahrungssuche stirbt. Bei Hunderassen mit großer sozialer Motivation sieht man dieses Verhalten auch heute noch. Züchter von Golden oder Labrador Retrievern berichten häufig, dass eine ebenfalls im Haus lebende Hündin die Welpen einer anderen Hündin mit säugt. Die Scheinträchtigkeit bei einer einzelnen Hündin ist dagegen als pathologisch anzusehen, je nach Ausprägung sollte der Tierarzt aufgesucht werden. Bei starker Scheinträchtigkeit zeigt die Hündin wenig Interesse an der Umwelt. Sie ist kaum zur Aktivität zu motivieren und will sich nicht mehr von ihrem „Nest“ wegbewegen. Zuhause zeigt sie Nestbauverhalten, sie bemuttert ihre Stofftiere.

Was tun bei Scheinträchtigkeit?

Sind keine Welpen vorhanden, sollte man der Hündin weniger Futter geben und sie sowohl körperlich als auch geistig stärker auslasten. Keinesfalls sollte man die Zitzen manipulieren, indem man diese ausdrückt oder mit Quarkwickeln oder Ähnlichem behandelt, da jede Manipulation den Milchfluss fördert. Bei starker Milchproduktion besteht die Gefahr eines Milchstaus, aus dem sich eine Entzündung des Gesäuges entwickeln kann. Die Zitzen der Hündin sind dann stark geschwollen und sehr warm. In diesem Fall muss man den Tierarzt aufsuchen! Dies gilt auch dann, wenn die Hündin nach der Läufigkeit übermäßig aggressiv reagiert oder sich extrem apathisch verhält.

Mischlingsrüde Punchy hat in der Zeit der Pubertät so manches Mal die Geduld seiner Halter auf die Probe gestellt. Doch irgendwann wird jeder Hund erwachsen.

Gebärmutterentzündung

Einige Wochen nach der Läufigkeit besteht bei der Hündin verstärkte Gefahr einer Gebärmutterentzündung, die lebensbedrohlich sein kann. Daher sollte man sie in dieser Zeit gut beobachten. Die Hündin ist lethargisch, sodass viele Menschen zunächst nur an eine Scheinträchtigkeit denken. Sie trinkt jedoch plötzlich große Mengen, hat Fieber, oft auch Erbrechen und/oder Durchfall und zeigt manchmal Schmerzen im hinteren Bauchbereich sowie vaginalen Ausfluss. Hier muss der Tierarzt aufgesucht werden!

SEXUALITÄT BEIM RÜDEN

Der Rüde ist mit der Pubertät zeugungsfähig. Dabei ist es egal, ob beide Hoden, einer oder sogar keiner der beiden Hoden vollständig abgestiegen, also im Hodensack fühlbar sind. Nicht abgestiegene Hoden müssen jedoch regelmäßig durch den Tierarzt mittels Ultraschall kontrolliert und gegebenenfalls entfernt werden, da sie dazu neigen zu entarten. Wirklich erwachsen ist der Rüde in diesem Alter aber noch nicht. Körperlich und geistig ausgereift ist er, genauso wie die Hündin, erst mit etwa zwei bis drei Jahren, sodass er auch dann erst zur Zucht eingesetzt werden sollte.

UNERWÜNSCHTER DECKAKT

Beim Decken reitet der Rüde zunächst auf der Hündin auf und dringt mit dem Penis in die Vagina ein. Es kommt zur vollständigen Erektion, bei der sich der Schwellkörper des Penis, der sogenannte „Knoten“ im hinteren Teil der Eichel, vergrößert. Gleichzeitig schwellen die Venenpolster in der Scheide der Hündin an. Penis und Vagina „verbinden“ sich fest miteinander und der „Knoten“ sorgt dafür, dass der Scheideneingang der Hündin dicht verschlossen wird, es kommt zum sogenannten Hängen. Dabei steigt der Rüde von der Hündin herunter und dreht sich meist so, dass beide Hunde Po an Po stehen. Die Hunde können jetzt nicht mehr getrennt werden, ohne dass es zu Verletzungen kommt.

Hat ein Rüde unerwünscht eine Hündin gedeckt und ist es zum Hängen gekommen, kann man nur noch ruhig bleiben und abwarten. Das gewaltsame Trennen der Hunde würde an einer eventuellen Trächtigkeit nichts mehr ändern, da der Samenerguss längst erfolgt ist. Nach ca. 15 bis 60 Minuten geht die Schwellung bei beiden Hunden zurück, sodass sie sich wieder trennen können. Am besten sucht man danach den Tierarzt auf, um beide Hunde untersuchen zu lassen und zu besprechen, ob die Hündin die Welpen austragen oder die Trächtigkeit abgebrochen werden soll.

KASTRATION

Wird ein Hund kastriert, wird er zeugungsunfähig. Beim Rüden dauert dies allerdings einige Wochen, da sich einige Spermien auch im Samenleiter und in der Prostata befinden können. Kommt es daher direkt nach der Kastration zu einem unerwünschten Deckakt, kann der Rüde die Hündin gegebenenfalls immer noch erfolgreich decken.

Sexuell gesteuerte Verhaltensweisen nehmen nach der Kastration ab, in Bezug auf andere Verhaltensweisen hat sie jedoch keinen Einfluss. Aggressives Verhalten, das nicht aufgrund sexueller Motivation gezeigt wird, reduziert sich daher nicht. Ein Hund, der sein Futter verteidigt, wird dieses Verhalten auch nach der Kastration unverändert zeigen, wenn kein entsprechendes Training aufgebaut wurde. Doch auch sexuell bedingtes Aggressionsverhalten reduziert sich nicht zwangsläufig – das Verhalten kann ritualisiert sein und hat sich dann schon gefestigt. Dann muss eine Verhaltenstherapie durchgeführt werden, in der der Rüde z. B. ein Alternativverhalten lernt. Reagiert er auf andere Rüden an der Leine aggressiv, kann er z. B. lernen, seinen Menschen anzuschauen. Durch den Blickkontakt mit seinem Menschen muss er den Blickkontakt zum entgegenkommenden Hund abbrechen, was in der Regel auch zu einem Abbruch anderer aggressiver Verhaltensweisen führt.

Ist die Pubertät gut überstanden, wachsen Mensch und Hund zu einem Team zusammen, das sich aufeinander verlassen kann.

KASTRATIONS-CHIP

Alternativ zur chirurgischen Kastration gibt es für Rüden auch den Kastrations-Chip. Dieser wird vom Tierarzt mit einer etwas dickeren Kanüle unter die Haut im Nacken eingesetzt. Das Einsetzen ist kaum schmerzhaft, sodass hierfür keine Narkose erforderlich ist. Dieses Implantat wirkt beim Rüden je nach Präparat sechs oder zwölf Monate lang. Die Wirkdauer kann zudem auch bei kleineren Rüden (unter 10 kg) durchaus etwas länger als bei größeren (über 25 kg) sein. Man muss jedoch beachten, dass die Wirkung des Chips erst nach ca. vier bis sechs Wochen einsetzt, was an den verkleinerten Hoden erkennbar ist. Zuvor kann sich das durch das Testosteron gesteuerte Verhalten erst noch steigern, sodass diese Wochen durchaus anstrengend für Mensch und Hund werden können. Der Kastrations-Chip löst sich nach und nach komplett auf und muss nicht entfernt werden.

Ein aktiver, dynamischer Hund wird durch die Kastration nicht ruhiger und er muss auch nicht zwingend zunehmen. Allerdings verändert sich der Stoffwechsel, der Grundumsatz sinkt aufgrund der hormonellen Umstellung, sodass eine Futterreduzierung notwendig sein kann. Es kann zudem zur Harninkontinenz kommen, vor allem bei der Hündin. Insbesondere bei Hunden mit langem oder mittlerem Fell kann auch das sogenannte „Welpenfell" auftreten. Die Unterwolle wächst dabei über das Deckhaar, das Fell des Hundes wirkt dann struppig und stumpf. Viele unterschiedliche Tumoren wie Milztumoren treten nach einer Kastration deutlich häufiger auf als bei intakten Tieren. Sogenannte „Mammatumoren", also Tumoren an der Gesäugeleiste der Hündin, entstehen dann deutlich seltener, wenn die Hündin noch vor der ersten Läufigkeit kastriert wurde. Allerdings wird hiermit auch die sexuelle Reifung verhindert, die Hündin wird also nicht vollständig erwachsen. Eine Kastration der Hündin wird daher frühestens nach der ersten, aufgrund der Verhaltensentwicklung sogar erst nach der dritten Läufigkeit empfohlen. Dabei sollte man die Hündin in der hormonellen Ruhephase kastrieren lassen, also etwa acht Wochen nach der letzten Läufigkeit. Um den Abstand bestimmen zu können, sollte man sich die Zeiten der Läufigkeiten sowie eventuelle Besonderheiten notieren. So kann man auch erkennen, ob die Abstände unregelmäßig werden. Rüden sollte man frühestens in dem Alter kastrieren, in dem eine Hündin der gleichen Rasse in etwa das dritte Mal läufig war.

ADOLESZENZPHASE

Sobald das Längenwachstum der langen Röhrenknochen abgeschlossen ist, also mit dem Schließen der Wachstumsfugen, kann man den Junghund körperlich voll belasten. Bei kleinen Rassen ist das erst mit ca. 10 bis 12 Monaten, bei mittleren mit ca. 12 bis 14 Monaten und bei großen Rassen sogar erst mit ca. 14 bis 16 Monaten der Fall. Körperlich und geistig ausgereift ist ein Hund jedoch erst in einem Alter von zwei bis drei Jahren, je nach Größe des Hundes. Kleinere Rassen wie der Jack Russell Terrier sind bereits mit ca. zwei Jahren erwachsen, bei größeren Rassen wie dem Bernhardiner kann dies durchaus auch bis zur Vollendung des dritten Lebensjahres dauern. Der Trainingsstand spielt dabei keine Rolle. So gibt es bereits sehr gut trainierte Hunde in einem Alter von gerade mal einem Jahr, aber auch ältere Hunde, die so gut wie gar keine Signale oder Übungen beherrschen.

SO LERNEN HUNDE

Hunde lernen ein Leben lang und passen sich bis ins Alter an veränderte Lebensbedingungen an.

Auch alte Hunde können noch Neues lernen, auch wenn es bei ihnen etwas länger dauert als beim jungen Hund. Oft ist es so, dass der alte Hund bereits Vorerfahrungen gemacht hat, die dem, was er lernen soll, entgegenstehen. Diese Erfahrungen wird man nicht löschen können, man kann sie nur mit neuen Erfahrungen überlagern. Dieser Prozess dauert aber länger als bei einem Hund, der noch keine Erfahrungen in dem Bereich gemacht hat. Führt der Hund ein Signal nicht aus, wird ihm häufig unterstellt, er sei stur und ignoriere den Menschen bewusst, um sich ihm gegenüber durchzusetzen. Doch so handeln Hunde nicht. Etwas auf das Signal eines anderen Hundes auszuführen, ist für den Hund kein „natürliches" Verhalten. Es kommt in einer Hundegruppe nicht vor, dass ein Hund einen anderen zu einer bestimmten Handlung, z. B. auf direktem Weg zu ihm zu kommen, auffordert. Daher muss man dem Hund das Verhalten, das er zeigen soll, erst einmal beibringen.

HABITUATION

Habituation bedeutet „Gewöhnung" an einen Reiz, der sich als unbedeutend erweist, und stellt damit einen Lernprozess dar, der den Körper entlastet. Der Mensch gewöhnt sich z. B. an das Ticken einer Uhr oder an den Lärm der Züge einer Bahnlinie, wenn er lange genug in ihrer Nähe wohnt.

Cooper liegt völlig gelassen auf dem Hof, er lässt sich durch keinen Reiz aus der Umgebung stören.

Noch ist Elorüde Jobs aufmerksam auf das, was in seiner Umgebung passiert. Martin wartet, dass er sich entspannt hinlegt.

ABSCHALTTRAINING

Man kann das Lernprinzip der Gewöhnung bei der Hundeerziehung in Form eines Abschalttrainings gezielt nutzen. Wenn man den Hund mit möglichst vielen verschiedenen Reizen vertraut machen will, trainiert man beispielsweise in einem sehr reizstarken Umfeld wie einem Bahnhof. Im Training tastet man sich dann an diese Situation schrittweise heran. Man beginnt zu wenig belebten Zeiten in der Nähe des Bahnhofs, setzt sich auf eine Bank und wartet, bis der Hund zur Ruhe kommt. In dieser Phase der absoluten Beruhigung beendet man das Training. Im weiteren Verlauf steigert man schrittweise die Reizintensität der Situation, bis man letztlich mit dem Hund durch die belebte Bahnhofshalle gehen kann, ohne dass dieses Umfeld einen Stressfaktor darstellt.

SENSIBILISIERUNG

Sensibilisierung bedeutet „Steigerung der Empfindlichkeit oder Empfänglichkeit für einen bestimmten Reiz". Sie ist also das Gegenteil der Gewöhnung, da ein bestimmter Reiz nicht ausgeblendet wird, sondern die Reaktionshäufigkeit auf ihn zunimmt. Das Prinzip der Sensibilisierung wird bei der Klassischen Konditionierung genutzt. Bei diesem Lernprinzip wird ein bisher neutraler Reiz mit einem Reiz, der eine angeborene Reaktion auslöst, kombiniert, sodass der neutrale Reiz nach der Konditionierung die gleiche Reaktion auslöst. Futter löst beim Hund Speicheln aus. Dazu bedarf es keines Lernprozesses. Wird zeitgleich mit der Gabe von Futter ein Geräusch dargeboten, wird der Hund nach einiger

Beim Training von Signalen nutzt Martin sowohl Hörzeichen („Sitz") als auch Sichtzeichen (ausgestreckter Zeigefinger).

Zeit bereits speicheln, wenn er das Geräusch hört, auch wenn kein Futter vorhanden ist. Bei der Klassischen Konditionierung erlernt der Hund also einen neuen Auslöser, ein neues „Signal" für ein bereits bestehendes Verhalten.

TRAINING MIT DEM CLICKER

Das Geräusch des Clickers ist für den Hund vor der Konditionierung noch neutral, er zeigt, wenn überhaupt, eine neutrale Reaktion wie das Aufstellen der Ohren. Gibt man ihm nun bei jedem Click ein begehrtes Leckerli, löst der Click schon bald Speicheln oder freudige Erwartung aus. Hat der Hund den Clicker als sogenannten „sekundären Verstärker" – im Gegensatz zum Futter als „primären Verstärker", der nicht gelernt werden muss – erlernt, kann man ihn zur Belohnung im Training nutzen. Dies bietet sich vor allem bei Übungen an, bei denen man weiter weg vom Hund ist. Viele Hunde können sich zudem, sobald Futter sichtbar ist, nicht mehr auf die eigentliche Aufgabe konzentrieren. Auch hierbei bietet sich das Training mit einem sekundären Verstärker wie dem Clicker an. Wichtig: Der Clicker ist ein Versprechen auf eine Belohnung, der Hund muss nach dem Click daher auch das versprochene Leckerli bekommen, da ansonsten die Konditionierung auf das Click-Geräusch wieder gelöscht wird.

VERKNÜPFUNG VON SIGNALEN

Hunde kommunizieren hauptsächlich über visuelle Signale, die auditive Kommunikation spielt bei ihnen eher eine untergeordnete Rolle. Und genauso wie Hunde Artgenossen anhand ihrer Körpersprache lesen und verstehen können, lernen sie auch die Körpersprache von uns Menschen. Sie beobachten uns und reagieren auf die kleinste Bewegung, auf ein Absenken des Kopfes oder auch nur auf einen Blick. Beim Training von Hunden ist es daher sinnvoll, nicht nur Hörzeichen wie Worte oder Pfiffe zu verwenden, sondern parallel dazu auch Sichtzeichen, z. B. Handzeichen. Dennoch können Hunde die Bedeutung einzelner Worte verstehen lernen. Mithilfe der klassischen Konditionierung können Worte zum Auslöser eines zuvor erlernten Verhaltens werden, indem das Verhalten immer wieder mit dem Wort verknüpft wird. Damit ein Hund lernt, ein Verhalten (z. B. „sich Hinsetzen") auf ein Signal („Sitz") auszuführen, muss der Mensch das Signal in Verbindung mit dem Verhalten aussprechen. Nach mehrfacher Wiederholung hat der Hund das Wort „Sitz" als neuen Auslöser für das Verhalten „sich Hinsetzen" verstanden. Natürlich muss dazu auch eine entsprechende Motivation vorhanden sein. Hierzu nutzt man eine Form der Operanten Konditionierung, die positive Verstärkung, indem man dem Hund immer dann, wenn er sich hingesetzt hat, eine Belohnung z. B. in Form eines begehrten Leckerchens gibt.

LOB UND STRAFE

Sowohl Lob als auch Strafe müssen im direkten zeitlichen Zusammenhang, also maximal nach zwei Sekunden, erfolgen, damit der Hund sie mit dem zuvor gezeigten Verhalten verbinden kann. Es dürfen in der Zeit bis zur Belohnung oder Strafe keine anderen Verhaltensweisen gezeigt werden, die der Hund dann fehlerhaft mit der Folge, also dem Lob oder der Strafe, verknüpfen könnte. Je länger der Zeitraum, desto weniger kann er die Folge mit dem vorherigen Verhalten verknüpfen, auch dann nicht, wenn man ihm das Ergebnis, z. B. den zerkauten Schuh, zeigt. Eine Bestrafung des Hundes nach längerer Abwesenheit, weil dieser die Schuhe zerkaut hat, macht also keinen Sinn.

MARKERWORT

Anstelle des Clickers kann man auch ein Lobwort wie „Prima" nutzen, dieses wirkt genauso wie der Click als sekundärer Verstärker. Bei Hunden, denen soziale Aufmerksamkeit wichtig ist, kann ein Lobwort auch primär verstärkend wirken. Man sollte allerdings darauf achten, das Lobwort immer gleich auszusprechen.

Futter eignet sich häufig zur Belohnung von Hunden. Ein wildes Spiel oder Streicheln wäre für diesen sensiblen Hund eher unangebracht.

TRAINING MIT LOB/VERSTÄRKUNG

Da die meisten Hunde sehr verfressen sind, eignet sich häufig Futter zur Belohnung. Gerade bei schwierigen Aufgaben darf es sich dabei um ein qualitativ hochwertiges Leckerli handeln. Was das ist, unterscheidet sich je nach Hund. Die einen lieben es, an der Leberwursttube zu schlecken, die anderen bevorzugen ein Stück Fleischwurst. Es gibt aber auch Hunde, die ein Stück Apfel oder getrocknetes Brot allem anderen vorziehen. Für das Training sind kleine, weiche Leckerlis besonders geeignet, die der Hund nicht mehr zerkleinern muss, sondern schnell hinunterschlucken kann. Direkt im Anschluss daran beginnt dann die nächste Übung, sodass der Hund sich auf die Aufgabe konzentrieren kann. Das zum Training eingesetzte Futter sollte man allerdings von der Gesamtfuttermenge abziehen, damit der Hund nicht zu dick wird und das Leckerli auch wirklich als Belohnung empfindet.

Doch nicht alle Hunde sind verfressen, manche lassen für das Lieblingsspielzeug jeden Leckerbissen liegen und andere wiederum freuen sich am meisten über die besondere Aufmerksamkeit ihres Menschen durch Streicheln und/oder lobende Worte. Man wählt daher die Belohnung, die für den Hund am wichtigsten ist. Diese kann auch je nach Situation variieren, sodass man am besten unterschiedliche Möglichkeiten zur Belohnung nutzt.

Wie lange muss man belohnen?

Eine Belohnung im Training sollte immer erfolgen, denn kein Hund arbeitet umsonst. Hunde sind Opportunisten, sie prüfen genau, was ihnen einen Vorteil bringt und welches Verhalten sich für sie lohnt. Auch wir würden sicher nicht täglich und mit großem Einsatz zur Arbeit gehen, wenn am Ende des Monats kein Geld auf dem eigenen Konto wäre. Viele Hundehalter glauben, man müsse den Hund nur zu Beginn in der Lernphase belohnen – danach könne er schließlich die Übung. Verglichen mit uns würde das bedeuten, dass der Lehrling ein wirklich großes Gehalt bekommt, während der erfahrene Mitarbeiter seine Arbeit umsonst ausführen kann.

Häufig besteht auch die romantische Vorstellung, dass Hunde „für den Menschen" arbeiten. Dies wird mit „will to please", also „dem Willen zu gefallen" beschrieben. Tatsächlich gibt es Hunde, für die ein Lob, also soziale Aufmerksamkeit durch Ansprache oder Streicheln, wichtiger oder zumindest genauso wichtig ist, wie ein begehrtes Leckerli. Gerade Hunderassen, die für die Zusammenarbeit mit dem Menschen gezüchtet wurden, lassen sich oft nur durch lobende Worte motivieren. Doch auch in diesem Fall gilt, dass der Hund letztlich damit nicht „für seinen Menschen" arbeitet, sondern um einen Vorteil für sich herauszuholen.

Natürlich muss die Belohnung mit Futter sinnvoll durchgeführt werden. Futter darf nicht als „Bestechung" dienen, der Hund bekommt es erst nach der gut ausgeführten Übung zur Belohnung.

Viele Hunde lieben eine soziale Belohnung durch Streicheln.

Weitere Belohnung: Apportierspiel am Ende des Trainings.

Der Mensch ist Sozialpartner und sollte dem Hund immer Rückhalt und Sicherheit geben.

Zudem wird die Aufgabe immer schwieriger gestaltet und die einzelnen Übungen werden nicht immer belohnt, sodass er die Aufgabe auch dann ausführt, wenn es einmal keine Futterbelohnung gibt.

TRAINING MIT STRAFE

Strafe darf nur sehr begrenzt eingesetzt werden. Dabei muss man beachten, dass sie angemessen ist und der Hund sie mit dem unerwünschten Verhalten verbinden kann, sie also innerhalb von zwei Sekunden nach dem Verhalten folgt. Bei unangemessener Strafe besteht die Gefahr, dass der Hund stark verunsichert wird und das Vertrauen in den Menschen verliert. Dabei spielt es keine Rolle, ob man den Hund bestraft, indem man z. B., in Anlehnung an eine unter Hunden übliche Korrektur, einen Schnauzgriff durchführt oder ein Verhalten durch einen Schreckreiz wie dem Rasseln einer Wurfkette oder durch Anspritzen mit Wasser unterbricht.

Schimpfen kann vom Hund als unangenehme Konsequenz und damit als positive Bestrafung empfunden werden, und ist damit genauso Strafe wie eine körperliche Korrektur.

Einen Hund auf den Rücken zu werfen, ist keine angebrachte Strafe! In einer Auseinandersetzung unter Hunden kommt es zwar vor, dass sich ein Hund auf den Rücken dreht und damit unterwirft, als hündische Korrekturmaßnahme wird dies jedoch nicht eingesetzt. Vielmehr ist der sich unterwerfende Hund abhängig davon, dass der andere von ihm ablässt, ihn also nicht tötet. Dieses Verhalten stammt also aus einem vollkommen anderen Zusammenhang, der Mensch würde dem Hund damit eine eventuelle Tötungsabsicht vermitteln. Eine Vertrauen aufbauende und Bindung fördernde Maßnahme ist das also mit Sicherheit nicht. Zudem muss man sich darüber im Klaren sein, dass der Hund durch Strafe nur lernt, was er nicht tun soll. Was stattdessen aber erwünscht ist, weiß er nicht. Daher muss dem Hund auch beim Training mit Strafe immer parallel mithilfe der positiven Verstärkung beigebracht werden, welches Verhalten er zeigen soll.

Das Ignorieren über einen langen Zeitraum wird vom Hund ebenso als zu harte Strafe empfunden wie eine schmerzhafte Einwirkung. Hunde leben im „Hier und Jetzt“, sie sind nicht nachtragend. Daher führt ein langfristiger Entzug des Sozialkontaktes dazu, dass er sich alleingelassen fühlt.

Eine Belohnung muss vom Hund auch als solche empfunden werden. Nur wenn der Hund das Streicheln genießt, wirkt es positiv verstärkend.

OPERANTE KONDITIONIERUNG

Die Operante Konditionierung ist eine Lerntheorie, bei der je nach Art der Konsequenz die Auftretenswahrscheinlichkeit einer Verhaltensweise erhöht oder gesenkt wird.

Positive Verstärkung: Hier folgt nach einer vom Hund ausgeführten Handlung etwas, das für ihn angenehm ist. Was das ist, unterscheidet sich dabei je nach Hund und kann ein Spiel, ein Lob, ein Streicheln oder auch Futter sein. Der Hund wird daraufhin das zuvor gezeigte Verhalten öfter zeigen. Er läuft z. B. an lockerer Leine und wird dann durch ein Leckerchen belohnt.
Die positive Verstärkung eignet sich in den meisten Fällen für das Training des Hundes – Hunde lernen am besten durch das Training mit positiver Verstärkung.

Positive Bestrafung: Hier folgt nach einer vom Hund ausgeführten Handlung etwas, das für ihn unangenehm ist. Der Hund wird daraufhin das zuvor gezeigte Verhalten seltener zeigen. Der Welpe wird z. B. mit einem Schnauzgriff korrigiert, wenn er zu fest in die Hand beißt. Strafe darf nur begrenzt eingesetzt werden. Hierbei muss man beachten, dass diese angemessen ist und mit dem unerwünschten Verhalten in Verbindung gebracht werden kann.

Negative Bestrafung: Nach einer vom Hund ausgeführten Handlung wird etwas, das für ihn angenehm ist, entzogen. Der Hund wird daraufhin das zuvor gezeigte Verhalten seltener zeigen. Der Mensch steckt z. B. den vom Hund begehrten Ball ein, wenn dieser durch Bellen das Werfen des Balls einfordert. Erst wenn sich der Hund ruhig verhält, wird der Ball geworfen.

Martin belohnt die Mischlingshündin Nandi mit einem Futterstück, nachdem sie einige Schritte an lockerer Leine gelaufen ist.

Negative Verstärkung: Hierbei wird nach einer vom Hund ausgeführten Handlung etwas, das für ihn unangenehm ist, entzogen. Der Hund wird daraufhin das zuvor gezeigte Verhalten häufiger zeigen. Der Hund wird z. B. an der Schleppleine herangezogen. Bewegt er sich in Richtung Mensch, lockert sich die Schleppleine, der unangenehme Zug hört auf.
Problematisch ist hierbei, dass der Hund noch gar nicht weiß, welches Verhalten erwünscht ist und die unangenehme Folge in jedem Fall erst einmal hinzugefügt werden muss. Er wird also ausprobieren, wie er der unangenehmen Einwirkung durch die Schleppleine entgehen kann. Versucht er, sich weiter vom Menschen zu entfernen, wird der Zug stärker. Erst wenn er Richtung Mensch läuft, wird die Leine locker, die unangenehme Einwirkung lässt nach. Aufgrund der Tatsache, dass der Hund hierbei eine unangenehme Folge erfährt, ohne zu wissen, welches Verhalten eigentlich erwünscht ist, also wie er die Einwirkung abstellen kann, und er die unangenehme Folge auch gar nicht vermeiden kann, sie also in jedem Fall eingesetzt wird, ist dieses Training für den Aufbau von Signalen moralisch und ethisch nicht vertretbar!

HILFSMITTEL IM HUNDETRAINING

HALSBAND UND LEINE

Halsband und Leine gewährleisten die Sicherheit des Hundes sowie anderer Teilnehmer im Straßenverkehr. Daher müssen sie aus reißfestem Material sein. Gute Pflege ist ebenfalls wichtig, da z. B. Leder schnell brüchig wird. Zieht der Hund am Halsband, wird Druck auf den Kehlkopf und die empfindlichen Körperteile im Hals- und Rückenbereich ausgeübt, was gesundheitliche Schäden hervorrufen kann. Je dünner das Halsband ist, desto schmerzhafter wird die Einwirkung. Die Breite sollte in etwa der Breite des Nasenschwamms des Hundes entsprechen. Ausgenommen davon sind Hunde mit einem überproportional langen Hals wie Windhunde, für diese gibt es entsprechend breite Windhundhalsbänder.

Ein Zugstopp-Halsband kann bei Hunden mit viel Haut/Fell sinnvoll sein. Das Halsband hängt locker um den Hals, wenn der Hund im Freilauf ist. Wird er an der Leine geführt, kann er sich nicht daraus befreien, da es sich zuzieht, wenn Zug auf die Leine kommt. Der Zugstopp verhindert, dass sich das Halsband ganz zusammenzieht und dem Hund so massive Schmerzen zugefügt werden, daher ist es tierschutzrechtlich unbedenklich. Zughalsbänder ohne Zugstopp und Kettenhalsbänder sind für den Hund sehr unangenehm, sobald Zug auf die Leine kommt. Das Stachelhalsband, oft auch als Korallen- oder Krallenhalsband bezeichnet, fügt dem Hund genauso wie das Stromhalsband starke Schmerzen zu. Alle diese Halsbänder sind für das Training von Hunden abzulehnen, die Verwendung ist in vielen Ländern tierschutzrechtlich verboten.

SCHLEPPLEINE

Eine Schleppleine sollte immer am Geschirr und nicht am Halsband befestigt werden! Läuft der Hund mit voller Geschwindigkeit los, kann es sonst zu schweren Verletzungen im Halsbereich und an der Halswirbelsäule kommen. Führt man seinen Hund an einer Schleppleine, muss man darauf achten, dass Menschen, Radfahrer etc. nicht durch die Leine gefährdet werden. Dennoch ist die Gefahr geringer als bei einer Rollleine, die häufig nur aus einer dünnen Schnur besteht und von Passanten kaum wahrgenommen werden kann. Auch kann ein Hund, der plötzlich losstürmt, nur schwer an der Rollleine gehalten werden und es besteht die Gefahr, dass man unbewusst in die Schnur greift und sich dabei schwer verletzt.
Zu Beginn des Trainings hält man das Ende der Schleppleine immer in der Hand. Man wickelt die Leine auf und ab und gibt dem Hund hierbei Freiraum. Sie sollte dabei weder gespannt sein noch durchhängen oder auf dem Boden schleifen. Hat der Hund gelernt, dass er sich nicht weiter als die Distanz der Schleppleine vom Menschen entfernen darf und reagiert er zuverlässig auf den Rückruf sowie zusätzlich oder alternativ auf ein Stopp-Signal, kann man die Leine vollständig abgewickelt auf dem Boden schleifen lassen.

Das Führgeschirr grenzt die Bewegung des Hundes ein. Es sollte daher nicht dauerhaft genutzt werden, um den Hund an der Leine zu führen.

GESCHIRR

Geschirre gibt es in den unterschiedlichsten Ausführungen und für verschiedenste Anwendungsbereiche, wie das Zuggeschirr für den Zughundesport, das Trailgeschirr für das Mantrailen, das Fährtengeschirr für die Fährtenarbeit, aber auch das einfache Geschirr für den Alltag. Vor allem dann, wenn ein Hund noch nicht gelernt hat, an lockerer Leine zu laufen, ist es sinnvoll, ihn am Geschirr zu führen. Genauso wie das Halsband gewährleistet auch das Geschirr die Sicherheit des Hundes sowie anderer Teilnehmer im Straßenverkehr. Daher muss es aus reißfestem Material sein. Wichtig ist, dass das Geschirr dem Hund passt, denn es berührt den Körper an vielen Stellen. Der Zugpunkt eines Geschirrs sollte immer auf dem Brustbein liegen. Zudem sollten die Schulterblätter nicht eingeschränkt werden, sodass der Hund die Vorderbeine beim Laufen ungestört nach vorne strecken kann. Ist der Rückenriemen zu kurz, scheuert der Bauchriemen unter den Achseln. Der Rückenriemen sollte daher immer so lang sein, dass etwa eine Handbreit Platz zwischen Vorderbein und Bauchriemen ist. Die Hersteller geben hier verschiedene Maße an, um das passende Geschirr auszuwählen. Auch kann man Geschirre speziell für seinen Hund anfertigen lassen. Geschirre mit einem zweiten Bauchriemen sind für Hunde geeignet, die sich aus dem einfachen Geschirr herauswinden können. Sehr ängstliche Hunde oder Hunde mit starker jagdlicher Motivation kann man so sicher an der Leine führen.

Spezielle Trainingsgeschirre

„Erziehungsgeschirre", bei denen sich dünne Schnüre unter den Achseln zusammenziehen, wenn der Hund an der Leine zieht, sind sehr schmerzhaft und in vielen Ländern tierschutzrechtlich verboten!

Sogenannte Führgeschirre, wie das bei Martin Rütter DOGS erhältliche Führgeschirr „Guide", funktionieren nach dem Prinzip eines Norwegergeschirrs, sie besitzen einen quer vor der Brust verlaufenden Brustriemen. Dieser schränkt die Vorwärtsbewegung des Hundes ein, er kann mit den Vorderbeinen nicht richtig ausgreifen und daher nicht wirklich ziehen. Das Führgeschirr sollte deshalb auch nur ein Hilfsmittel sein und nach erfolgreichem Training nicht mehr genutzt werden. Zum Führen wird eine Doppelleine verwendet. Der dickere Karabinerhaken wird auf dem Rückenring des Führgeschirrs eingehakt, er dient zum Führen des Hundes in entspannten Situationen. Der dünnere Karabinerhaken wird vorne in einen Ring am Brustriemen eingehakt. Dort befindet sich zudem ein kleines Stück Leine, das sich bei Zug zusammenzieht. Man führt den Hund, indem man mit jeder Hand ein Leinenende hält. Läuft der Hund nach vorne in die Leine, spricht man ihn mit dem Aufmerksamkeitssignal an und führt ihn dann mit der am Brustring befestigten Leine in einer Wendung vom Hund weg in die andere Richtung. Da der Zug auf den Brustriemen quer über die Brust bis zur entgegengesetzten Schulter wirkt, kann der Hund nicht weiter geradeaus nach vorne laufen, er muss seinem Menschen folgen.

KOPFHALFTER

Der Einsatz eines Kopfhalfters ist beispielsweise sinnvoll, wenn man körperlich nicht in der Lage ist, seinen Hund zu halten. Es wird ähnlich wie ein Pferdehalfter über den Kopf des Hundes angelegt und mit dem Verschluss im Nacken geschlossen. Zuerst wird ein Ende der Leine am Halsband oder Brustgeschirr befestigt, dann erst das andere Ende am lockeren Nasenriemen des Halfters. So kann sich der Hund nicht verletzen, sollte er doch einmal spontan loslaufen (die Leine sollte deshalb auch immer kurz sein – auf keinen Fall eine Schlepp- oder Rollleine verwenden!).

Kommt Zug auf die Leine, zieht sich der Nasenriemen zu, sodass man Einfluss auf den Kopf des Hundes nehmen kann.

Das Kopfhalfter ist keine Alternative für Maulkorb oder Maulnetz. Der Nasenriemen umschließt hier locker das Maul des Hundes, solange kein Zug auf der Leine ist. So kann er ungehindert Essbares vom Boden aufnehmen und natürlich auch beißen.

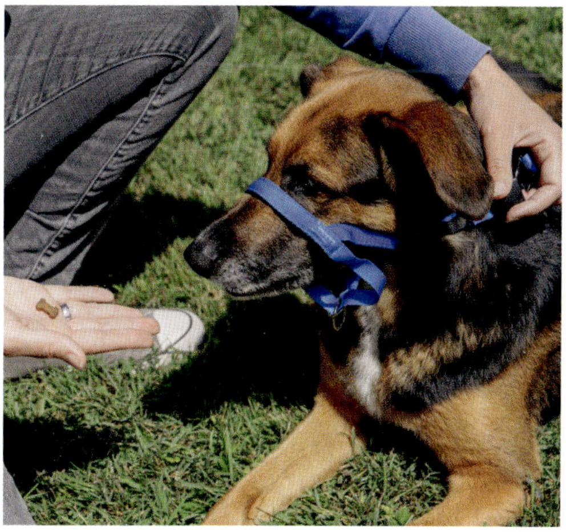

Im ersten Schritt wird Luna an das Tragen des Kopfhalfters gewöhnt, indem es ihr kurz über die Nase gelegt wird.

Luna wird immer an Halsband und Kopfhalfter geführt, damit sie sich nicht verletzt, falls sie in die Leine springt.

MAULKORB

Ein Maulkorb verhindert, dass der Hund beißen kann, er begrenzt die Maulaktivität. Ein Hund mit Maulkorb muss dennoch immer hecheln und Wasser aufnehmen können. Daher sind Maulkörbe aus Nylon, die das Maul fest umschließen, nur für den kurzfristigen Einsatz, z. B. beim Tierarzt, anzuwenden. Maulkörbe gibt es aus Metall, Plastik, Biothane oder Leder. Hierbei sollte man sich beraten und den Maulkorb an seinen Hund anpassen lassen, damit er gut sitzt, am Nasenrücken nicht scheuert und vor dem Beißen schützt.

Im ersten Schritt muss der Hund gut an das Tragen des Maulkorbs gewöhnt werden, damit er ihn entspannt trägt.

Der Rückruf ist das wichtigste Signal, das ein Hund lernen muss. Für den Aufbau kann man auch eine Pfeife nutzen.

CLICKER

Hierbei handelt es sich um eine kleine Plastikbox, in der sich ein Metallplättchen befindet. Betätigt man den Mechanismus, wird das Metallplättchen auf Spannung gebracht. Dabei entsteht ein klickendes Geräusch. Lässt man den Mechanismus los, löst sich die Spannung des Metallplättchens und erzeugt erneut einen „Click“. Beim schnellen Auslösen entsteht also ein doppeltes Klick-Geräusch! Der Clicker wird beim Training von Hunden als sekundärer Verstärker verwendet, er ersetzt ein Lobwort wie „Prima“. Der Hund muss zuvor auf den Clicker konditioniert werden.

WURFKETTE/DISCS/WASSERFLASCHE

Eine Wurfkette ist im Grunde genommen nichts anderes als ein kleines Stück Kette. Trainings-Discs sind kleine Metallscheiben, die an einem Ring zusammengehalten werden. Sie passen genau übereinander und können so geräuschlos transportiert werden, auch wenn sie sich in der Hosentasche befinden. Wurfkette, Disc-Scheibe und auch die Wasserflasche werden bei der positiven Bestrafung verwendet: auf eine nicht gewollte Handlung des Hundes folgt etwas Unangenehmes. Man wirft z. B. die Wurfkette oder Discs laut scheppernd vor seine Füße oder spritzt ihn mit Wasser aus der Wasserflasche an, damit er die Handlung einstellt. Ein Training mit Strafe birgt viele Risiken! Daher sollten solche Hilfsmittel immer nur nach Absprache und unter Anleitung eines professionellen Hundetrainers eingesetzt werden.

PFEIFE

Einen Pfiff kann ein Hund auch auf weite Distanz hören. Doch erst einmal sagt er ihm genauso wenig wie ein Wort oder anderes Geräusch – der Hund muss die Bedeutung erst lernen. Wichtig ist, dass die Pfeife auch für den Menschen hörbar ist, es sich also um keine lautlose Pfeife handelt. Denn nur so kann man überprüfen, ob sie funktioniert und der Hund den Pfiff hören konnte. Bei Mehrhundehaltung verwendet man in der Regel denselben Pfiff. So kommen alle Hunde aus dem Freilauf zurück, wenn man sie mit der Pfeife ruft.

Mischlingshündin Chipsie liebt Apportierspiele mit dem „Ei", einem Apportiergegenstand in unregelmäßiger Form, das unberechenbar wegspringt.

APPORTIERGEGENSTÄNDE

Apportiertraining eignet sich ideal als Alternativverhalten, um die jagdliche Motivation eines Hundes zu befriedigen. Die Auswahl des Apportiergegenstandes muss individuell je nach Hund erfolgen. Einige favorisieren Gegenstände, die Beute möglichst lebendig nachahmen. Weit fliegende Bälle, die mehrfach auf dem Boden aufspringen und weiter hüpfen, sind bei vielen Hunden sehr beliebt. Der Ball (oder jeder andere Apportiergegenstand) darf nicht zu klein sein, damit er nicht verschluckt werden kann. Deshalb verwendet man am besten nur Bälle mit einer Schnur, da diese im Notfall, falls der Ball im Rachen des Hundes feststecken sollte, sodass der Hund zu ersticken droht, wieder herausgezogen werden können. Andere Hunde sind fasziniert, wenn die Beute, was Aussehen und Geruch betrifft, echter Beute ähnelt. Apportiergegenstände mit echtem Fell gibt es in den unterschiedlichsten Variationen. Für einige Hunde ist Beute nur dann sinnvoll, wenn sie diese fressen können. Futterbeutel, in denen sich ein Teil der Futterration befindet, stehen bei diesen Hunden hoch im Kurs.

AUFBAU DES TRAININGS

Bevor man mit dem Training beginnt, sollte jeder überlegen, was das eigene Ziel ist und wie man dieses erreichen kann. Je detaillierter der Aufbau und die Steigerungen geplant werden, desto strukturierter wird das Training ablaufen und desto schneller wird der Hund die Aufgabe verstehen.

VOR DEM TRAINING

Vor dem Training sollte sich der Hund zuerst einmal etwas bewegen und lösen können. Ein Spiel mit anderen Hunden ist in der Regel jedoch kontraproduktiv. Denn gemeinsames Rennen und Toben kostet nicht nur körperlich Kraft, es strengt den Hund auch geistig an, da er die ganze Zeit den anderen Hund im Blick haben, diesen einschätzen und auf dessen Verhalten reagieren muss. Es ist daher sinnvoller, die Hunde, wenn überhaupt, erst nach einem gemeinsamen Training miteinander laufen und spielen zu lassen.

LERNEN EINES SIGNALS

Damit der Hund lernt, auf ein Signal eine bestimmte Handlung zu zeigen, muss man ihn zunächst dazu bringen, das Verhalten auszuführen. Entweder wartet man, bis er das Verhalten spontan von sich aus zeigt oder man bringt ihn durch Locken dazu.

Schritt 1: Damit der Hund sich hinsetzt, nimmt man ein begehrtes Futterstück in die Hand und führt es langsam nach oben über seinen Kopf. Er wird der Handbewegung folgen, den Kopf nach oben nehmen und dabei zwangsläufig den Hintern absenken. Sobald der Po am Boden ist, bekommt der Hund das Futter. Führt er dieses Verhalten zuverlässig aus, verknüpft man es mit einem Signal, z. B. „Sitz".

Schritt 2: Hat der Hund nach vielen Wiederholungen verstanden, welches Verhalten er zeigen soll und führt dieses auf das verknüpfte Signal aus, wird er nicht mehr mit dem Futter gelockt.

Alte Hunde, wie die 15 Jahre alte Labradorhündin Bella, muss man bei der Suche nach Leckerlis mit Sichthilfen unterstützen.

Das Leckerli bleibt in der Tasche und wird erst dann herausgeholt, wenn der Hund sitzt! Der Hund wird also erst nach der Ausführung des Verhaltens belohnt.
Würde man ihn weiterhin mit dem Futter in das gewünschte Verhalten locken, wäre das keine Belohnung, sondern eine Bestechung – der Hund lernt, das Verhalten nur dann auszuführen, wenn sein Mensch ein Leckerli in der Hand hält.
Sobald der Hund gelernt hat, welches Verhalten bei einem bestimmten Signal erwünscht ist, muss der Wechsel vom Locken zur Belohnung erfolgen! Zu Beginn belohnt man ihn nach jeder Ausführung des erwünschten Verhaltens. Später steigert man die Anforderungen, indem man die Übungen schwieriger gestaltet. Der Hund muss sich z. B. nicht mehr einfach nur Hinsetzen, um die Belohnung zu erhalten, sondern er muss länger sitzen bleiben, und das auch unter Ablenkung. Einfache und schwierige Übungen werden im Wechsel durchgeführt, sodass der Hund nie weiß, wann die Belohnung erfolgt.

SCHWIERIGKEITSGRAD STEIGERN

Das Training beginnt immer mit einer einfachen Übung. Danach können auch schwierigere Übungen folgen oder neue aufgebaut werden. Eine neue Übung startet man immer in der einfachsten Variante und steigert die Schwierigkeit dann Schritt für Schritt.

Schritt 1: Das Training mit einem Hund, der gerade gelernt hat, sich auf das Signal „Sitz" hinzusetzen, beginnt genau mit dieser Übung.

Schritt 2: Nun soll der Hund lernen, länger sitzen zu bleiben. Das erreicht man, indem er erst einige Sekunden nach der Ausführung belohnt wird. Diese Zeit steigert man Schritt für Schritt auf eine halbe Minute, eine Minute usw.

Schritt 3: Jetzt kann die Distanz zum Hund vergrößert werden, indem man sich einen halben Schritt, einen ganzen Schritt, zwei Schritte und dann immer weiter vom Hund entfernt.

Das Training mit alten Hunden gestaltet man eher einfach, dennoch haben diese oft großen Spaß an den unterschiedlichen Übungen.

Martin und Elorüde Jobs haben viel Spaß beim gemeinsamen Training. Dies zeigt Jobs durch seine freudige Körpersprache.

Was tun bei Fehlern?

Macht der Hund einen Fehler, hat man die Schwierigkeit zu schnell gesteigert. Steht er z. B. auf, wenn die Distanz von fünf auf zehn Schritte gesteigert wird, dann geht man zunächst wieder auf die Distanz zurück, die er bereits gut beherrscht, also auf fünf Schritte. Nun steigert man nicht sofort von fünf auf zehn Schritte, sondern z. B. von fünf auf sieben. Den Hund für einen Fehler zu bestrafen, ergibt keinen Sinn! Besser man ignoriert das Fehlverhalten, geht kommentarlos zu ihm und bringt ihn an den Ausgangspunkt zurück. Dann führt man die Übung erneut, jedoch einfacher aufgebaut, durch. Es sollte immer nur ein Faktor verändert werden, in diesem Beispiel also entweder die Zeit oder die Distanz. Erst wenn beide Faktoren separat trainiert funktionieren, fügt man sie zusammen. Dann erst lernt der Hund auch für längere Zeit auf weite Distanz sitzen zu bleiben.

Hund und Mensch sollten das gemeinsame Training immer zufrieden und mit einem Erfolgserlebnis beenden.

EINMAL IST NICHT GENUG ...
Eine genaue Anzahl der Wiederholungen, die notwendig sind, bis der Hund eine Übung wirklich gelernt hat und immer und überall ausführt, kann man nicht allgemein festlegen, da diese unter anderem vom Schwierigkeitsgrad der Übung, der Vorerfahrung des Hundes, aber auch von seiner Intelligenz und Motivation abhängt. In jedem Fall reicht eine einmalige richtige Ausführung nicht aus, die Zahl der notwendigen Wiederholungen ist deutlich höher.

TRAINING UNTER ABLENKUNG

Bis ein Hund eine Übung wirklich verstanden hat, muss man sie viele Male an den unterschiedlichsten Orten und in vielfältigen Situationen mit immer neuen Umgebungsreizen trainieren. Es hat also keinen Sinn, eine Übung nur einmal pro Woche in der Hundeschule zu trainieren, man muss auch zwischendurch mit dem Hund üben, damit er generalisiert und das erwünschte Verhalten zu jeder Zeit zuverlässig auf Signal ausführt. Kann sich der Hund nicht konzentrieren, sind in der Regel die ablenkenden Reize zu groß. Daher muss man die ablenkenden Faktoren reduzieren, indem man den Trainingsort wechselt und beispielsweise in der Wohnung trainiert. Schritt für Schritt steigert man dann die ablenkenden Reize, bis der Hund auch in der Lage ist, sich bei starker Ablenkung auf seinen Menschen und das Training zu konzentrieren. Dazu ist es wichtig, dass man herausfindet, welche Reize den Hund überhaupt ablenken.

KURZE EINHEITEN MIT PAUSEN

Das Training muss immer individuell an den Hund angepasst sein. Welpen und junge Hunde können sich in der Regel nicht länger als zwei Minuten konzentrieren, erwachsene Hunde dagegen durchaus 15 bis 20 Minuten am Stück. Bei einer längeren Trainingseinheit von einer Stunde und mehr muss dem Hund die Möglichkeit gegeben werden, sich zwischendurch zu entspannen, entweder bei einem kleinen Spaziergang oder durch eine Ruhepause in der Box oder auf der Decke. Sinnvoller sind jedoch immer mehrere kurze Trainingseinheiten von ca. 20 Minuten über den Tag verteilt als durchgehend 60 Minuten. Zudem muss man die Kondition des Hundes beachten. Zeigt er sich unkonzentriert, ist es spätestens jetzt Zeit, das Training abzubrechen. Man führt gegebenenfalls noch eine einfache Aufgabe durch, sodass das Training positiv beendet wird.

ERNÄHRUNG UND PFLEGE

Um Hunde artgerecht zu halten, muss man wissen, welche Bedürfnisse sie haben. Dabei sind sowohl Kenntnisse über die Grundlagen der Ernährung als auch über Pflegemaßnahmen wichtig.

WAS KOMMT IN DEN NAPF?

Auch wenn Hunde zu den Carnivoren, also den Fleischfressern, gehören, kann Gemüse durchaus auf ihrem Speiseplan stehen. Viele fressen sogar ein Stück Apfel oder Gurke genauso gern wie ein Leckerli. Da Hunde im Gegensatz zu Pflanzenfressern keine Mahlzähne besitzen, werden die Pflanzenzellen beim Kauen nicht zerstört. Pflanzliche Nahrung muss daher stark zerkleinert (püriert) oder aber erhitzt werden, damit der Hund die Nährstoffe verwerten kann. Hunde sind sogenannte Omnivoren, also Allesfresser. Das bedeutet auch, dass sie sowohl aus Fett und Proteinen als auch aus Kohlenhydraten Energie gewinnen können und damit nicht zwingend auf Kohlenhydrate in der Nahrung angewiesen sind. Mittlerweile weiß man jedoch, dass sich das Verdauungssystem des Hundes im Laufe der Domestikation angepasst hat, sodass es durchaus sinnvoll sein kann, Hunde nicht ausschließlich mit Fleisch und Gemüse, sondern auch mit Kohlenhydrat-Lieferanten wie Kartoffeln oder Reis zu ernähren.

Das Hundefutter muss individuell auf die Bedürfnisse sowie den Alltag abgestimmt sein. Trockenfutter eignet sich häufig.

FRISCHFUTTER, NASSFUTTER, TROCKENFUTTER

Die Entscheidung, den Hund mit Trockenfutter, Nassfutter oder selbst zubereitetem Futter zu ernähren, muss individuell nach Hund und Alltag des Menschen getroffen werden. Der Hund sollte sein Futter natürlich gern fressen. Hunde unterscheiden sich auch in Bezug auf ihre Vorlieben für Nahrung. So gibt es verfressene Hunde, die jeden Krümel sofort „inhalieren", ohne erst darüber „nachzudenken", was sie eigentlich verspeisen. Andere wiederum mögen nur ein bestimmtes Futter und müssen alles Unbekannte zunächst gründlich „untersuchen". Verträgt ein Hund sein Futter gut, erkennt man das daran, dass er keine Probleme wie starke Blähungen, Haut- oder Fell-

Man kann Hunde auch mit rohem Fleisch ernähren, das auf dem Silbertablett servierte Rinderfilet muss es aber nicht sein.

probleme oder keinen zu harten genauso wie zu weichen Kot bis hin zu Durchfall hat. Auch die Kotmenge sollte „angemessen" sein. Verwertet ein Hund ein Futter gut, wird er lediglich ein- bis zweimal am Tag koten. Die Kotmenge ist dabei nicht sehr groß, der Kot fest geformt. Zu weicher Kot ist ein Zeichen dafür, dass der Hund das Futter nicht gut verwerten kann, er kann aber auch Anzeichen für eine Erkrankung sein. Hat der Hund dauerhaft weichen Kot oder sogar Durchfall, sollte man mit ihm zum Tierarzt. Verträgt ein Hund ein Futter gut, sollte man dabei bleiben und die Sorte/Marke nicht ständig wechseln. Alle im Handel erhältlichen Vollwertnahrungen enthalten zudem alle Nährstoffe, die der Hund braucht, sodass ein Wechsel der Sorten gar nicht notwendig ist. Einen häufigen Wechsel der Futtersorten sowie Futterarten vertragen viele Hunde nicht, sie reagieren mit weichem Kot bis hin zu Durchfall. Verwendet man im Training Nassfutter, füttert aber eigentlich Trockenfutter, ist das bei den meisten Hunden unproblematisch, da in der Regel nur eine relativ kleine Menge Nassfutter zur Belohnung verwendet wird. Sollte ein Hund mit Unverträglichkeit reagieren, muss man dies auch bei der Auswahl der Belohnungen beachten und nur solche wählen, die der Hund verträgt.

Eine Futterumstellung muss bei vielen Hunden in kleinen Schritten über mehrere Wochen erfolgen.

Inhaltsstoffe

Ein vollwertiges Hundefutter muss Eiweiß, Fette, Ballaststoffe, Vitamine, Mineralstoffe und Spurenelemente enthalten. Aromastoffe, Geschmacksverstärker, Farbstoffe, Konservierungsstoffe und Zucker gehören nicht ins Hundefutter! Bei pflanzlichen Nebenerzeugnissen handelt es sich um Nebenprodukte, die bei der Aufbereitung von Getreide, Gemüse, Hülsenfrüchten etc. anfallen, dabei kann es sich z. B. auch um Weizenkleie, Stroh oder Erdnussschalen handeln. Bei tierischen Nebenerzeugnissen handelt es sich um Produkte, die bei der Verarbeitung von Tieren anfallen und nicht vom Menschen verzehrt werden, wie Lunge, Euter, Milz, Ohren, Sehnen und Knorpel. Bekommt der Hund nur Nassfutter, muss man ein besonderes Augenmerk auf sein Gebiss richten. Dadurch, dass er nie kaut, bildet sich schnell Zahnstein. Die Zähne sollten generell regelmäßig kontrolliert und geputzt werden. Zudem muss der Tierarzt in regelmäßigen Abständen den Zahnstein entfernen.

Natürlich darf ein Hund auch einmal Reste vom Mittagessen bekommen, solange diese nicht stark gewürzt sind und keine für den Hund unverträglichen Nahrungsmittel enthalten. Es spricht also nichts dagegen, dass der Hund z. B. übrig gebliebene Kartoffeln oder Nudeln frisst, wenn er diese verträgt. Als alleinige Futterquelle sind Essensreste jedoch nicht geeignet. Man kann aber das Futter für den Hund selbst zusammenstellen und roh oder gekocht verfüttern. Für eine ausgewogene Mahlzeit muss man jedoch einen Ernährungsplan aufstellen, damit der Hund alle notwendigen Nährstoffe in der entsprechenden Menge bekommt, die er braucht. Dabei muss man die unterschiedlichen Gewebe, also Muskelfleisch, Innereien, Knochen etc. aufeinander abstimmen sowie zusätzlich Öl und Gemüse füttern. Nicht jedes Gemüse darf der Hund jedoch fressen, so sind grüne Nachtschattengewächse wie Tomaten oder Paprika im rohen Zustand tabu. Wer sich hier nicht auskennt, sollte einen Ernährungsberater für Hunde bitten, den Futterplan zu erstellen.

KNOCHEN

Hunde dürfen keine gekochten Geflügelknochen fressen, da diese leicht splittern und es dadurch zu Verletzungen im Magen und Darm kommen kann. Auch andere Knochen sollte man niemals erhitzt (gekocht, gegart, gegrillt etc.) füttern, da dies bei allen Knochen dazu führen kann, dass sie stark splittern. Hühnerhälse eignen sich zur Fütterung, da sie sehr weich sind, allerdings muss man hier einen eventuellen Befall durch Salmonellen beachten. Füttert man zu viele Knochen, kann es zum sogenannten Knochenkot kommen, der zu Problemen beim Stuhlgang bis hin zum Darmverschluss führen kann. Weißer, sehr harter Kot ist ein Anzeichen dafür. Der unverdaute Knochenbrei gelangt in den Dickdarm, wo ihm das Wasser entzogen wird. Der Kot ist steinhart mit extrem rauer Oberfläche, sodass die Darmwand verletzt werden kann. Im besten Fall kann der Hund den Knochenkot noch selbstständig ausscheiden, oftmals muss er jedoch unter Narkose vom Tierarzt entfernt werden.

Ein Stück harte Kopfhaut kann das Kaubedürfnis des Hundes befriedigen. Man sollte Kauartikel jedoch immer nur unter Aufsicht füttern.

KAUARTIKEL

Kauknochen oder Kauartikel können am Gaumen festkleben, sodass der Hund Panik bekommt oder sogar erstickt, wenn sich der Kauartikel über den Eingang der Luftröhre legt. Daher sollte man Hunden diese nur unter Aufsicht füttern.

Bei der Haltung mehrerer Hunde muss man immer ein Auge auf alle Hunde haben, falls es zum Streit über einen der Kauartikel kommt. Dies kann passieren, wenn einer der Hunde den Kauartikel schneller gefressen hat als die anderen und diese dann bedrängt. Natürlich darf der bedrängte Hund seinen Kauartikel dann verteidigen. Reagiert ein Hund jedoch generell stark aggressiv in Bezug auf Nahrung oder Beute, muss man selbst lenkend eingreifen und verhindern, dass es zur Auseinandersetzung kommt. Dazu schickt man den Hund, der bereits fertig ist, auf seinen Liegeplatz oder gibt Kauartikel generell nur dann, wenn man die Hunde räumlich trennen kann. Ein Hund, der seinen Kauartikel zwar verteidigt, vom anderen aber nicht wirklich ernst genommen wird, muss ebenfalls unterstützt werden. Häufig handelt es sich dabei um einen älteren Hund, der seine Interessen nicht mehr gegenüber den jüngeren Hunden durchsetzen kann. Aber auch unsichere Hunde brauchen hier die Hilfe ihres Menschen.

Links: Um zu vermeiden, dass ein Hund am Tisch bettelt, sollte man ihm nichts während der Mahlzeiten geben.

Immer gleiche Fütterungszeiten können dazu führen, dass der Hund sein Futter vehement einfordert. Diese Forderung sollte man ignorieren.

FUTTERMENGE UND FÜTTERUNGS-INTERVALL

Die Futtermenge muss individuell auf den Hund angepasst werden, sie variiert je nach Rasse, Größe, Alter und Aktivität. Kleine Hunde brauchen weniger Futter als große, alte weniger als junge, wenig aktive weniger als Hunde, die sehr aktiv sind und im Training körperlich stark beansprucht werden. Die Mengenangaben des Herstellers sind zur Berechnung der Gesamtfuttermenge ein grobes Richtmaß, häufig brauchen Hunde jedoch eher weniger. Belohnungsleckerchen müssen von der Gesamtfuttermenge abgezogen werden! Der Hund sollte weder zu dünn noch zu dick sein. Kann man die Rippen bei einem kurzfelligen Hund im Stehen leicht schimmern sehen und hat er von oben gesehen eine leichte Taille, ist sein Gewicht ideal.

Die Fütterung muss individuell an jeden Hund sowie den Alltag des Menschen angepasst werden, sowohl in Bezug auf die Häufigkeit als auch den Zeitpunkt. Welpen bekommen in der Regel drei- bis fünfmal täglich Futter, da sie im Wachstum relativ viel benötigen und so der Magen nicht überlastet wird. Erwachsene Hunde werden dagegen meist nur ein- bis zweimal gefüttert. Die Fütterungszeiten dürfen gern etwas variieren, denn sonst kann es passieren, dass der Hund sein Futter zu einer bestimmten Zeit einfordert und nicht jeder hat die Möglichkeit, seine privaten und beruflichen Termine nach den Fütterungszeiten des Hundes zu richten. Genauso wie Menschen können Hunde durchaus einige Tage ohne Nahrung auskommen, auch wenn sich das einige Menschen – und vermutlich auch einige Hunde! – nicht vorstellen können.

Futter zur freien Verfügung

Die wenigsten Hunde fressen, bis sie beinahe platzen. Trotzdem sollte man das Futter nicht den ganzen Tag stehen lassen. Das kann dazu führen, dass der Hund futtermäkelig wird – hat man immer von allem genug, ist es irgendwann nicht mehr begehrlich. Auch das Belohnen mit Futter gestaltet sich schwieriger. Frisst der Hund also einmal nicht, wird der Napf spätestens nach zehn Minuten weggeräumt, er bekommt erst bei der nächsten Fütterungszeit erneut Futter angeboten. Bei Wasser sieht das anders aus – hier muss der Hund ständig freien Zugang haben, denn er kann nicht lange ohne Wasser überleben! Wie viel Wasser ein Hund benötigt, hängt zum einen von der Temperatur, zum anderen von der Bewegung ab. Nach einer langen Radtour oder an einem heißen Sommertag muss er häufiger und mehr trinken als im Winter oder nach einer Ruhephase. Hunde, die mit Trockenfutter ernährt werden, brauchen zudem mehr Wasser als Hunde, die Nassfutter oder Rohfutter (B.A.R.F.) bekommen.

GIFTIGE LEBENSMITTEL

Viele Lebensmittel sind für Hunde nicht geeignet: **rohes Schweinefleisch, Schokolade, alle rohen Nachtschattengewächse, rohe Hülsenfrüchte Lauchgewächse, Macadamianüsse, Avocados, Weintrauben, Rosinen etc.**

Die Fütterung von rohem Rindfleisch ist vollkommen unproblematisch. **Rohes Schweinefleisch** darf dagegen nicht gefüttert werden, da der Hund sich sonst mit dem Aujeszky-Virus anstecken kann. Die Aujeszkysche Krankheit, auch Pseudowut genannt, führt beim Hund zu einer Gehirn- und Rückenmarksentzündung und endet immer tödlich. Menschen sind für das Virus jedoch nicht empfänglich. Dass rohes Fleisch Hunde „blutdürstig“ macht, gehört in den Bereich der Legenden. Die Fütterung von rohem Fleisch führt weder zu einer Steigerung noch zu einer Reduktion aggressiven Verhaltens.

Schokolade enthält Theobromin, das für Hunde in einer größeren Menge giftig und damit lebensbedrohlich ist. Je höher der Anteil an Kakao in einem Produkt aus Schokolade ist, desto mehr Theobromin ist enthalten und desto gefährlicher ist es für Hunde. Für einen kleinen Hund kann daher der Verzehr einer Tafel Bitterschokolade bereits tödlich sein.

Kartoffeln dürfen Hunde zwar fressen, jedoch niemals roh. Dies liegt am Solanin, das sich direkt unter der Schale, vor allem an den grünen Stellen und den Keimlingen, befindet und für Hunde giftig ist. Es führt beim Hund zu Erbrechen und Durchfall.

Der mit Zartbitterschokolade gefüllte, frei zugängliche Süßigkeitenteller kann zur lebensbedrohlichen Gefahr für den Hund werden.

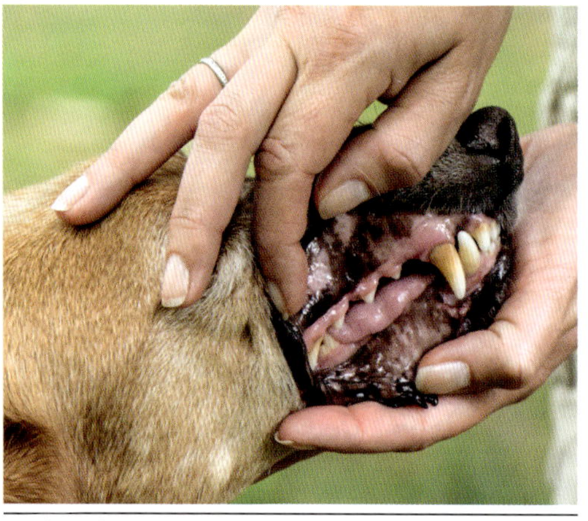

Bei der Zahnkontrolle sollte man alle Zähne überprüfen.

Die Augen kann man mit einem feuchten Tuch säubern.

Pfoten regelmäßig kontrollieren und zu lange Krallen kürzen.

PFLEGEMASSNAHMEN

Im Idealfall gewöhnt man bereits den Welpen an Pflegemaßnahmen wie das Bürsten und daran, sich überall anfassen zu lassen, siehe S. 47. Übernimmt man einen erwachsenen Hund, der das Bürsten nicht kennt, muss man ihn in genauso kleinen Schritten daran gewöhnen. Oft dauert es sogar länger, bis der Hund das Bürsten erträgt oder sogar genießt. Keinesfalls darf man ihn dazu zwingen, stillzuhalten, bis das gesamte Fell entwirrt und gebürstet wurde. Diese Maßnahme würde ihn überfordern und es kann zu aggressiver Gegenwehr kommen. Ist das Bürsten durch das Entwirren verfilzter Haare zudem schmerzhaft, wird er die Pflegemaßnahme negativ abspeichern.

BADEN UND SCHEREN

Hunde können gebadet werden, wenn sie sich in einem für uns unangenehmen Duft gewälzt haben. Normalerweise brauchen sie jedoch kein Bad. Zu häufiges Baden mit einem Shampoo ist sogar ungünstig, denn dadurch wird die fettende Schutzschicht auf der Haut gelöst, sodass es zu trockener, schuppiger Haut kommen kann. Daher ist es sinnvoll, ein rückfettendes Shampoo extra für Hunde zu verwenden. Häufiger als alle zwei bis drei Monate sollte man den Hund dennoch nicht mit einem Shampoo baden. Das Fell des Hundes schützt seine empfindliche Haut, hat damit eine wichtige Funktion! Doch selbstverständlich kann man es bei vielen langhaarigen Hunden etwas kürzen, damit sich Zweige und Kletten nicht darin verfangen. Dies gilt auch für zu lange Haare über den Augen, die das Sehen behindern und die Kommunikationsfähigkeit beeinträchtigen. Nicht schneiden darf man jedoch die Wimpern sowie Tasthaare des Hundes, daher sollte man im Zweifel einen professionellen Hundefrisör aufsuchen.

Langhaarige Hunde müssen regelmäßig gebürstet werden, damit das Fell nicht verfilzt (Knoten im Fell vorsichtig lösen!).

ZÄHNEPUTZEN

Das Gebiss muss regelmäßig kontrolliert werden, damit Probleme rechtzeitig behandelt werden können. Abgebrochene oder gespaltene Zähne sind immer ein Grund für einen Tierarztbesuch. Auch Zahnstein muss gegebenenfalls vom Tierarzt unter Narkose entfernt werden, da er zu Entzündungen des Zahnfleisches führen kann. Bei der Zahnkontrolle werden die Lefzen angehoben und sowohl die vorderen als auch die hinteren Zähne kontrolliert. Damit sich Zahnstein nicht so schnell bildet, kann man dem Hund z. B. ein größeres Stück Pansen füttern. Dieser ist zäh und schwer zu zerteilen, sodass beim intensiven Kauen die Zahnflächen gereinigt werden. Alternativ kann man die Zähne auch putzen, hierfür gibt es spezielle Zahnbürsten sowie Zahnpasta mit Fleischgeschmack. Häufig wird geraten, harte Knochen zu geben, da diese den Zahnstein auf natürliche Weise beim Kauen entfernen. Allerdings besteht bei sehr harten Knochen oder Geweihstücken die Gefahr, dass die Zähne ab- oder durchbrechen. Daher sollte man darauf verzichten.

AUGEN, OHREN UND KRALLEN

Die Augen kann man leicht mit einem feuchten Tuch (ohne Alkohol!) reinigen. Dies ist jedoch in der Regel nicht notwendig. Hat der Hund ein triefendes oder verklebtes Auge, sollte man den Tierarzt aufsuchen, um eine Erkrankung abzuklären. Augentropfen oder andere Produkte darf man niemals ohne vorherige Rücksprache mit dem Tierarzt anwenden. Die Ohren müssen in der Regel nicht gereinigt werden. Bei Problemen sollte man den Tierarzt aufsuchen. Sie werden dann mit einem Wattepad und einem speziellen Ohrreiniger gesäubert. Zur Reinigung der Ohren darf niemals ein Wattestäbchen verwendet werden, da hiermit der Belag nur weiter hineingedrückt wird und im Ohrinnern einen festen Pfropfen bildet. Gegebenenfalls muss nach der Reinigung eine Entzündung der Ohren, z. B. aufgrund von Hefepilzen oder Bakterien, durch den Tierarzt behandelt werden. Hausmittel sollten nur nach Rücksprache mit dem Tierarzt gegeben werden, da sie bei einer Trommelfell-Verletzung ins Mittelohr gelangen und dort Schaden anrichten können.

Die Krallen müssen regelmäßig kontrolliert und gegebenenfalls gekürzt werden. Läuft ein Hund viel auf weichen Böden, kommt es zu keiner natürlichen Abnutzung und damit Kürzung der Krallen. Zu lange Krallen führen zu Haltungs- und Gangschäden, zudem können zu lange Krallen brechen. Stehen die Krallen schräg zur Körperachse, wenn der Hund gerade und entspannt auf allen vier Pfoten steht, sind sie zu lang. Der Schnitt sollte schräg von unten erfolgen, eine Krallenzange kann dabei hilfreich sein. Da die Krallen durchblutet sind, würde zu starkes Kürzen zu einer schmerzhaften und stark blutenden Verletzung führen. Passiert es doch einmal, sollte man den Tierarzt aufsuchen, wenn die Blutung nicht innerhalb von 10 Minuten gestillt ist. Die Krallen von Welpen müssen ebenfalls gekürzt werden. Das erste Mal kürzt der Züchter sie im Alter von ca. zehn Tagen, dann regelmäßig alle zehn bis 14 Tage. Der neue Halter sollte diesen Rhythmus beibehalten und die Krallen des Welpen alle zwei Wochen überprüfen und gegebenenfalls kürzen.

GEWÖHNUNG AN DAS ANFASSEN

Ist der Hund das Anfassen noch nicht gewohnt, muss man ihn in kleinen Schritten heranführen. Keinesfalls darf man ihn jedoch zwingen, stillzuhalten. Hier könnte es zu aggressiver Gegenwehr kommen!

Hat der Hund Vertrauen zu seinem Menschen aufgebaut und gelernt, sich überall anfassen zu lassen, kann täglich überprüft werden, ob es Probleme wie kleinere Verletzungen oder sonstige Veränderungen an der Haut/am Fell, den Krallen oder auch generell am Körper gibt. Plötzlich entstandene „Beulen" unter der Haut kann man dadurch schnell vom Tierarzt untersuchen lassen, sodass sie rechtzeitig entfernt werden können, bevor z. B. ein bösartiger Tumor streut.

BEWEGUNG UND BESCHÄFTIGUNG

Welpen können nicht einschätzen, wie viel Bewegung gut für sie ist. Im Spiel mit anderen Hunden steht ausschließlich der Spaß im Vordergrund. Erst wenn sich der Welpe völlig verausgabt hat, macht er von sich aus eine Pause. Auf dem Spaziergang würde er ebenfalls „bis zum Umfallen" mitlaufen, denn letztlich ist er von seinem Menschen abhängig. Was soll er machen, wenn dieser immer weiterläuft , obwohl er selbst eigentlich längst keine Kraft mehr hat? Er kann ihm nur folgen ...

Links: Ein gesunder Hund bewegt sich gern aktiv und muss auch mal so richtig dynamisch rennen können.

Kommt ein Hund nicht zuverlässig auf den Rückruf, kann man ihm Bewegung durch den begrenzten Freilauf an der Schleppleine ermöglichen.

WIE VIEL BEWEGUNG BRAUCHT EIN HUND?

Solange der Hund nicht ausgewachsen ist und die Knochen noch im Aufbau sowie die Wachstumsfugen noch nicht geschlossen sind, darf es zu keiner Überbeanspruchung kommen – lange Spaziergänge sind daher nicht erlaubt! In etwa gilt folgende Regel: Pro Lebensmonat sind fünf Minuten ausdauernde Bewegung am Stück möglich. Danach sollte eine Pause folgen, in der der Hund auch wirklich zur Ruhe kommen kann. Mit einem Welpen, der im Alter von etwa acht Wochen in die Familie eingezogen ist, darf man also ca. zehn Minuten am Stück spazieren gehen. Natürlich muss man sich nicht auf die Minute genau an diese Regel halten – sie ist ein Richtmaß, um die Zeitspanne in etwa einzuschätzen. Ein ausgewachsener Hund mit gesunden Gelenken darf dann auch lange Strecken bewältigen. Dennoch muss z. B. eine mehrstündige Wanderung gut vorbereitet (genügend frisches Wasser) und die Ausdauer des Hundes in kleinen Schritten gesteigert werden. Vom Couchpotato direkt zum Bergsteiger ist keine gute Idee!

Im Alter muss erneut Rücksicht auf die Fitness genommen und die Länge der Spaziergänge gegebenenfalls reduziert werden. Dabei gilt, dass kleine Hunde langsamer altern als große. So gilt

Welpen sollten zwar kontrolliert das Treppenlaufen üben, man sollte den freien Zugang aber z. B. mithilfe eines Kindergitters verhindern.

eine Deutsche Dogge mit acht Jahren schon als Methusalem, während ein Jack Russell Terrier erst mit 15 oder 16 Jahren so richtig alt ist. Auch das Gewicht sowie die Gesundheit des Hundes spielen für die Länge des Spaziergangs eine Rolle. Zu dicke Hunde müssen erst einmal abnehmen. Bei kranken Hunden muss die Bewegung auf den aktuellen Gesundheitszustand angepasst werden. Die Länge des Spaziergangs richtet sich dabei individuell nach der jeweiligen Krankheit und muss mit dem behandelnden Tierarzt abgesprochen werden.

DÜRFEN WELPEN TREPPEN STEIGEN?

Natürlich fördert jede Bewegung den Muskelaufbau und damit auch die Entwicklung der Gelenke. Jedoch darf bei einem noch nicht ausgewachsenen Hund keine Überbeanspruchung der Gelenke erfolgen. Daher ist auch das Treppensteigen nur eingeschränkt erlaubt. Dennoch muss der Welpe Treppen kennenlernen, denn die meisten Hunde sind einfach zu schwer, als dass man sie dauerhaft die Treppen hinauf- und hinuntertragen kann. Sobald der Welpe von der Größe her körperlich in der Lage ist, eine Treppenstufe zu erklimmen, sollte er, gesichert durch den Menschen, der beim Hinauflaufen hinter ihm und beim Hinunterlaufen vor ihm geht und ihn gegebenenfalls an Leine und Geschirr führt, unterschiedlichste Treppen kennenlernen. Dazu gehören offene und geschlossene Treppen, unterschiedliche Beläge, gerade Treppen, Wendeltreppen etc. Ständiges Hinauf- und Hinunterlaufen muss man jedoch vermeiden – ein Kindergitter vor der Treppe verhindert, dass der Welpe eigenständig die Treppe benutzen kann.

Rechts: Kleineren Hunden fällt der Trick „Männchen machen" leicht, doch auch große Hunde lieben das Tricktraining.

SINNVOLLE BESCHÄFTIGUNG

Neben der körperlichen Auslastung auf dem Spaziergang muss der Hund auch geistig ausgelastet werden. Im Idealfall kombiniert man beides, indem man immer wieder kleine Übungen in den Spaziergang integriert. Dabei spielt es keine Rolle, welcher Rasse oder Rassemischung er angehört, alle Hunde möchten ihrer Veranlagung entsprechend beschäftigt werden. Langeweile ist eine der häufigsten Ursachen für Verhaltensprobleme wie Nicht-allein-bleiben-Können, Zerstören von Gegenständen, aber auch Lecken am Fell oder Kauen an den Pfoten.

Welche Beschäftigung man mit seinem Hund durchführt, hängt von dessen Interessen ab. Man kann den Hund Gegenstände oder Futter suchen lassen, sodass er seine Nase einsetzen muss. Viele Hunde lieben Apportierspiele, andere sind begeistert von dynamischen Aktivitäten, bei denen sie gemeinsam mit ihrem Menschen aktiv sind, wie bei Agility oder Hoopers. Aber auch „Denksportaufgaben" sind bei Hunden beliebt. Es gibt viele unterschiedliche Intelligenzspiele, zudem kann man dem Hund viele verschiedene Tricks wie „Pfötchen geben", „Männchen machen", „Rolle" oder „Tot stellen" beibringen. Der Kreativität sind keine Grenzen gesetzt.

Doch natürlich dürfen Hunde auf einem Spaziergang auch ihren eigenen Bedürfnissen nachgehen, zumindest im begrenzten Rahmen – denn eine Hetzjagd dem Reh hinterher ist natürlich nie gestattet. Ein Wechsel zwischen Freilauf (gegebenenfalls auch an der Schleppleine), Laufen an der Leine, Training sowie Kontakt mit Artgenossen macht einen spannenden und abwechslungsreichen Spaziergang aus.

Was gibt es Schöneres, als mit „Full-Speed" über die Wiese zu flitzen? Doch das geht nur, wenn der Hund gesund ist!

DER GESUNDE HUND

Ein gesunder Hund führt ein artgerechtes und erfülltes Leben. Daher sollte der Mensch alles dafür tun, dass der Vierbeiner gesund bleibt.

TIERÄRZTLICHE VERSORGUNG

Einige Tage nach der Übernahme, egal ob Welpe oder erwachsener Hund, sollte man den Tierarzt aufsuchen, auch wenn der Hund einen gesunden Eindruck macht. Dabei kann er den Tierarzt kennenlernen, ohne dass er Schmerzen hat oder eine schmerzende Behandlung folgt. Zudem kann der Tierarzt überprüfen, ob alle Impfungen vorliegen und ob der Hund krank ist oder „Mängel" aufweist. Zur Gesundheitsprophylaxe sollte man seinen Hund mindestens einmal im Jahr vom Tierarzt untersuchen sowie notwendige Schutzimpfungen vornehmen lassen. Der Tierarzt kann bei der Untersuchung überprüfen, ob der Hund Auffälligkeiten aufweist.

ANZEICHEN EINER ERKRANKUNG

Weit verbreitet ist der Irrtum, dass die Nase des Hundes immer feucht sein muss. Es gibt viele Gründe für eine trockene Nase, z. B. wenn der Hund längere Zeit in der Sonne lag. Eine trockene Nase ist also keinesfalls ein Zeichen für eine Erkrankung, und auch die Temperatur der Ohren spielt keine Rolle. Die meisten Hunde fressen, egal ob sie hungrig sind oder nicht. Dennoch gibt es Hunde, die nicht alles mögen und eher schlecht fressen. Hat man jedoch einen Hund, der gern frisst und plötzlich kein Futter mehr annimmt, kann das ein Zeichen für eine ernsthafte Erkrankung sein. Dann sollte man spätestens am zweiten Tag der Futterverweigerung einen Termin beim Tierarzt vereinbaren.

Verhält sich ein Hund auf einmal ruhiger als gewöhnlich, ist desinteressiert, also regelrecht teilnahmslos, gilt es zu prüfen, ob es weitere Anzeichen für eine Erkrankung gibt. Im Zweifel sollte man den Tierarzt lieber einmal unnötig aufsuchen. Natürlich kann ein Hund am Tag nach einer Anstrengung weniger aktiv sein – auch Hunde können Muskelkater bekommen. Am nächsten Tag sollte er jedoch wieder fit sein.

NORMALWERTE

Nur wenn man die Normalwerte des Hundes kennt, kann man einschätzen, ob ihm möglicherweise etwas fehlt und der Gang zum Tierarzt notwendig wird.

KÖRPERTEMPERATUR

Die normale Körpertemperatur des erwachsenen Hundes liegt zwischen 37,5 und 39,5 °C. Werte von über 38,5 °C hat man z. B. nach starker Belastung oder Aufregung. Ab einer Temperatur von 39,6 °C spricht man von Fieber, man sollte dann den Tierarzt aufsuchen. Steigt die Temperatur auf 41 °C, wird es lebensbedrohlich, da es bei längerer Dauer zu Organversagen kommen kann. Welpen haben generell eine etwas höhere Temperatur als erwachsene Hunde, hier sind Temperaturen bis 39,5 °C auch ohne körperliche Belastung oder Aufregung möglich.

PULS

Den Puls überprüft man am einfachsten, indem man den Finger an die Oberschenkelschlagader an der Innenseite des Hinterlaufes legt. Man ertastet mit den Fingern die senkrechte Rinne zwischen den beiden großen Muskelsträngen, zwischen denen die Arterie liegt. Der Ruhepuls bei Hunden liegt bei 60 bis 120 Schlägen pro Minute. Große Hunde haben einen langsameren Puls (60 – 100) als kleine (80 – 120). Der Ruhepuls beim Welpen kann bei bis zu 200 Schlägen pro Minute liegen.

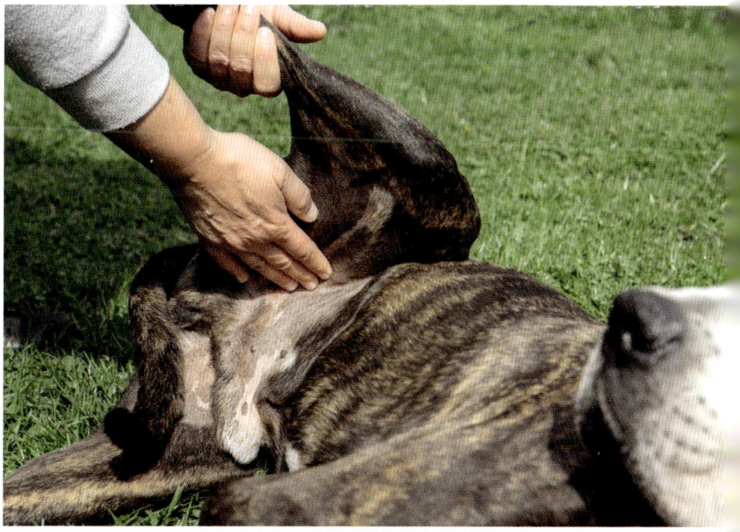

Um den Puls zu überprüfen, ertastet man – am einfachsten beim liegenden Hund – die Oberschenkelschlagader an der Innenseite des Hinterlaufes.

ERKRANKUNGEN

Tränende Augen kommen z. B. bei einer Bindehautentzündung vor. Hat der Hund entzündete Ohren, kratzt er sich häufig am betroffenen Ohr oder schüttelt oft den Kopf und hält ihn schief. Niesen ist beim Hund erst einmal kein Krankheitsanzeichen. Ein einzelnes Niesen wird z. B. von Partikeln (Staub, Parfüm etc.) in der Luft ausgelöst. Der Hund kann aber auch einfach vor Aufregung niesen. Niest er mehrfach in Kombination mit einem zähen Nasenausfluss, kann es sich um eine Infektion der Atemwege handeln, sodass der Hund vom Tierarzt behandelt werden muss.

MOROSCHE MÖHRENSUPPE

500 g Möhren
1 l Wasser
1 TL Salz

1. Möhren klein schneiden und in einem Liter Wasser etwa 1 bis 1,5 Stunden kochen.
2. Den Brei pürieren und mit Wasser auf einen Liter Gesamtmenge auffüllen.
3. Ein Teelöffel Salz hinzugeben.

Reguliert sich der Durchfall, kann man am nächsten Tag die Möhrensuppe mit Schonkost ergänzen, also z. B. gekochtes Hühnerfleisch mit Kartoffelbrei (ohne Milch, nur mit Wasser zubereitet!). Am dritten Tag kann der Hund wieder normal gefüttert werden.

BLASENENTZÜNDUNG

Muss ein Hund ständig urinieren und pinkelt auch in die Wohnung, obwohl er eigentlich stubenrein ist, kann eine Blasenentzündung Ursache sein. Er hat offensichtlich Schmerzen, macht beim Urinieren einen Buckel und gibt Schmerzlaute von sich. Bei einer fortgeschrittenen Entzündung ist der Urin getrübt oder rötlich (Blut im Urin). Hündinnen neigen häufiger zu einer Blasenentzündung, vor allem im Welpenalter kommt die Erkrankung öfter vor.

DURCHFALL

Hat ein Hund Durchfall, greifen viele Menschen zur Hausapotheke. Medikamente sollte aber nur der Tierarzt verordnen. Keinesfalls darf man dem Hund in Selbstmedikation Medikamente geben, die eigentlich für den Menschen vorgesehen sind. Dies gilt auch für Kohletabletten, die beim Hund nur in ganz bestimmten Fällen wie einer Vergiftung eingesetzt werden. Bei Durchfall hilft jedoch in vielen Fällen ein altes Hausmittel, die Morosche Möhrensuppe (siehe Rezept). Hat ein Hund länger als zwei Tage Durchfall, sollte man unbedingt zum Tierarzt gehen. Dies gilt ebenfalls, wenn der Durchfall blutig ist – dann aber sofort!

ERBRECHEN

Wenn einem Hund schlecht ist und er sich übergeben muss, beginnt er zu schmatzen, schluckt mehrfach hintereinander und speichelt stark. Mit würgenden Geräuschen erbricht er sich dann gegebenenfalls. Auch hier gilt, dass bei länger andauerndem Erbrechen sowie in Kombination mit Durchfall oder Futterverweigerung der Tierarzt aufgesucht werden muss.

Die regelmäßige Untersuchung durch den Tierarzt verhindert, dass Krankheiten unentdeckt und damit unbehandelt bleiben.

PARASITEN

Man unterteilt Parasiten in Endoparasiten wie Würmer, die in den inneren Organen wie Darm, Lunge oder Herz leben, und Ektoparasiten wie Milben, Flöhe und Zecken, die sich auf der Körperoberfläche befinden.

ENDOPARASITEN

Rutscht ein Hund häufig mit seinem Hinterteil über den Boden, kann dies ein Anzeichen für einen Wurmbefall sein. Bei einem starken und schon länger andauernden Wurmbefall nimmt der Hund trotz gleich bleibender Futtermenge ab, zudem sind oft Würmer im Kot sichtbar. Es kann auch zu Durchfall, Erbrechen oder Verstopfung kommen. Der Hund ist abgeschlagen, das Fell stumpf, der Bauch oft aufgebläht. Ist ein Hund von Würmern befallen, muss er entwurmt werden. Der Tierarzt wird das für die Wurmart entsprechende Medikament verschreiben. Dieses wirkt dabei nicht vorbeugend, sondern tötet lediglich vorhandene Würmer und deren Entwicklungsstadien ab. Der Hund kann also bereits am Tag nach der Entwurmung wieder Wurmeier aufnehmen, aus denen sich erneut Würmer entwickeln. Die Ansteckung mit Würmern bzw. deren Eiern erfolgt schnell, der Hund braucht nur an einem infizierten Kothaufen zu lecken sowie Mäuse oder Aas zu fressen. Bis es zu einem starken Wurmbefall kommt, dauert es einige Zeit, da sich aus den Eiern erst noch Würmer entwickeln müssen, sodass eine Entwurmung alle zwei bis drei Monate in aller Regel ausreichend ist. Alternativ kann man den Hundekot beim Tierarzt auf Würmer untersuchen lassen. Dazu sammelt man Kot über 3 Tage (Sammelkotprobe), da nicht alle Würmer täglich ausgeschieden werden.

Bei Verdacht auf Flöhe wird das Fell mit einem Flohkamm durchkämmt. Bei Flohbefall findet man den Kot der Flöhe im Kamm.

Nach der Geburt können die Wurmlarven zudem über die Muttermilch in den Verdauungstrakt des Welpen gelangen. Es empfiehlt sich daher, Welpen, die noch von der Mutterhündin gesäugt werden, alle zwei Wochen zu entwurmen, bis zwei Wochen nach der letzten Aufnahme der Muttermilch. Der Züchter notiert den Zeitpunkt der Entwurmungen und das Mittel.

GRAS FRESSEN

Hunde fressen häufig Gras, dies hat jedoch nichts mit einem Wurmbefall zu tun. Der häufigste Grund dafür ist, dass besonders die frischen, leicht süßlichen Gräser dem Hund einfach schmecken.

EKTOPARASITEN

Zecken

Dass Zecken sich von Bäumen auf ihr Opfer fallen lassen, ist ein Mythos. Sie sitzen auf Grashalmen und Zweigen kleiner Büsche oder im Unterholz und lassen sich dort von vorbeilaufenden Tieren oder auch Menschen abstreifen. Die Zecke wandert zunächst auf ihrem Opfer herum, bis sie eine passende Stelle gefunden hat. Daher sollte man den Hund während des Spaziergangs und auch danach regelmäßig nach den krabbelnden Tierchen absuchen.

Zecken können Erreger für verschiedene Krankheiten wie Borreliose, Ehrlichiose, Babesiose etc. übertragen. Manche davon gelangen direkt nach dem Biss, andere erst einige Stunden später ins Blut des Opfers.

Hat die Zecke zugestochen, sollte sie so schnell wie möglich entfernt werden. Dazu nimmt man am besten dafür vorgesehene Hilfsmittel wie eine Zeckenkarte oder den Zeckenhaken. Wer geschickt ist, kann die Zecke auch mit den Fingern entfernen. Dazu muss man sie weder nach links noch nach rechts drehen, sondern zieht sie einfach vorsichtig heraus. Niemals sollte man die Zecke mit Öl oder Alkohol beträufeln, da diese sonst „erbricht" und Erreger erst recht in das Blut des Opfers abgegeben werden. Nach der Entfernung der Zecke sollte man seinen Hund genau beobachten. Falls sich die Einstichstelle entzündet oder der Hund Anzeichen einer Erkrankung zeigt, muss der Tierarzt aufgesucht werden. Borreliose kann z. B. zu immer wieder auftretenden Lahmheiten und Fieber führen. Damit der Hund vor Zecken geschützt ist, kann man ein beim Tierarzt erhältliches Spot-On-Präparat verwenden. Alternativen wie Halsbänder oder Tabletten sind ebenfalls beim Tierarzt erhältlich. Die Wirksamkeit zahlreicher natürlicher Alternativen ist wissenschaftlich nicht bewiesen.

Flöhe

Flöhe springen z. B. auf den Hund über, wenn dieser an einem Igel im Garten schnuppert. Hat ein Hund Flöhe, kratzt er sich häufiger als gewöhnlich. Bei starkem Flohbefall findet man im Hundefell mithilfe des Flohkamms kleine braune oder schwarze Körner, die rötlich zerlaufen, wenn man sie auf ein nasses weißes Taschentuch legt. Hierbei handelt es sich um den Kot der Flöhe, der z. T. aus unverdautem Blut besteht.
Weiße Schuppen auf dem Fell können unterschiedliche Ursachen haben, häufig sind sie einfach ein Zeichen dafür, dass der Hund Stress hat. Ein Anzeichen für Flohbefall sind sie aber nicht. Bei Flohbefall muss der Hund mit einem geeigneten Antiparasitikum behandelt werden, das beim Tierarzt erhältlich ist. Bei starkem Flohbefall muss auch die Umgebung behandelt werden, da sich hier die Eier, Larven und Puppen befinden. Gründliches Staubsaugen, hygienisches Waschen von Decken und Körben sowie eventuell ein geeignetes Insektizid für die Umgebung sind dabei wichtig.

Grasmilben

Herbstgrasmilben legen ihre Eier ins Gras. Die daraus schlüpfenden Larven krallen sich am vorbeilaufenden Hund fest, ritzen die Haut an und setzen Speichel frei. Dadurch entstehen Entzündungen, die zu starkem Juckreiz führen und vom Hund ständig beleckt werden. Es kann zu noch stärkeren Entzündungen sowie bakteriellen Infektionen kommen. Die Milben befallen Stellen, die mit dem Boden in Berührung kommen, am häufigsten die Pfoten. Bei hellem Fell sieht man die orangen Larven gut, man kann aber auch ganz einfach testen, ob Grasmilben im Garten sind. Dazu stellt man an einem sonnigen Tag einen weißen Teller ins Gras, auf dem sich die Larven als gelbe oder orange Flecken zeigen. Um dem Befall im Garten vorzubeugen, hilft regelmäßiges Rasenmähen. Ist der Hund von Milben befallen, muss man ihn mit einem Anti-Milben-Shampoo/Spray behandeln. Der Tierarzt kann ein Mittel gegen den Juckreiz sowie eventuelle Entzündungen verschreiben.

Eichen-Prozessionsspinner-Raupen

Die Raupen des Eichen-Prozessionsspinners gehören zwar nicht zu den Parasiten des Hundes, können für ihn jedoch auch gefährlich werden. Sie kommen in lichten Wäldern sowie auf solitär stehenden Bäumen vor. Sie sind mit feinen Brennhaaren überzogen, die bei Kontakt leicht abbrechen. Der dadurch freigesetzte Eiweißstoff führt zu allergischen Reaktionen auf der Haut wie starkem Juckreiz, Rötungen und Eiterbläschen. Hunde sind zwar durch das Fell geschützt, nehmen die Haare aber über die Mundschleimhaut beim Ablecken des Fells auf. Ist der Hund betroffen, muss man Augen, Nase und Maul mit sauberem Wasser ausspülen und bei starken Symptomen den Tierarzt aufsuchen.

IMPFUNG

Laut der aktuellen Impfempfehlung (Januar 2021) der ständigen Impfkommission Veterinärmedizin (StIKo Vet) am Friedrich-Loeffler-Institut sollten Hunde gegen Staupe und Canine Parvovirose geimpft werden. Empfohlen wird zudem eine Impfung gegen Leptospirose. Außerdem ist die Impfung gegen Tollwut sinnvoll und in vielen Bereichen vorgeschrieben.
Früher beinhaltete die Impfempfehlung außerdem die Impfung gegen *Hepatitis contagiosa canis* (HCC). Die konsequente Impfung hat dazu geführt, dass diese Erkrankung in der westeuropäischen Hundepopulation nur noch sehr selten beobachtet wird, sodass diese Impfung mittlerweile nicht mehr als zwingend notwendig angesehen wird. Da allerdings mit einer Ausnahme alle derzeit zugelassenen Staupe- und Parvovirose-Impfstoffe auch den Wirkstoff gegen HCC beinhalten, lässt sich eine Impfung dagegen kaum vermeiden. Ob zusätzlich zu den empfohlenen Impfungen (siehe Tabelle) eine Impfung gegen *Hepatitis contagiosa canis* (Ansteckende Leberentzündung), Borreliose, Leishmaniose oder Parainfluenza (Zwingerhusten) durchgeführt wird, muss immer im Einzelfall, nach einer Beratung durch den Tierarzt, entschieden werden.

☞ DERZEIT EMPFOHLENES **IMPFSCHEMA**

GRUNDIMMUNISIERUNG	
Parvovirose, Staupe, Leptospirose	ab vollendeter 8. Lebenswoche
Parvovirose, Staupe, Leptospirose, ggf. Tollwut	ab vollendeter 12. Lebenswoche
Parvovirose, Staupe	ab vollendeter 16. Lebenswoche
Parvovirose, Staupe, Leptospirose, ggf. Tollwut	15. Lebensmonat
WIEDERHOLUNGSIMPFUNGEN	
Parvovirose, Staupe	Je nach Impfstoffhersteller im Abstand von einem bis zu drei Jahren empfohlen.
Leptospirose	Jährliche Wiederholungsimpfungen erforderlich.
Tollwut	Je nach Impfstoffhersteller im Abstand von einem bis zu drei Jahren empfohlen.

Der Tierarzt trägt in den Impfpass ein, wann der Hund jeweils erneut geimpft werden muss. Bei Reisen ins Ausland müssen die aktuellen Bestimmungen beachtet werden.

IMPFSCHUTZ BEIM WELPEN

Mütterliche Antikörper können den Erfolg der Impfung empfindlich stören. Je mehr Antikörper beim Welpen vorhanden sind, desto länger dauert es, bis sie abgebaut sind, und umso länger ist die Periode, in der sie eine erfolgreiche Impfung verhindern. Da die Höhe dieser Antikörperspiegel in der Regel unbekannt ist, versucht man durch mehrfache Impfungen in der Zeit kurz vor der Abgabe der Welpen (also in der Regel mit Ende der 8. Lebenswoche) bis zur 16. Lebenswoche den optimalen Zeitpunkt zu treffen und den Welpen zu schützen. Einen hundertprozentigen Schutz vor den jeweiligen Krankheiten gibt es daher auch für geimpfte Welpen nicht, man spricht hier von der immunologischen Impflücke! Bei Hunden ab sechzehn Lebenswochen sind keine mütterlichen Antikörper mehr zu erwarten, sodass bei diesen in der Regel eine einmalige Impfung bei Verwendung von Lebendimpfstoffen oder eine zweimalige Impfung bei inaktivierten Impfstoffen im Abstand von 3 bis 4 Wochen ausreichend ist.

IMPFPASS UND MICROCHIP

Der (blaue) EU-Heimtierausweis dient zur Überprüfung der Identität des Tieres und als Impfnachweis. Er ist bei Reisen mit dem Tier ins Ausland

Der Tierarzt empfiehlt die jeweils sinnvollen Impfungen, die den Hund vor schweren Krankheiten schützen.

Für die Reise ins Ausland ist der EU-Heimtierausweis nötig, in dem die Mikrochip-Nummer und die jeweiligen Impfungen eingetragen sind. Dieser ist immer mitzuführen.

mitzuführen. Wer nicht ins Ausland reisen möchte, kann die erfolgten Impfungen (mit Datum und Umfang) auch von seinem Tierarzt in einen nationalen Impfausweis eintragen lassen. Möchte man mit seinem Hund ins Ausland reisen, muss dieser eindeutig identifizierbar sein. Dazu wird dem Hund ein sogenannter Mikrochip (Transponder) mit einer einmalig vergebenen, vorprogrammierten Nummer implantiert. Der Chip wird vom Tierarzt mit einer etwas dickeren Kanüle unter die Haut an der linken Halsseite eingesetzt. Das Einsetzen ist kaum schmerzhaft, sodass hierfür keine Narkose erforderlich ist. Der Chip ist etwa 5 x 11 Millimeter groß und besteht aus biologisch neutralem und daher für den Hund unbedenklichem Material. Die Identifikationsnummer wird im EU-Heimtierausweis eingetragen. Der Halter sollte in einem Haustierregister zusätzlich zu dieser Nummer seine Kontaktdaten (Adresse sowie Telefonnummer) angeben und auch bei einem Umzug daran denken, diese zu aktualisieren. Um die Identifikationsnummer auslesen zu können, wird ein spezielles Lesegerät benötigt, das in der Regel Tierheime sowie Tierärzte besitzen. So kann der Halter, sollte der Hund entlaufen sein und wieder eingefangen werden, schnell informiert werden. In einigen Bundesländern ist die Haltung eines Hundes nur erlaubt, wenn dieser durch den Mikrochip eindeutig identifizierbar ist. Über Regelungen in Bezug auf die Identifizierung und Registrierung des Hundes sollte man sich vor seiner Übernahme bzw. vor einem Umzug erkundigen.

Haustierzentralregister

Das Deutsche Haustierregister® des Deutschen Tierschutzbundes e. V. (Findefix), das Haustierzentralregister von Tasso e. V. und die Datenbank der Internationalen Zentralen Tierregistrierung IFTA sind seit Kurzem miteinander vernetzt. Künftig genügt also eine einzige Abfrage eines Tierhalters bei einem der Tierregister, um herauszufinden, ob und in welchem das eigene Tier oder ein Fundtier registriert ist.

TOLLWUT

Das Tollwut-Virus wird durch Kontakt mit dem Speichel eines mit Tollwut infizierten Tieres, z. B. durch einen Fuchs, Waschbär oder Igel, durch einen Biss oder das Belecken einer offenen Wunde oder der Schleimhäute übertragen. Der Kontakt mit dem Kot eines mit Tollwut infizierten Tieres führt dagegen nicht zu einer Ansteckung.
Hunde müssen gegen Tollwut geimpft werden, wenn man mit ihnen ins Ausland reisen will. Hierbei sind die entsprechenden Einreisebestimmungen des jeweiligen Landes zu beachten. Auch beim Einlass zu Ausstellungen oder der Teilnahme an vielen Prüfungen muss ein gültiger Tollwutschutz nachgewiesen werden. Ein nachweislich gegen Tollwut geimpfter Hund muss im Verdachtsfall, z. B. bei Kontakt zu einem mit Tollwut infizierten Tier, nicht sofort getötet werden. Auch Menschen können sich mit Tollwut infizieren, die Erkrankung ist wie beim Hund ohne Behandlung tödlich, beide versterben innerhalb weniger Tage. Aus diesem Grund können Hunde, die im Verdachtsfall keine gültige Impfung nachweisen können, sofort eingeschläfert werden.

NOTFÄLLE

Nach einer Beißerei mit einem anderen Hund sollte man nicht nur bei größeren Verletzungen, sondern auch bei kleineren Wunden sicherheitshalber den Tierarzt aufsuchen. Denn kleine Wunden können tief sein, wenn z. B. die Fangzähne eingedrungen sind. Dabei können Bakterien eindringen, sodass eine schwere, äußerlich kaum erkennbare Wundinfektion droht. Dies ist insbesondere dann gefährlich, wenn die Wunde kaum blutet. Natürlich muss man auch große und stark blutende Wunden vom Tierarzt versorgen lassen. **Es spielt keine Rolle, wo der Hund gebissen wurde, man sollte Wunden nach einer Beißerei grundsätzlich von einem Tierarzt behandeln lassen!**

SCHOCK

Die Schleimhäute des Hundes sind rosa, feucht, glatt, glänzend und ohne Auflagen. Am besten überprüft man sie regelmäßig, so weiß man, welche Farbe die Schleimhäute des Hundes in gesundem Zustand haben. Bei einer Farbveränderung sollte in jedem Fall der Tierarzt aufgesucht und eine mögliche Erkrankung abgeklärt werden. Die Farbe kann man am einfachsten an den Schleimhäuten im Maul überprüfen:

- **Blasse bis weißliche Schleimhäute** weisen auf einen Schock, aber auch auf eine Anämie oder zu niedrigen Blutdruck hin. Sie sind in jedem Fall ein Alarmzeichen.
- **Blaue Schleimhäute** treten dagegen beispielsweise bei Atemnot, einer Herzerkrankung oder bei einer Unterkühlung auf.
- **Gelbe Schleimhäute** können auf eine Erkrankung der Leber hinweisen.

Überprüfung des Kreislaufs

An der Schleimhaut der Lefzen sowie am Zahnfleisch kann man zudem den Kreislauf des Hundes überprüfen. Dazu drückt man mit dem Finger auf die Lefzenschleimhaut oder auf das Zahnfleisch. Durch den Druck wird das Blut aus dem Endstromgebiet verdrängt, die Farbe der Schleimhaut bzw. des Zahnfleisches wird heller. Nachdem der Finger entfernt wird, sollte die Schleimhaut bzw. das Zahnfleisch innerhalb von etwa zwei Sekunden wieder die ursprüngliche Farbe annehmen, da das Blut in das Endstromgebiet zurückfließt. Dauert dieser Vorgang länger, ist das ein Hinweis auf eine zu geringe Durchblutung.

Einen Schock erkennt man daran, dass der Hund schnell atmet und kalte Pfoten hat. Diese beiden Merkmale sind einzeln für sich genommen natürlich kein ausreichender Hinweis auf einen Schock, sondern immer nur im Zusammenhang mit weißen Schleimhäuten!

STABILE SEITENLAGE

Wird ein Hund bewusstlos, legt man ihn auf die Seite. Dazu bringt man Kopf und Wirbelsäule in eine gerade Linie und zieht die Vorder- und Hinterläufe auseinander. Im Schock oder auch dann, wenn der Hund wiederbelebt werden muss, legt man ihn auf die rechte Seite, insofern es seine Verletzungen zulassen. Der Grund liegt darin, dass sich das Hundeherz zu vier Siebteln links von der Körpermitte (von oben betrachtet) befindet. Es liegt zwischen dem 3. und 8. Zwischenrippenraum, wenn der Hund auf der Seite liegt. Eine eventuell notwendige Herzdruckmassage muss also hier erfolgen. Der hintere Körperbereich wird höher gelagert, sodass die Durchblutung der lebenswichtigen inneren Organe gewährleistet ist. Der Kopf wird überstreckt, das Maul geöffnet und die Zunge herausgezogen. So können Erbrochenes und Blut entfernt werden, der Hund wird vor dem Ersticken bewahrt. Mit der stabilen Seitenlage wird der Hundekörper in eine Position gebracht, bei der die Atemwege freigehalten werden.

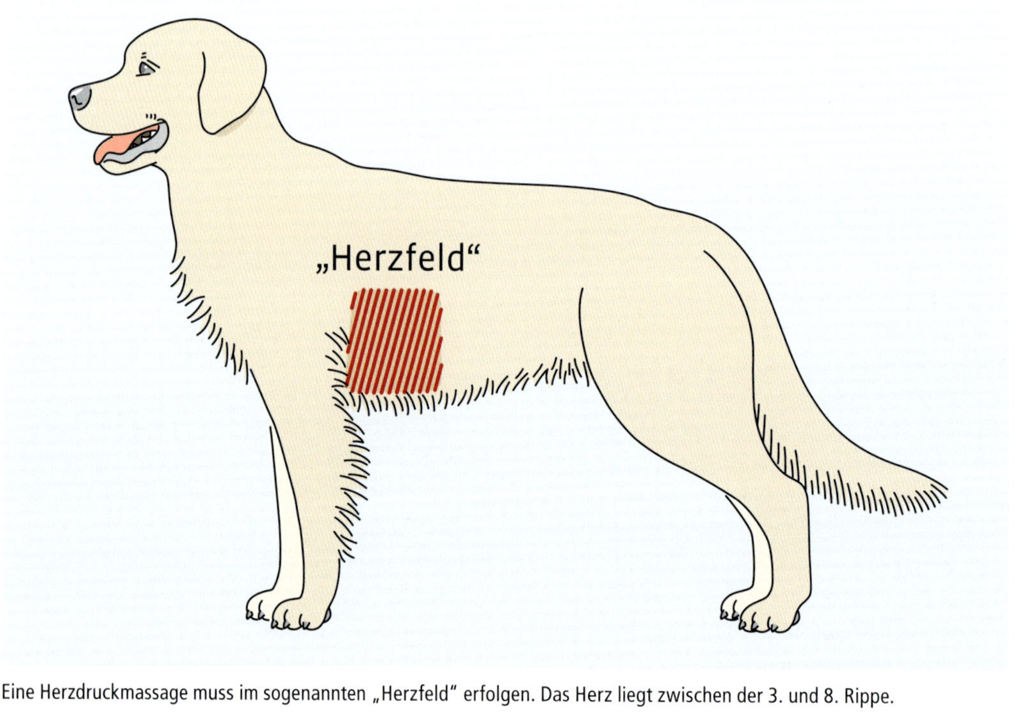

Eine Herzdruckmassage muss im sogenannten „Herzfeld“ erfolgen. Das Herz liegt zwischen der 3. und 8. Rippe.

HITZSCHLAG

Ein Hitzschlag besteht bei einem Hund in Ruhe bei einer Körpertemperatur von über 40 °C. Hat ein Hund einen Hitzschlag erlitten, weil er z. B. zu lange bei großer Hitze im geschlossenen Auto verbringen musste, bringt man ihn an einen kühlen Ort, kühlt ihm die Pfoten und bietet ihm in kleinen Schlucken immer wieder kühles, aber nicht eiskaltes Wasser an. Das Maul darf dabei keinesfalls fixiert werden, der Hund muss hecheln können, da er so die Körpertemperatur selbst weiter reduzieren kann (siehe Info). Ein Hitzschlag ist immer ein lebensbedrohlicher Zustand. Man muss daher immer nach den ersten Maßnahmen zur Abkühlung sofort den Tierarzt aufsuchen!

VERGIFTUNG

Bei Vergiftungen kann es zu unterschiedlichsten Symptomen kommen: z. B. Blut im Urin, weiße Schleimhäute, Krämpfe, Erbrechen mit Schaumbildung. Ursache für eine Vergiftung ist häufig die Aufnahme von Schneckenkorn, Rattengift, Nikotin, Schokolade, Xylit, Medikamenten oder Reinigungsmitteln. Besteht der Verdacht, dass der Hund etwas Giftiges aufgenommen hat, sollte man möglichst schnell den Tierarzt aufsuchen. Ist bekannt, was der Hund gefressen hat, sollte man den Tierarzt bereits vorab über die genaue Bezeichnung sowie über die aufgenommene Menge informieren. Der Tierarzt kann den Hund zum Erbrechen bringen. Dies hängt jedoch zum einen davon ab, wie viel Zeit seit der Aufnahme des Giftes vergangen ist, zum anderen davon, um welches Gift es sich handelt. Bei Säuren oder Laugen würde das Erbrechen zu einer Schädigung der Speiseröhre führen, daher darf man den Hund keinesfalls selbst dazu bringen. Ob ein Hund eine Vergiftung überlebt, hängt von der Art und Menge des aufgenommenen Giftes sowie dem Zeitpunkt der Behandlung ab. Also schnell handeln und sofort zum Tierarzt!

MAGENDREHUNG

Bei der Magendrehung kann sich der Magen einmal um sich selbst drehen, sodass der vordere sowie der hintere Ausgang verschlossen sind. Der im Magen befindliche Speisebrei beginnt zu gären, es entstehen Gase, die nicht entweichen können. Da der Magen von außen nicht wieder in die ursprüngliche Position zurückgedreht werden kann, auch nicht, indem man den Hund auf den Boden legt und auf den Rücken dreht, bedeutet eine Magendrehung eine akute, lebensbedrohliche Situation. Der Hund muss innerhalb der nächsten halben Stunde vom Tierarzt operiert werden, ansonsten verstirbt er. Selbst eine Operation, bei der der Magen wieder in die ursprüngliche Position gedreht wird, überleben nicht alle Hunde.
Von der Magendrehung sind nicht nur große Hunde betroffen. Es gibt jedoch offensichtlich einige Rassen, die hierfür besonders anfällig sind wie Doggen, Molosser, Boxer etc. Insbesondere der tiefe Brustkorb spielt dabei vermutlich eine Rolle. Eine Magendrehung kann nicht nur beim wilden Spiel direkt nach dem Fressen auftreten, wie häufig behauptet wird. Oft passiert es auch in einer Ruhephase des Hundes.

HECHELN

Ist einem Hund warm, dann hechelt er, um seinen Körper herunterzukühlen. Dazu lässt er die Zunge so weit wie möglich aus dem dauerhaft geöffneten Maul hängen und atmet dabei sehr schnell hintereinander, etwa 100- bis 200-mal pro Minute. Die Luft wird dabei an den oberen Atemwegen und der Zunge entlangbewegt, der Hund fächert seinen Schleimhäuten sozusagen Luft zu. Durch die Bewegung verdunstet an der Oberfläche der Schleimhäute mehr Feuchtigkeit und die dadurch entstehende Verdunstungskälte kühlt die oberflächlichen Blutgefäße. Das gekühlte Blut wird dann von den Schleimhäuten zurück in den Körper transportiert. Hunde haben so gut wie keine Schweißdrüsen, sie können zur Thermoregulation nicht schwitzen und damit verhindern, dass ihr Körper überhitzt.

ERSTE HILFE

FIXIERUNG

Um den liegenden Hund zu fixieren, stellt man sich hinter ihn und hält das untere Vorder- sowie Hinterbein fest. Um ihn hinzulegen, stellt man sich hinter den seitlich vor einem stehenden Hund und beugt sich über diesen. Man greift nun das einem zugewandte Vorder- sowie Hinterbein und zieht beide gleichzeitig nach vorne weg. Dabei lässt man den Hund mit seinem Rücken am eigenen Ober- und Unterschenkel zu Boden gleiten, bis er seitlich auf dem Boden liegt. Steht eine zweite Person zur Verfügung, hält diese den Kopf des Hundes. So verhindert man den harten Aufprall auf den Boden.

01

02

03

01 Heike greift das ihr zugewandte Vorder- und Hinterbein von Luna.

02 Vorsichtig lässt sie Luna an ihren Beinen nach unten gleiten.

03 Sie fixiert Luna, indem sie das untere Vorder- und Hinterbein festhält.

MAULSCHLINGE

Im Notfall, wenn man Erste Hilfe leisten muss, sichert man das Maul des Hundes mit einer Maulschlinge, für die man z. B. eine Binde, einen Gürtel oder die Hundeleine nutzen kann. Hierzu wickelt man das Band von unten um die Schnauze des Hundes, macht einen Halbknoten auf der Schnauze, wickelt sie noch einmal um die Schnauze mit einem Halbknoten unter der Schnauze und verknotet die beiden Enden hinter den Ohren. Damit kann der Hund zwar nicht hecheln, es geht bei der Ersten Hilfe jedoch darum, überlebenswichtige Maßnahmen durchzuführen. Das Maul des Hundes darf natürlich nicht für längere Zeit durch die Maulschlinge fest zugebunden werden. Die Sicherung ist jedoch notwendig, da selbst der freundlichste Hund bei starken Schmerzen oder im Schock seinen vertrauten Menschen beißen kann.

01

02

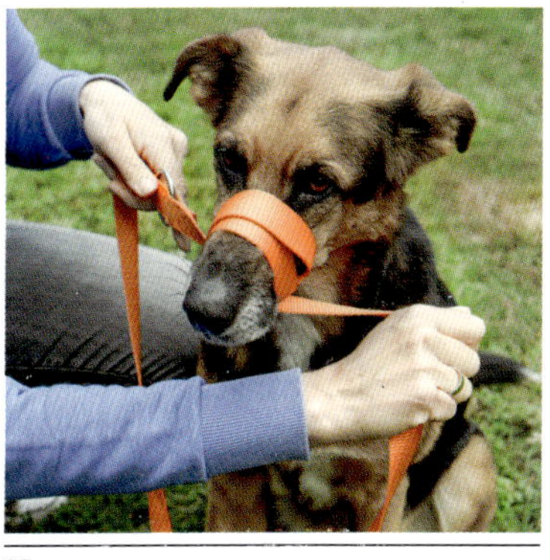

03

04

01 Heike legt die Enden der Maulschlinge von unten um Lunas Maul.

02 Die Enden werden über dem Maul gekreuzt und nach unten geführt.

03 Heike überkreuzt die Enden noch einmal unter dem Mault.

04 Die Enden werden hinter den Ohren des Hundes fest verknotet.

KÖRPERSPRACHE UND KOMMUNIKATION

Ein Hund drückt sowohl durch die Haltung und Bewegung seines Körpers als auch durch Lautäußerungen und geruchliche Informationen seine momentane Gefühlslage aus.

VIER FORMEN DER KOMMUNIKATION

Hunde können sich zwar nicht wie wir in einer Wortsprache unterhalten. Sie können jedoch **Laute** von sich geben, die sich in der Bedeutung unterscheiden, wie Heulen, um Verlassenheit auszudrücken, territoriales Bellen, um einen Eindringling zu vertreiben oder aufforderndes Bellen, um den Kumpel zu einem Tobespiel aufzufordern. Der Hund kann Töne in einem Frequenzbereich von etwa 15 bis ca. 50 000 Hertz wahrnehmen, Menschen dagegen nur von etwa 20 bis ca. 20 000 Hertz. Der Hund hört also viel besser als wir, dennoch steht die Verständigung mit auditiven Signalen eher an untergeordneter Stelle.

Sowohl der Rottweiler als auch der Australian Shepherd lieben als territoriale Rassen das körperliche Spiel.

Hunde kommunizieren hauptsächlich über **visuelle Signale.** Kleinste körpersprachliche Veränderungen signalisieren dem Gegenüber, in welcher Stimmung man sich befindet und wie der weitere Kontakt verlaufen soll. Der Hund hat durch die seitlich angesetzten Augen ein viel größeres Blickfeld (je nach Rasse bis zu 270 Grad) als der Mensch (ca. 180 Grad), er kann jedoch in einem geringeren Bereich binokular, also räumlich, sehen. In der Dämmerung sieht er besser als wir, bei Tag kann er jedoch nicht die gesamte Farbpalette wahrnehmen, er sieht in etwa so wie ein Mensch, der rot-grün-blind ist.

Geruchliche Informationen dienen zur Unterstützung der auditiven, visuellen und natürlich auch taktilen Signale, spielen in der direkten Kommunikation unter Hunden jedoch eher eine untergeordnete Rolle. Dennoch kann der Hund Gerüche viel besser wahrnehmen als der Mensch, da er viel mehr Sinneszellen hat (ca. 200 Millionen im Gegensatz zu ca. 5 Millionen). Zudem besitzt er das Jacobsonsche Organ, mit dem er bestimmte Stoffe (vor allem Pheromone) wahrnehmen kann.

Taktile Signale wie das Aufreiten, Rempeln oder das Knabbern im Fell, bei dem das Fell des anderen Hundes ausgiebig am gesamten Körper, insbesondere an den erogenen Stellen wie im Hals-Nacken-Bereich mit den Vorderzähnen bearbeitet wird, kommen immer erst am Ende der Kontaktaufnahme zum Einsatz. Es kann sich dabei um freundschaftliche Berührungen unter bekannten Sozialpartnern handeln, aber auch in aggressiven Auseinandersetzungen gibt es in der letzten Stufe der Konfrontation direkte Kontakte.

Emma begrenzt Sari mit der Pfote, dann mit dem Körper.

Danach nutzt Emma Aufreitverhalten, um Sari territorial einzuschränken.

Die T-Stellung ist eine einschränkende Position. Der in der Begegnung dominante Hund bildet dabei den Balken des „T".

VISUELLE KOMMUNIKATION

Bei der visuellen Kommunikation spielen Haltung und Bewegung der einzelnen Körperteile eine Rolle. Dabei sind alle Körperteile in ihrer Gesamtheit wichtig, ein einziges Signal, wie das Wedeln mit oder die Haltung der Rute, sagt allein noch nichts über die Stimmung des Hundes aus. Man muss daher immer alle Körperteile sowie die gesamte Haltung des Hundes betrachten, um zu erkennen, wie er gerade gestimmt ist.

KOPF – FIXIEREN, IMPONIEREN

Stehen sich zwei Hunde steif gegenüber und fixieren einander, kann es kurz darauf zu einer ernsthaften Auseinandersetzung kommen. Aber es ist auch möglich, dass einer der beiden den Blick, den Kopf und gegebenenfalls den Körper abwendet und die Situation sich wieder entspannt. Je länger das Fixieren andauert, desto größer ist die Wahrscheinlichkeit, dass es zu einem ernsthaften Streit kommt. Da Hunde vor allem über visuelle Signale kommunizieren, kann ein solch gegenseitiges Drohen durchaus auch aus weiter Distanz erfolgen.

Ein spielerisches Fixieren, das in ein Jagdspiel übergeht, ist an der eher weichen Körperhaltung erkennbar, aber auch an übertriebener Mimik und Haltung sowie vor allem daran, dass das Fixieren immer wieder von beiden unterbrochen wird.
Stehen sich zwei Hunde steif gegenüber, kann der eine Hund versuchen, dem anderen den Kopf auf den Rücken, insbesondere im Nackenbereich, aufzulegen. Dieses Kopfauflegen ist eine deutliche körperliche Einschränkung und damit als einschränkende Imponiergeste zu verstehen. Der Kopf auflegende Hund zeigt also Imponierverhalten, aus dem sich eine ernsthafte Auseinandersetzung entwickeln kann, wenn der andere diese Einschränkung nicht akzeptiert. Zeigt der andere Hund jedoch beschwichtigendes Verhalten, indem er wegschaut oder den Kopf, manchmal sogar den ganzen Körper wegdreht, kann der imponierende Hund das Verhalten beenden, woraufhin sich die Situation entspannen und auflösen kann.

HAARE AUFSTELLEN

Der Hund stellt seine Haare in unterschiedlichen Situationen auf, zunächst einmal zeigt es nur seine Erregung.
Hunde können das Aufstellen ihrer Haare allerdings nicht willentlich beeinflussen. Es passiert in bestimmten Situationen, ähnlich wie bei uns die Gänsehaut. Doch „Bürste“ ist nicht gleich „Bürste“. Hunde können nicht nur die Haare des Nackenbereichs aufstellen, sondern die gesamte Rückenpartie bis hin zum Po. Zeigt sich die Bürste nur über der Schulterpartie, ist der Hund eher imponierend, zeigt sie sich allerdings über den gesamten Rücken, geschieht dies meist aus Unsicherheit. Aufgestellte Haare können durchaus auch in komplett aggressionsfreien Situationen auftreten. Unter anderem z. B. dann, wenn miteinander absolut vertraute Hunde körperliche Jagdspiele durchführen. Hierbei sind meist die Haare nur auf dem Rücken, manchmal auch am Rutenansatz aufgestellt.

Emma begrenzt Sari, indem sie ihr den Kopf auf den Nacken legt.

Das Treffen von Pepper und Nelly ist angespannt, sie fixieren einander.

Nellys Aufregung zeigt sich an den aufgestellten Haaren.

Luna steht vollkommen entspannt auf allen vier Beinen und mit hängender Rute, ihr Blick geht aufmerksam in Richtung ihrer Menschen.

Nach hinten angelegte Ohren, stark zurückgezogene Lefzen, eine Falte um die Maulwinkel stehen für Stress.

RUTE

Der Hund wedelt in unterschiedlichen Situationen, das Wedeln zeigt zunächst einmal nur seine Erregung. Hinweise auf die Intention geben die Wedel-Intensität, welche Teile der Rute oder des Körpers der Hund beim Wedeln bewegt sowie die Haltung.

Das freundliche Wedeln zur Begrüßung bekannter Menschen oder anderer Hunde besteht aus einem breiten Wedeln mit einer leicht bis deutlich unter der Waagerechten gehaltenen Rute, bei dem sich die ganze Hüfte hin und her bewegen kann. Unterstützt wird dieses unterwürfige Wedeln häufig durch hektisches Belecken des Gegenübers oder In-die-Luft-Lecken. In aller Regel ist der Kopf dabei leicht abgesenkt und in schräger Haltung, sodass kein direkter, fixierender Blickkontakt entsteht.

Häufig missverstanden wird das schwingende Wedeln, bei dem die Rute leicht in der Verlängerung des Rückens hin und her bewegt wird. Viele Menschen interpretieren dies als freundliche Geste des Hundes. Im Unterschied zum freundlich gestimmten Wedeln ist der Kopf hierbei stark abgesenkt, der Hund fixiert sein Gegenüber.

Er droht dem Gegenüberstehenden mit einem Angriff, wenn dieser weiter auf ihn zugeht.

Je tiefer der Hund die Rute hält und je mehr er sie dabei zwischen die Hinterbeine klemmt, desto unsicherer ist er. Diese Haltung ist auch ein wichtiges Signal bei der Beschwichtigung, hierbei wird nur die Rutenspitze leicht hin und her bewegt.

Zeigt die Rutenspitze dagegen Richtung Kopf des Hundes, ist dies ein Zeichen von Angst. Die Rute wird jetzt gar nicht mehr bewegt, sondern vollständig unter dem Körper eingezogen gehalten.

Das kreisförmige Wedeln mit der Rute wird bei stärkster Erregung gezeigt, z. B. wenn der Rüde auf eine läufige Hündin trifft. Man sieht es sehr häufig im sexuellen Kontext.

Rechts: Pepper fordert Nelly zum Spiel auf, indem sie den Vorderkörper mit ausgestreckten Vorderbeinen absenkt.

KÖRPERHALTUNGEN

Kennt man das Zusammenspiel der einzelnen Körperteile, kann man unterschiedliche Haltungen des Hundes definieren.

ENTSPANNTE/AUFMERKSAME HALTUNG

Bei der entspannten Haltung steht der Hund gleichmäßig auf allen vier Beinen. Die Beine sind leicht angewinkelt, der Rücken ist gerade. Der Kopf ist leicht erhoben, das Maul geschlossen, die Rute hängt entspannt herunter oder wird waagerecht locker vom Körper weg getragen.
Bei der aufmerksamen Haltung steht der Hund leicht nach vorne geneigt auf allen vier Beinen. Die Ohren sind aufgestellt, die Rute wedelt deutlich bis stark, der Kopf ist leicht erhoben, mit aufmerksamem Blick.

UMWELTUNSICHERE HALTUNG

Bei der unsicheren Haltung steht der Hund mit dem Gewicht auf den Hinterbeinen. Die Beine sind abgewinkelt, es entsteht ein Rundrücken. Der Kopf ist leicht abgesenkt, die Ohren sind angelegt, die Rute ist angelegt oder stark eingezogen. Ist ein Hund gestresst, legt er die Ohren an und zieht die Maulwinkel v-förmig nach hinten, sodass im Gesicht eine deutlich sichtbare Falte, die sogenannte Stressfalte, entsteht. Zudem hechelt er stark mit weit heraushängender Zunge.

SPIELVERHALTEN

Bei einer Spielaufforderung stupst der auffordernde Hund den anderen mit der Schnauze seitlich am Körper oder in den seitlichen Hals-Nacken-Bereich. Die Körperhaltung ist dabei weich, Mimik und Bewegungen sind übertrieben, damit der andere Hund die Spielintention eindeutig erkennen kann.

Bei der Spielaufforderung nimmt der Hund häufig die Vorderkörpertiefstellung ein. Er senkt hierbei den Vorderkörper mit ausgestreckten Vorderbeinen ab, während die Hinterbeine durchgestreckt stehen bleiben. Der Kopf wird angehoben, es wird fordernd gebellt.

IMPONIERVERHALTEN

Bei der Imponierhaltung steht der Hund mit dem Gewicht auf den Vorderbeinen. Die Beine sind durchgedrückt, der Rücken ist absolut gerade. Der Kopf ist stark erhoben, die Ohren sind aufgestellt, die Rute ist stark erhoben. Schnüffeln mit darauf folgendem Markieren und Scharren sind Verhaltensweisen des imponierenden Hundes.

OFFENSIVE DROHUNG

Ein sicher drohender Hund fixiert das Gegenüber, zieht dabei die Lefzen hoch, die Nase kraus, es kann auch geknurrt oder drohend gebellt werden. Der Blick geht fixierend über den nach unten gehaltenen Nasenrücken, das Maul ist leicht geöffnet und die Maulwinkel sind c-förmig, sodass beim Knurren lediglich die Vorderzähne sowie die Eckzähne sichtbar sind. Die Ohren sind in Richtung des Gegenübers aufgestellt. Die Rute ist waagerecht oder leicht bis stark angehoben, sie wird steif gehalten, kann aber auch etwas vibrieren. Der Hund steht steifbeinig auf allen vier Beinen, mit dem Gewicht leicht nach vorne geneigt.

Kopf aufgerichtet, Ohren aufgestellt, Gewicht auf den Vorderbeinen, Rute erhoben: Rottweilerhündin Emma zeigt starkes Imponierverhalten.

DEFENSIVE DROHUNG

Ein unsicher drohender Hund behält das Gegenüber zwar im Auge, wendet den Blick aber immer wieder ab. Es kann auch geknurrt oder gebellt werden, die Tonlage ist jedoch häufig höher als beim sicheren Drohen. Zudem kann es zu einem regelrechten Schreien des Hundes kommen. Der Blick geht über den nach oben gehaltenen Nasenrücken, die Maulwinkel sind v-förmig stark nach hinten gezogen. Die Ohren sind deutlich angelegt, die Rute ist leicht bis stark unter den Bauch eingeklemmt. Der Hund steht mit abgewinkelten Beinen. Insbesondere die Hinterbeine werden abgesenkt, sodass der Körper sich im Gesamten verkleinert, der Hund hat einen deutlichen Rundrücken.

AKTIVE BESCHWICHTIGUNG

Die aktive Beschwichtigung geht vom unterwürfigen Hund selbst aus. Sie erscheint manchmal geradezu aufdringlich. Der beschwichtigende Hund geht dabei auf sein Gegenüber zu und versucht, dieses aktiv zu besänftigen, indem er es z. B. an den Maulwinkeln leckt oder beschwichtigend die Pfote erhebt. Der Hund legt die Ohren an und zieht die Maulwinkel v-förmig nach hinten. Der Blickkontakt wird nicht vermieden, es entstehen kurze Blickkontakte ohne Fixieren. Der Hund verringert seine Körpergröße, indem er die Beine abwinkelt, sodass ein Rundrücken entsteht. Die Rute wird nach unten gehalten, der Hund wedelt dabei häufig leicht mit der abgesenkten Rutenspitze.

PASSIVE BESCHWICHTIGUNG

Der Anstoß zur passiven Beschwichtigung geht vom dominanten Hund aus, der andere Hund unterwirft sich in diesem Fall komplett, liegt auf dem Rücken und wagt es nicht, sich auch nur im Geringsten zu bewegen. Der Hund vermeidet den direkten Blickkontakt und zieht die Maulwinkel v-förmig nach hinten. Die Ohren sind angelegt, die Rute ist stark eingeklemmt, der Hund kann auch submissiv urinieren. Die passive Unterwerfung kann durch Winseln oder Schreien begleitet werden.

Nelly reagiert aktiv beschwichtigend auf Peppers Imponierverhalten. Sie macht sich klein, legt die Ohren an, zieht die Maulwinkel nach hinten.

ÜBERSPRUNGHANDLUNGEN

Ist ein Hund unter starkem Druck oder kommt er mit einer Situation nicht zurecht, zeigt er Ersatzhandlungen, sogenannte Übersprunghandlungen. Sie werden gezeigt, wenn der Hund zwischen zwei Handlungen, Antrieben oder Emotionen hin- und hergerissen ist. Hierzu gehören z. B. Gähnen, Sich-Kratzen, Sich-Schütteln, wenig zielgerichtetes Schnüffeln, Niesen und das Lecken der Schnauze. Diese Handlungen scheinen dem Hund dabei zu helfen, seine momentanen Spannungen zu lösen und sich selbst zu beruhigen. Übersprunghandlungen müssen natürlich immer im Zusammenhang mit der Situation gesehen werden. So ist nicht jedes Gähnen oder Kratzen ein Hinweis auf Stress. Dennoch sollte man gerade im Training diesbezüglich aufmerksam sein. Zeigen Hunde immer wieder Übersprunghandlungen, sind sie in vielen Fällen überfordert und das Training sollte einfacher gestaltet werden.

ÜBER-DIE-SCHNAUZE-LECKEN

Das Lecken der Schnauze geschieht oft so schnell und so versteckt, dass man es gar nicht wahrnimmt. Hunde zeigen es z. B., wenn sie sich anderen Hunden nähern, oder wenn sich jemand über sie beugt. Das Lecken der Schnauze ist ein typisches Stresssymptom, das sowohl Vorstufe von aggressivem

Ridgebackhündin Abbey fixiert den Labradorrüden Jamie, damit dieser nicht näher kommt.

Jamie bleibt beschwichtigend stehen, worauf Abbey den Kopf wegdreht, um die Situation zu beruhigen.

Verhalten als auch ein Zeichen von Beschwichtigung sein kann. Es muss wie so oft die Gesamtsituation und die gesamte Körpersprache des Hundes betrachtet werden, um zu entscheiden, welche Intention dahintersteht.

Hat ein Hund etwas gefressen, leckt er sich anschließend zwar auch oft über das Maul, dazu nutzt er aber nicht nur die Zungenspitze, sondern die gesamte Zunge. Diese schleckt einmal rechts und links seitlich über die Lefzen und, wenn eine weiche Speise wie Joghurt gefressen wurde, meist auch über die Nase. So wird das gesamte Maul von den Resten der Mahlzeit gereinigt.

SIGNALE ZUR KONFLIKTVERMEIDUNG

BERUHIGUNGSSIGNALE

Diese Signale gehen immer vom ranghöheren oder vom sicheren Hund in der jeweiligen Situation aus. Sie sollen dem rangniedrigen oder unsicheren Hund signalisieren, dass kein Stress zu erwarten ist, dass die Situation entspannt ist. Sie sind daher dazu gedacht, den rangniedrigen oder unsicheren Hund zu beruhigen und ihm Sicherheit zu geben. Zu diesen Signalen gehören das demonstrative Desinteresse, was z. B. durch intensives Schnüffeln auf dem Boden verdeutlicht wird, das Abwenden des Kopfes, Vermeiden des Blickkontakts oder aber das Abwenden des gesamten Körpers. Nähert sich ein Hund imponierend einem anderen, kann dieser durch Kopfabwenden die Situation entspannen und somit konfliktvermeidend tätig sein.

Bogen-Laufen

Auch das „Bogen-Laufen“ gehört zu den Beruhigungssignalen. Hätten Hunde die Wahl, würden sie es häufig vermeiden, frontal aufeinander zuzugehen, denn frontale Begegnungen bedeuten in aller Regel Provokation. Beobachten kann man eine entspannte frontale Begegnung normalerweise nur, wenn sich die Hunde gut kennen oder anhand von zuvor gezeigten Beschwichtigungsgesten Vertrauen zueinander gewonnen haben. Wenn sie es können, schlagen Hunde bei Begegnungen immer einen mehr oder weniger großen Bogen, um sich dann seitlich näher zu kommen.

BESCHWICHTIGUNGSSIGNALE

Sie gehen immer vom unsicheren Hund in der jeweiligen Situation aus. Diese Signale sollen den sicheren oder gegebenenfalls sogar drohenden Hund dazu bringen, keine Aggression zu zeigen, ein aufkommender Konflikt soll damit abgewendet werden. Es kann sich allerdings hierbei auch nur um einen scheinbar aufkommenden Konflikt handeln. Ist ein Hund sehr unsicher, fühlt er sich vielleicht schon vom freundlich, aber direkt schauenden Gegenüber so verunsichert, dass er einen Konflikt vermutet, obwohl dieser gar nicht beabsichtigt war. Zu den Beschwichtigungssignalen gehören das Unterwürfigkeitsgesicht, das Vermeiden des Blickkontakts, das Anheben der Pfote sowie das Sich-klein-Machen.

Unterwürfigkeitsgesicht

Hier legt der Hund die Ohren eng an und zieht die Maulwinkel v-förmig nach hinten. Dadurch wird die Stirn weit nach hinten gezogen und erscheint sehr glatt. Der Kopf kann dabei leicht schräg gehalten werden, die Augen sind oftmals klein, manchmal sogar leicht geschlossen, um den Blickkontakt zu vermeiden.

Blickkontakt vermeiden

Indem der Hund den Kopf abwendet, möchte er den Blickkontakt vermeiden, weil er sich in der momentanen Situation unwohl fühlt oder schlicht schon im Vorfeld deeskalieren will. Er kann den Kopf dabei von einer Seite zur anderen drehen oder ihn für längere Zeit zu einer Seite wegdrehen. Das Verhalten kann mehr oder weniger stark gezeigt werden und ist immer situationsabhängig.

Pfote anheben

Das Anheben der Pfote (Pföteln) hat sich phylogenetisch aus dem Milchtritt des Welpen entwickelt. Die Bewegungen ähneln dem typischen Futterbetteln. Der Hund fordert damit das Gegenüber zu Versorgungsverhalten auf. Er zeigt, dass von ihm, wie von einem Welpen, keine Gefahr ausgeht und hofft so, einen drohenden oder vermeintlichen Konflikt zu verhindern.

Sich-klein-Machen

Hunde machen sich klein, wenn ein Hund oder eine Person z. B. aggressiv wirkt oder zu schnell auf sie zugeht. Hierbei macht der Hund häufig einen Rundrücken, ein Zeichen von Unsicherheit. Er wendet sich dabei oft erst mit der Körperfront, später auch mit dem gesamten Körper vom Gegenüber ab.

Reina hebt zur Beschwichtigung die Pfote.

Vorsichtig nähert sie sich dem ihr unheimlichen Mensch.

KÖRPERSPRACHE DES MENSCHEN

So wie der Welpe die Körpersprache von Hunden durch Interaktion mit der Mutterhündin und später mit seinen Geschwistern lernt, kann er im Zusammenleben mit dem Menschen lernen, dessen etwas andere Körpersprache zu verstehen. Dazu ist ein enger Kontakt in der Sozialisierungsphase mit dem Menschen notwendig. Hat ein Hund in dieser Zeit nur wenig Kontakt zu Menschen, wird es ihm immer schwerfallen, die menschlichen Signale zu erkennen, Missverständnisse sind vorprogrammiert. Menschen neigen z. B. dazu, sich über den Hund zu beugen, wenn sie ihn streicheln wollen. Legt jedoch ein Hund den Kopf über den Nacken eines anderen Hundes, ist dies eine bedrohliche Geste. Der schlecht sozialisierte Hund wird also die eigentlich gut gemeinte Streicheleinheit als unangenehm empfinden, da er sich dadurch bedroht fühlt. Zwar kann er sich häufig noch an die Körpersprache seiner Bezugsperson gewöhnen, wenn zu dieser eine gute Bindung besteht.
Doch er kann nicht mehr generalisieren, also die Lernerfahrungen aus dem Umgang mit seiner Bezugsperson auf andere Personen übertragen. Ein gut sozialisierter Hund weiß hingegen, dass gleich etwas für ihn Angenehmes folgt, wenn sich der Mensch zu ihm hinunterbeugt. Er wird sich daher über eine solche Kontaktaufnahme freuen. Um dem Hund zu verdeutlichen, dass keine Gefahr vom Menschen ausgeht und dieser keinen Streit sucht, kann man beruhigende oder beschwichtigende Gesten im Kontakt mit dem Hund nutzen. Dazu kann man, ähnlich wie ein Hund, den Blick abwenden oder den Kopf und den Körper seitlich zum Hund drehen. Man sollte zudem keinen direkten Körperkontakt einfordern.

Setter-Mischlingsrüde Vito empfindet es als unangenehm, wenn ein Mensch sich über ihn beugt, um ihn auf dem Kopf zu streicheln.

SPIELVERHALTEN

Wenn Hunde miteinander spielen, erkennt man dies am schnellen Wechsel übertriebener Bewegungen. Dabei wechseln die Rollen zwischen Jäger und Gejagtem ständig. Ist immer nur einer der Gejagte oder kommt es zu übertriebenem körperlichen Einsatz, kann von einem entspannten Spiel nicht mehr die Rede sein. Hier besteht die Gefahr, dass eine Mobbingsituation entsteht oder aber die Begegnung in eine ernsthafte Auseinandersetzung kippt.
Bei einer Begegnung von erwachsenen Hunden, die sich nicht kennen, geht es zunächst einmal darum, sich gegenseitig einzuschätzen und die Stellung zueinander auszuloten. Dazu werden z. B. Jagd- und Rennspiele genutzt, mit einem entspannten Spiel haben diese jedoch in aller Regel nichts zu tun. Doch natürlich kann es zwischen erwachse-

Spielverhalten erkennt man an der übertriebenen Körpersprache und ausgeprägten Mimik, wie beim Rottweiler.

nen Hunden, die sich gut kennen und mögen und die sehr vertraut miteinander sind, auch zu einem entspannten Spiel kommen. Allerdings nimmt die Spielleidenschaft bei den meisten Hunden, ähnlich wie bei uns Menschen, mit dem Alter ab.

MOBBING

Natürlich können auch mehr als zwei Hunde miteinander spielen, jedoch muss man hier aufpassen, dass sich das Spiel nicht hochschaukelt und in ernsthaftes Verhalten übergeht. Auch Mobbing-Situationen, in denen sich zwei oder mehr Hunde zusammenschließen und den unsichersten Hund der Gruppe jagen und gegebenenfalls in eine Ecke drängen, entstehen häufig. Daher sollte man das Spiel von Hunden immer beobachten, um möglichst schon vorher einzugreifen. Eine kurze Spielpause führt dazu, dass alle sich beruhigen, danach kann das Spiel entspannter fortgesetzt werden.

Kommt es zu einer Mobbingsequenz, muss diese sofort gestoppt werden, indem man die mobbenden Hunde abruft. Auch wenn die Hunde das Opfer nicht schwer verletzen wollen, kann es zu leichten Verletzungen kommen. Zudem ist die Situation für das Opfer mehr als unangenehm, denn es kann weder durch Flucht noch durch Aggression oder Ignorieren der anderen Hunde das Mobbing selbst beenden.

Vor allem Hunde, die körpersprachlich signalisieren, dass sie unsicher sind, werden häufig Mobbing-Opfer. Suchen diese auch noch einen Ausweg in der Flucht, ist die Opferrolle perfekt. Einen unsicheren Hund nimmt man daher am besten bei der Begegnung mit anderen Hunden erst einmal an die Leine und schützt ihn vor aufdringlichen Artgenossen. Freilauf kann dann nach Rücksprache mit den Haltern erfolgen, wenn zuvor geklärt werden konnte, dass die anderen

Hier ist noch nicht erkennbar, ob Mischlingsrüde Balou die Attacke auf den Flat Coated Retriever Buck ernst meint.

Hunde keine typischen Mobber sind und sich generell freundlich gegenüber anderen Hunden verhalten.
Bei Hunden, deren rassebedingte Merkmale Unsicherheit signalisieren, wie es bei vielen Windhunderassen aufgrund des ihnen typischen Rundrückens der Fall ist, kommt es häufiger zu Kommunikationsmissverständnissen mit anderen Hunden.

SCHEINANGRIFF

Legt sich bei einer Hundebegegnung einer der Hunde ab und fixiert den anderen, folgt darauf meist eine – spielerische oder ernsthafte – Attacke des Liegenden. Dabei kann das Gegenüber erst im letzten Moment erkennen, ob es sich um Spiel oder Ernst handelt und fühlt sich erst einmal bedroht. Aus diesem Grund entsteht aus der Attacke häufig ein sehr körperlicher Kontakt mit gegenseitigem Rempeln. Es kann aber auch sein, dass der andere Hund den anstürmenden ernsthaft korrigiert. Daher sollte man dieses Verhalten (Hinlegen und Fixieren) nicht zulassen, vor allem, wenn sich die Hunde nicht kennen. Sind die Hunde dagegen vertraut miteinander, wird der entgegenkommende Hund entweder auf die Spielaufforderung eingehen oder sie einfach ignorieren und die Attacke ins Leere laufen lassen. Zeigt ein Hund dieses Verhalten, muss man ihn bereits frühzeitig abrufen. Man nimmt ihn an die Leine oder führt ihn frei laufend neben sich, bis man näher an das andere Mensch-Hund-Team herangekommen ist. Nach einer kurzen Verständigung dürfen die Hunde natürlich Kontakt haben, wenn beide Halter dem zustimmen. Ein zuverlässiger Rückruf ist daher immer die Grundvoraussetzung für Freilauf und ein vergnügliches Spiel mit anderen Hunden!

AGGRESSIONSVERHALTEN

Aggression ist ein natürliches Verhalten, das zur Kommunikation unter Hunden, aber auch zwischen Hund und Mensch dazugehört. Ein Hund, der aggressiv reagiert, ist nicht verhaltensgestört.

Balou landet mit einem Aufstampfen der Vorderbeine kurz vor Buck. Seine Körpersprache zeigt: Es ist eine Scheinattacke.

URSACHEN FÜR AGGRESSIVES VERHALTEN

Aggressionsverhalten unterscheidet sich in erster Linie aufgrund der Motivation des Aggressors. Auch wenn die Ausprägung des Verhaltens durchaus gleich ist, kann die Motivation für das Verhalten aus sämtlichen Lebensbereichen kommen:

- Territorial motivierte Aggression
- Ressourcenmotivierte Aggression
- Sozial motivierte Aggression
- Sexuell motivierte Aggression
- Frustrationsaggression
- Selbstschutzmotivierte Aggression/Schmerzinduzierte Aggression
- Pathologische/Idiopathische Aggression
- Erlernte Aggression

AGGRESSION VERSUS BEUTEFANGVERHALTEN

Die Jagd nach einer Beute unterscheidet sich grundsätzlich von einem aggressiv motivierten Angriff eines Hundes und gehört daher nicht zum Aggressionsverhalten. Jagdverhalten dient bei Caniden ursprünglich dem Zweck der Nahrungsgewinnung. Ziel der Jagd ist, die Distanz zur Beute zu verringern. Bei Aggresionsverhalten soll durch kommunikative Signale eine Distanzvergrößerung erreicht werden. Auch die Handlungsketten unterscheiden sich deutlich voneinander, denn letztlich wird mit einer Beute nicht kommuniziert, weder freundlich noch aggressiv. Auch wenn das Ergebnis, nämlich der Tod des Gegenübers, bei beiden Handlungsketten das Gleiche sein kann, gibt es dennoch einen Unterschied: Beim Jagdverhalten werden in der Regel gezielte Bisse zum Töten des Beutetiers eingesetzt. Bei der sozialen Aggression findet man eher ungezielte Bisse, es geht dabei darum, das Gegenüber irgendwo zu verletzen. Auslöser von Jagdverhalten sind häufig schnelle Bewegungen. Gefährlich wird es, wenn der Hund auf inadäquate Auslöser wie rennende Kinder oder Jogger reagiert. Für den Menschen kommt ein solcher Angriff häufig überraschend, da vom Hund keine Vorwarnung in Form einer Drohgebärde erfolgt.

UMGANG MIT AGGRESSIONS-VERHALTEN

Gerade bei unerwünschtem aggressivem Verhalten möchten viele den Hund dafür bestrafen. Dies hängt häufig damit zusammen, dass man mit einem aggressiven Hund in der Gesellschaft unangenehm auffällt. Hunde sollen freundlich sein, miteinander spielen und im Umgang mit Menschen keine Angst auslösen. Wer einen Hund hat, der nicht in dieses Schema passt, fällt auf, wird gemieden, ist ein Außenseiter. Jeder fragt sich, warum der Hund sich so unangepasst verhält, und schnell wird die Schuld beim Halter gesucht. Zeigt ein Hund aggressives Verhalten, greifen Menschen daher oft aus reiner Hilflosigkeit zur Strafe und versuchen das unerwünschte aggressive Verhalten zu unterdrücken. Die Unterdrückung eines Verhaltens führt zwar oft kurzfristig zu einem – vermeintlichen – Erfolg, da jedoch weder die Ursache abgestellt noch dem Hund ein alternatives Verhalten aufgezeigt wird, ist dieser meist nicht von Dauer. Nach kurzer Zeit reagiert der Hund erneut aggressiv, die Strafe muss nun massiver ausfallen, eine Spirale aus Bestrafung und Meideverhalten ist entstanden. Vielleicht kommt es aufgrund von Frustration auch noch zur Gegenaggression, der Hund attackiert den eigenen Halter. Gerade bei unerwünschtem aggressivem Verhalten ist das eine Gefahr, die nicht zu unterschätzen ist.

Dabei ist Aggression ein vollkommen natürliches Verhalten! Es dient dazu, sich sowie die eigene Stellung innerhalb einer Gruppe abzugrenzen und die eigenen Interessen im Konflikt um Ressourcen durchzusetzen. Leben beispielsweise mehrere Hunde in einer Familie, dürfen und müssen diese natürlich klären, wie sie zueinander stehen. Doch auch hier sollte der Mensch immer ein Auge auf die Beziehung der Hunde sowie eventuelle Auseinandersetzungen haben und lenkend und leitend eingreifen.

Fremde Hunde untereinander

Fremde Hunde dagegen werden letztlich nie klären können, wie sie zueinander stehen, da es immer wieder zu einer längeren Trennung kommt. Daher muss bei jedem erneuten Zusammentreffen das Verhältnis zueinander neu ausgelotet werden. Das Geschlecht der Hunde spielt dabei keine Rolle, sowohl fremde Rüden als auch fremde Hündinnen können schon bei der ersten Begegnung in einen ernsten Streit geraten. Seltener zu einem Streit kommt es lediglich, wenn ein Rüde auf eine fremde Hündin trifft und umgekehrt. Dabei gibt es viele mögliche Ursachen für einen Streit: Es kann um eine Beute gehen, um die Annäherung des jeweils fremden Hundes an den anderen Menschen, um ein bestimmtes Territorium etc. Dass Hunde etwas „unter sich ausmachen", ist daher einer der vielen Mythen, die man vor allem auf der sogenannten Hundewiese immer wieder hört. Hat man sich also auf einen Freilauf beider Hunde verständigt, muss man diese gut beobachten. Sollten sie sich nicht verstehen und es zu einem Konflikt kommen, muss man eingreifen und den Kontakt beenden.

Aus diesem Grund bricht man entstehende Auseinandersetzungen fremder Hunde ab, bevor es zu stark aggressivem Verhalten kommen kann. Reagiert der eigene Hund aggressiv gegenüber anderen Hunden, wählen viele Menschen nur noch Zeiten und Orte für den Spaziergang, an denen sie keine anderen Hunde treffen. Doch das ist keine dauerhafte Lösung, letztlich meidet man damit nur das eigentliche Problem. Es kann zudem immer zu einer unerwarteten Begegnung kommen, die dann sowohl für den Menschen als auch für den Hund großen Stress bedeutet. Bei aggressivem Verhalten des eigenen Hundes sucht man daher am besten einen professionellen Hundetrainer auf. Dieser kann den Hund sowie die Ursache des aggressiven Verhaltens einschätzen und einen zur Problematik sowie zum Mensch-Hund-Team passenden Trainingsplan aufstellen.

Die Begegnung der beiden erwachsenen Hündinnen ist sehr angespannt. Diese Begegnung sollte man jetzt besser unterbrechen.

Obwohl Martin sich auf den Boden gesetzt hat, verunsichert die Mischlingshündin Maja, dass Martin sich ihr mit dem Körper zuwendet.

ANGSTVERHALTEN

KÖRPERHALTUNG UND MIMIK

Hat ein Hund Angst, behält er das Gegenüber zwar im Auge, wendet den Blick aber immer wieder ab. Er klemmt die Rute vollständig unter dem Bauch ein, sodass die Rutenspitze Richtung Kopf zeigt. Er steht mit abgewinkelten Beinen, insbesondere die Hinterbeine werden abgesenkt, sodass sich der Körper im Gesamten verkleinert. Der Hund hat einen deutlichen Rundrücken.

Dass der Hund bei beschwichtigendem Verhalten keine Angst zeigt, erkennt man daran, dass er sich aktiv in Richtung Mensch bewegt. Er zeigt Distanzminderung, bei Angst versucht er die Distanz zwischen sich und der Bedrohung zu vergrößern. Auch an der Rutenhaltung kann man die beiden Verhaltensweisen unterscheiden. Bei Angst wird die Rute nicht nur angelegt, sondern ganz unter den Körper eingezogen. Die Rutenspitze zeigt in Richtung Kopf. Bei Beschwichtigung wird die die Rutenspitze nach hinten weggehalten, zudem kann sie leicht wedelnd bewegt werden.

FIGHT, FLIGHT, FREEZE UND FIDDLE ABOUT

Grundsätzliches Ziel eines ängstlichen Hundes ist Distanzvergrößerung zum Gegenüber oder zum angstauslösenden Objekt. Diese Distanzvergrößerung kann durch unterschiedliche Verhaltensweisen erreicht werden:

— **Fight** (Angriff)
— **Flight** (Flucht)
— **Freeze** (Erstarren)
— **Fiddle about** (Albernheit)

Welches Verhalten gezeigt wird, hängt zum einen von der Persönlichkeit des Hundes, aber auch von den bisher gemachten Erfahrungen und dem bisherigen Umgang mit der Angst ab. Ein Hund kann auch innerhalb einer Situation seine Strategie ändern, wenn er merkt, dass er mit seiner Verhaltensweise nicht weiterkommt. Entscheidend ist dabei auch, ob sich das Gegenüber oder der Angstauslöser dem Hund weiter annähert und die Distanz noch weiter verringert.

DISTANZEINHALTUNG BEI ANGST

Man unterscheidet grundsätzlich zwei unterschiedliche Distanzen, die „Fluchtdistanz“ und die „Kritische Distanz“.

Mit der **Fluchtdistanz** bezeichnet man die Distanz, dessen Unterschreitung beim Hund Flucht auslöst. Sie ist abhängig von der Persönlichkeit, von der individuellen Erfahrung sowie vom Territorium, in dem sich der Hund gerade befindet. In einem bekannten Territorium, in dem er sich auskennt und wo er Versteckmöglichkeiten und Fluchtwege kennt, besonders also im eigenen Territorium, wird die Fluchtdistanz geringer sein als in einem unbekannten Raum, in dem er sich schon aufgrund der Unkenntnis der Beschaffenheit des Territoriums unsicher fühlt.

Die **Kritische Distanz** wird auch als Aggressionsdistanz bezeichnet. Sie beschreibt die Distanz, bei deren Unterschreitung Flucht in einen Gegenangriff, in Verteidigung, also defensive Aggression, umschlägt. Dies kann z. B. dann der Fall sein, wenn ein Hund in die Ecke gedrängt wird und nicht weiter zurückweichen kann. Manchmal wird die Kritische Distanz in Drohdistanz, bei der er zunächst mit Drohverhalten reagiert, und Wehrdistanz, bei der er zum Angriff übergeht, unterteilt.

Die Zeiten, in denen Tieren jegliches Gefühl abgesprochen wurde, sind zum Glück vorbei. Auch Tiere können Emotionen wie Freude und Leid, aber auch Angst fühlen.

UMGANG MIT ANGSTVERHALTEN

Zeigt ein Hund auf einmal Angst vor einem alltäglichen Gegenstand wie einer Mülltonne, schaut man sich diesen erst einmal selbst an und gibt dem Hund dann die Zeit, sich ebenfalls zu nähern und das Objekt genauer zu untersuchen. Der Hund muss jedoch keinen direkten Kontakt zum Gegenstand aufnehmen, er darf auch einfach in einem für ihn passenden Abstand daran vorbeilaufen. Er darf also niemals dazu gezwungen werden, sich den Gegenstand anzuschauen, dies würde sonst die Angst noch verstärken. Auch ein Einwirken wie Streicheln oder ihm erzählen, dass er keine Angst zu haben braucht, ist nicht sinnvoll. Das sonderbare Verhalten seines Menschen würde ihn nur noch mehr verunsichern. Umzudrehen oder den Nachbarn zu bitten, die Tonne wegzustellen, ist genauso wenig sinnvoll, denn dadurch lernt der Hund nur, dass er sich gar nicht mit seinen Ängsten auseinandersetzen muss. Das Umdrehen löst beim Hund zudem Erleichterung und damit ein positives Gefühl aus, das die Angst noch weiter verstärkt. Meideverhalten führt immer zu einer Verstärkung der Angst. Natürlich darf und soll man den Hund für die Annäherung an das unheimliche Objekt bestärken, ihn auf dem Weg dorthin ermutigen und damit soziale Unterstützung leisten.

JAGDVERHALTEN

Unsere Hunde sind in der Regel gut versorgt, sie bekommen täglich ihr Futter, und das oft mehr als ausreichend. Dennoch gehört das unerwünschte Jagdverhalten zu den häufigsten Problemen im Umgang mit dem Hund. Warum?

Jagen macht Hunden einfach Spaß!

Doch auch wenn die Beute fliehen kann, kommt es vor, dass ein Hund Wild fängt und tötet. Schon das Hinterherjagen ist völlig inakzeptabel!

Wie stark motiviert ein Hund ist, Beute hinterherzujagen, hängt von seinen Genen ab. Auch wenn alle Hunde mehr oder weniger jagdliche Veranlagungen in sich tragen, unterscheidet sich die Intensität je nach Rasse, aber auch individuell. Es sind jedoch nicht ausschließlich die Gene verantwortlich: Je häufiger ein Hund, vor allem im Jungerwachsenenalter, die Möglichkeit hat, selbstständig zu jagen, desto stärker ausgeprägt wird er auch später versuchen, sein Jagdbedürfnis eigenständig zu befriedigen.
Zum Jagdverhalten des Hundes gehören die Verhaltensweisen:

— Orten (die Beute wird wahrgenommen)
— Fixieren (das Beutetier wird nicht aus den Augen gelassen)
— Anschleichen (es erfolgt eine vorsichtige Annäherung an die Beute, dabei wird diese weiterhin im Auge behalten)
— Hetzen (die Beute wird verfolgt, bis sie ergriffen werden kann)
— Packen (die Beute wird ergriffen)
— Töten (durch gezieltes Beißen wird die Beute so schnell wie möglich getötet)
— Zerreißen (große Beutetiere müssen in verzehrbare Stücke zerteilt werden)
— Fressen (die Beute dient als Nahrung und wird gefressen)

VORSTEHEN

Hat sich der Hund der Beute so weit genähert, dass er sie sehen kann, fixiert er diese. Er verharrt in einer Position, z. B. stehend oder liegend, und wendet den Blick nicht mehr vom Beutetier ab. Es kann eine langsame Fortbewegung in Richtung Beute folgen, der Hund versucht, so nah wie möglich an sie heranzukommen. In dieser Phase ist er natürlich immer darauf bedacht, von der Beute nicht entdeckt zu werden.

Rechts: Als Labrador Retriever gehört die Hündin Nelly zur Kategorie der Jagdhunde.

Die Jack Russell Terrier-Mischlingshündin Lotti liebt es, Spuren zu verfolgen und nach Mäusen zu suchen.

Beim Fixieren kann der Hund einen Vorderfuß anheben, was man als Vorstehen bezeichnet. Das Vorstehen ist genetisch bedingt, nicht alle Hunde zeigen diese Variante des Fixierens. Spezialisten hierfür sind die sogenannten Vorstehhunde wie der Englische Pointer (to point, engl. = anzeigen).

SPUR- UND SICHTLAUT

Beim Hetzen haben einige Hunde die Eigenschaft entwickelt, Laute von sich zu geben. Gibt der Hund Laute von sich, wenn er eine Spur aufgenommen hat, nennt man dies Spurlaut. Laute mit Sichtkontakt zum Beutetier nennt man Sichtlaut. Das Lautgeben bei der Jagd bedeutet entweder hohe jagdliche Erregung und wird dann durch ein lautes, hochfrequentes Bellen deutlich. Es kann aber auch jagdliche Frustration bedeuten, hierbei gibt der Hund eine Folge von schnellen Belllauten von sich. Diese Frustration entsteht aus der Lernerfahrung, dass der Hund die Beute nicht bekommt. Die Veranlagung zum Lautgeben beim Hetzen ist genauso wie das Vorstehen erblich bedingt und wurde bei einigen Jagdhunden wie dem Dackel, der Bracke oder dem Beagle bewusst in der Zuchtauswahl berücksichtigt.

JAGDLICHE MOTIVATION

Jagdverhalten ist genetisch bedingt, man kann nicht verhindern, dass es beim Hund entsteht. Die ersten spielerischen Elemente des Jagdverhaltens zeigt der Hund bereits im Alter von wenigen Wochen. Die Wahrscheinlichkeit, dass ein Jagdhund eine höhere jagdliche Motivation zeigen wird als ein Gesellschaftshund, ist zwar deutlich größer, es kann individuell jedoch auch Abweichungen geben. So gibt es Jagdhunde, die sich kaum für jagdliche Verhaltensweisen wie das Aufspüren und Verfolgen von Wild interessieren, aber auch Gesellschaftshunde, die man nur an der Schleppleine in wildreicher Gegend führen kann. Man kann jedoch die Ausprägung der jagdlichen Motivation unbewusst erhöhen, wenn man mit dem Hund von Welpe an Beutespiele durchführt, bei denen er z. B. immer wieder einem Ball hinterherhetzen darf. Denn durch das Hetzen werden Hormone freigesetzt, die Handlung wird dadurch selbstbelohnend und der Hund kann regelrecht abhängig werden. Daher sollte man dynamische Spiele immer nur sehr begrenzt durchführen und diese stets mit Impulskontrollübungen verbinden. Der Hund muss also immer erst einmal sitzen bleiben und ruhig warten, bis er dann den zuvor geworfenen Ball holen darf. Auch ein Stopp oder Rückruf mitten in der Hatz auf die Beute führt dazu, dass der Hund lernt, seine Impulse zu kontrollieren.

TRAINING: UNERWÜNSCHTES JAGDVERHALTEN

Zeigt ein Hund unerwünschtes Jagdverhalten, verfolgt also z. B. eine Spur oder jagt Wild hinterher, ohne dass er dabei rückrufbar ist, liegt das häufig daran, dass er das Signal noch nicht unter der in dieser Situation vorhandenen Ablenkung gelernt hat.
Hat er das Signal ignoriert, darf man bei seiner Rückkehr nicht mit ihm schimpfen oder ihn bestrafen. Für eine Bestrafung ist es sowieso zu spät, denn diese muss immer im direkten zeitlichen Zusammenhang, also maximal nach zwei Sekunden, erfolgen. Zudem soll der Hund lernen, dass seine Anwesenheit beim Menschen für ihn angenehm ist, er soll gern zu ihm kommen und bei ihm bleiben. Daher macht es weder Sinn, dem Hund schimpfend hinterherzulaufen, während man versucht, ihn wieder einzufangen, noch ihn hart zu bestrafen, wenn er – nachdem das Wild entwischt ist oder er aus seiner Sicht genug am Boden geschnüffelt hat – zurückkommt. Dennoch sollte man den Hund auch nicht loben, denn auf den Rückruf hat er ja nicht reagiert.

Absicherung des Hundes

Sicher ist Jagdverhalten genetisch bedingt, dennoch muss man als Hundehalter im Sinne des Tierschutzes Verantwortung übernehmen – das bedeutet, dass der Hund dem Wild keinen Stress zufügen darf. Auch wenn er das Wild also nie fängt, darf man ihn nicht einfach so die Tiere über die Felder hetzen lassen. Hinzu kommt, dass er während der „Jagd" auch eine Straße überqueren und dabei zur Gefahr für andere Menschen, Hunde oder Wildtiere, aber auch für sich selbst werden kann. Dennoch muss ein Hund die Möglichkeit haben, sich in einem größeren Radius, als es eine kurze Führleine von ein oder zwei Metern ermöglicht, zu bewegen. Daher leint man den Hund nach einem unerwünschten Jagdausflug kommentarlos an und verhindert zukünftig, dass er erneut Wild jagen kann, indem man ihn nur noch an der Schleppleine laufen lässt. Ein gut aufgebautes Anti-Jagd-Training bei einem professionellen Hundetrainer hilft dabei, dass man den Hund irgendwann auch wieder, zumindest in übersichtlichen Gebieten mit wenig Wild, frei laufen lassen kann.

ANTI-JAGD-TRAINING

- Unerwünschtes Jagdverhalten verhindern: Schleppleine nutzen.
- Beziehung Mensch/Hund analysieren: Konsequenz im Alltag überprüfen.
- Individuelles Alternativverhalten aufbauen: z. B. Apportieren, Suche, Hetzspiele.
- Rückrufbarkeit trainieren: Aufbau eines neuen Signals mit der Pfeife.
- Anhalten auf Signal: Warten vor der Beute aufbauen.
- Training der Impulskontrolle: Hierarchie der Reize aufstellen.
- Körperliche Auslastung: z. B. durch Joggen, Radfahren, Zughundesport.
- Körpersprache beobachten: Signale erkennen.
- Training unter schwierigen Bedingungen: Ablenkungen hinzufügen.
- Schleppleine langsam abbauen: Rechtzeitig agieren lernen.
- Bei starkem Jagdverhalten: Dauerhaft an der Schleppleine führen!

DER HUND IM ALLTAG

Der Hund soll sich an seinem Menschen orientieren und ihm vertrauen. Das geht jedoch nur, wenn er einen strukturierten Alltag erfährt.

REGELN IM ALLTAG

Viele Hunde sind in den ersten zwei bis drei Wochen im neuen Zuhause noch sehr zurückhaltend. Sie orientieren sich erst einmal, schauen, wie der Ablauf im neuen Zuhause ist und an wen bzw. was man sich halten muss. Daher hat es wenig Sinn, gerade in den ersten Wochen „sehr großzügig“ zu sein und aufgestellte Regeln nicht einzuhalten. Umso schwerer wird man es nachher haben, denn dann hat der Hund bereits gelernt, dass man es in diesem Familienverband offensichtlich nicht so genau nimmt!

FREI VERFÜGBARE RESSOURCEN

Solange ein Hund kein aggressives Verhalten in Bezug auf Beute zeigt, darf Spielzeug auch frei verfügbar herumliegen. Denn natürlich darf der Hund sich damit selbst beschäftigen und bei der Haltung mehrerer Hunde mit dem Hundekumpel um die Beute spielerisch streiten. Möchte der Hund mit dem Spielzeug den Menschen zu einem gemeinsamen Spiel motivieren, kann man ab und an darauf eingehen, diese Spielaufforderung aber auch immer wieder einmal ignorieren. Dennoch kann es durchaus auch Spielzeug geben, das der Hund nicht frei zur Verfügung hat. Dieses besondere Spielzeug wird z. B. nur im Training mit dem Menschen als Belohnung eingesetzt, so bleibt es immer spannend und begehrt.

FORDERUNGEN IGNORIEREN – ENTSCHEIDUNGEN TREFFEN

Dass man das Betteln am Tisch besser ignoriert, leuchtet den meisten Menschen ein. Doch warum sollte man den Hund ignorieren, wenn er einem den Ball vor die Füße wirft und auffordernd bellt oder eine Streicheleinheit einfordert, indem er so niedlich den Kopf auf das Knie des Menschen legt? Natürlich muss man solche Aufforderungen nicht immer ignorieren. Man sollte aber auch nicht immer darauf eingehen, denn sonst hat man bald einen Hund, der ständig fordert. Kommt dann noch hinzu, dass er auf Spielangebote des Menschen nicht eingeht, zeigt sich deutlich, dass in der Beziehung Mensch-Hund einiges in der Schieflage ist. Denn eigentlich sollten wir es sein, die in dieser Beziehung die wichtigen Entscheidungen treffen!

Konsequenz und immer gleiche Regeln geben Sicherheit und schaffen Vertrauen.

Hunde teilen unser Leben, und das hoffentlich glücklich und zufrieden bis ins hohe Alter, wie die 15 Jahre alte Labradorhündin Bella.

BESCHÄFTIGUNG FÖRDERT DIE BEZIEHUNG

Man darf dem Hund selbstverständlich besonders gute Leckerlis geben oder ihn mehrfach täglich streicheln und verwöhnen. Entscheidend für den Aufbau der Beziehung sind jedoch andere Aspekte.

Besteht eine gute Beziehung zwischen Mensch und Hund, orientiert sich dieser am Menschen. Ein Hund braucht zwar – zumindest in begrenztem Rahmen, also wenigstens an der Schleppleine – ab und an Freilauf und muss auf dem Spaziergang auch seinen Bedürfnissen nachgehen können. In einer guten Beziehung achtet der Hund jedoch auf seinen Menschen und sucht von sich aus dessen Nähe.

Damit ein Hund sich an seinem Menschen orientiert und ihm vertraut, muss dieser konsequent sein. Nur so kann der Hund ihn gut einschätzen und weiß, welche Regeln im Zusammenleben gelten. Zudem muss man seinem Hund entsprechend seiner Veranlagung sowohl geistige als auch körperliche Auslastung bieten, er muss also genügend Auslauf bekommen sowie ausreichend beschäftigt werden. Die gemeinsame Beschäftigung fördert dabei die Beziehung zwischen Mensch und Hund und führt zu einer guten Bindung. Diese wird zudem gestärkt, indem man den Hund sicher durchs Leben führt. Man bringt ihn also nicht in Situationen, die ihn überfordern und greift ein oder steht ihm bei, wenn er sich unsicher fühlt.

PROBLEME IM ZUSAMMENLEBEN

Leben zwei verschiedene Arten zusammen, dann kann es aus den unterschiedlichsten Gründen zu Problemen kommen. Um ein bestehendes Problem zu lösen, muss zunächst die Ursache gefunden werden. Dabei hilft es oft, wenn ein Außenstehender die Beziehung zwischen Mensch und Hund nochmals ganz unbeeinflusst betrachtet. Ein professioneller Hundetrainer wird das Problem analysieren, einen Trainingsplan erstellen sowie Mensch und Hund auf dem gemeinsamen Trainingsweg begleiten.

ALLEIN BLEIBEN

Da Hunde normalerweise in Gruppen leben, können sie in der Regel nicht gut allein bleiben. Bringt man dem jungen Hund das Alleinbleiben von Beginn an in kleinen Schritten bei, können die meisten Hunde jedoch im Laufe einiger Wochen lernen, einige Stunden täglich allein zu sein. Bellt und jault ein erwachsener Hund und kratzt an der Haustür, dann muss man das Alleinbleiben wie bei einem Welpen in sehr kleinen Schritten aufbauen.

Zuerst verlässt man nur kurz den Raum und steigert die Zeit bis zum Zurückkommen langsam – individuell an den Hund angepasst. Auch gilt:

Ein müder Hund bleibt besser allein. Allerdings sollte man niemals direkt nach einer spannenden Aktivität das Alleinbleiben üben, da der Übergang von spannender „Action“ zum langweiligen Alleinbleiben sonst zu groß ist. Zur Beschäftigung während der Abwesenheit kann man dem Hund z. B. ein mit einer Leckerei gefülltes Kauspielzeug überlassen. Dadurch ist er zumindest die erste Zeit abgelenkt. Wichtig ist, dass es sich um ein wirklich bissfestes Kauspielzeug handelt, das der Hund nicht zerbeißen und kleine Stücke davon schlucken kann. Auch darf es nicht zu klein sein, da es beim Verschlucken in der Kehle stecken bleiben könnte und der Hund qualvoll ersticken würde. Kauartikel, wie z. B. Rinderohren, eignen sich daher nicht zur Beschäftigung des Hundes während des Alleinbleibens!

Bis der Hund gelernt hat, entspannt allein zu bleiben, sorgt man immer für eine Betreuung des Hundes. Keinesfalls darf man den Hund ohne Training für lange Zeit allein lassen und ihn damit überfordern. Sperrt man ihn dabei auch noch in eine Box, damit er nichts zerstört, kann dies nicht nur dazu führen, dass er in Bezug auf das Alleinbleiben sowie den Aufenthalt in einer Box traumatisiert ist, sondern auch dazu, dass er das Vertrauen in seinen Menschen verliert. Eine Box ist kein Aufbewahrungsort für einen Hund, der allein bleiben muss. Sie ist ein Rückzugsort, den ein Hund gern aufsuchen sollte.

DAS SCHLECHTE GEWISSEN

Viele glauben immer noch, dass Hunde ein schlechtes Gewissen haben und dies dem Menschen gegenüber auch zeigen. Hunde haben jedoch kein Verständnis für die Moral und Ethik des Menschen. Ein Hund, der in Abwesenheit seines Menschen die Blumen im Haus zerstört hat und bei dessen Rückkehr diesem mit abgesenktem Kopf entgegenkommt, zeigt also keinesfalls ein schlechtes Gewissen. Vielmehr zeigt er beschwichtigendes Verhalten, er versucht damit, sein Gegenüber milde zu stimmen.

Hunde sind hervorragende Beobachter. Sie reagieren bereits auf kleinste Veränderungen der Körperhaltung. Kommt ein Mensch nach Hause in der Erwartung, wieder einmal einen vom Hund zerstörten Gegenstand zu finden, wird er sich suchend umschauen. Schon dieser Blick zeigt dem Hund, dass offensichtlich etwas nicht in Ordnung ist. Findet der Mensch dann die zerstörten Blumen und beginnt zu schimpfen, merkt sich der Hund für das nächste Mal, dass sein Mensch offensichtlich gestresst und schlecht gelaunt ist, wenn er nach einer längeren Abwesenheit nach Hause kommt und sich suchend umschaut. Das beschwichtigende Verhalten entwickelt sich also mit der Zeit, entsteht durch die vorherigen Erfahrungen und wird dann immer wieder gezeigt.

Aus Langeweile kann ein allein gelassener Hund sehr kreativ werden, indem er den Mülleimer ausräumt oder Gegenstände zerstört.

Links: Hat ein Hund das Alleinbleiben nicht gelernt, kann diese Zeit für ihn mit großem Stress verbunden sein.

Beim Zurückkommen sollte man den Hund nicht sofort überschwänglich begrüßen, sondern erst die Einkäufe wegstellen.

Verhalten nach der Rückkehr

Doch wie sollte man sich verhalten, wenn man nach Hause kommt und zerstörte Gegenstände vorfindet? Mit dem Hund zu schimpfen macht keinen Sinn, denn ein Hund kann Strafe maximal zwei Sekunden nach einem gezeigten Verhalten mit diesem verknüpfen. Kommt man also nach langer Abwesenheit nach Hause, kann der Hund die Strafe nicht mehr mit der von ihm vielleicht zwei Stunden vorher durchgeführten Handlung verbinden. Er lernt zwar, dass der Mensch sich offensichtlich über zerstörte Blumen aufregt, kann aber einen Zusammenhang mit sich selbst oder seinem Zerstören der Blumen nicht herstellen. Daher sollte man die Blumen einfach kommentarlos wegräumen. Danach muss man sich Gedanken machen, warum der Hund die Blumen zerstört hat. War ihm langweilig? War er nicht genug ausgelastet, bevor er allein gelassen wurde? War die Zeit, die er allein war, zu lang? Hat er die Blumen nur zufällig zerstört, als er territorial bellend auf die Fensterbank gesprungen ist, um Nachbars Katze zu vertreiben? Hat man die Ursache herausgefunden, kann man gezielt trainieren.

BETTELN AM TISCH

Bettelt ein Hund am Tisch, um etwas vom Essen der Menschen zu bekommen, muss man dieses Betteln konsequent ignorieren. Das bedeutet, dass man den Hund weder anfasst, noch anspricht – auch nicht, um mit ihm zu schimpfen – und nicht einmal anschaut. Denn jede Reaktion auf das Bellen fasst der Hund als Fortschritt auf. Er hat zwar sein Ziel noch nicht erreicht, aber immerhin hat sein Mensch offensichtlich bemerkt, dass er etwas möchte. Damit verstärkt man unbewusst das Bellen, der Hund wird immer weiter fordern. Das gilt auch für den Fall, dass er etwas vom Essen bekommt, weil der Mensch endlich seine Ruhe haben will. Denn diese Ruhe ist meist nur von kurzer Dauer. Solange noch Essen auf dem Tisch steht, wird der Hund die Bettelei kurze Zeit später wieder fortsetzen. So erzieht man sich einen Hund, der ständig fordert und nervt, sodass die Familie kaum noch in Ruhe am Tisch sitzen und essen kann. Hat er keinen Erfolg, wird er das Betteln einstellen, denn Verhalten, das sich nicht lohnt, wird zukünftig nicht mehr gezeigt.
Den Hund für das Betteln zu bestrafen, ist wenig sinnvoll. Zum einen muss man sich darüber im Klaren sein, dass der Hund durch die Strafe nur lernt, was er NICHT tun soll. Was stattdessen aber gewünscht ist, weiß er nicht. Gerade beim Betteln kann die Strafe das Verhalten sogar noch verstärken, da der Hund Aufmerksamkeit bekommt. Zwar „unangenehme" Aufmerksamkeit, aber immerhin hat der Mensch endlich reagiert, sodass es sich für den Hund lohnt, dran zu bleiben und weiter zu fordern. Parallel zum Ignorieren bringt man dem Hund bei, während der Mahlzeit auf seiner Liegestelle zu warten. Dazu muss man das Aufsuchen der Liegestelle sowie das längere Liegenbleiben natürlich zuvor in entspannter Situation, ohne große Ablenkung, trainiert haben.

Signal „Decke"

1. Damit der Hund lernt, auf ein bestimmtes Signal wie „Decke" seine Liegestelle aufzusuchen, motiviert man ihn zunächst einmal, dorthin zu laufen. Dazu wirft man ein Futterstück auf den Liegeplatz. Der Hund darf direkt hinterherlaufen und das Leckerli fressen.
2. Im nächsten Schritt wartet man, bis der Hund von sich aus, also ohne Hilfe durch ein fliegendes Leckerli, in Richtung Liegeplatz geht. Dazu stellt man sich zusammen mit dem Hund direkt neben die Decke. Sobald er eine Pfote auf die Decke stellt, belohnt man ihn.
3. Schritt für Schritt wird die Schwierigkeit gesteigert. Der Hund soll erst mit beiden Vorderpfoten und dann mit allen vier Pfoten die Decke betreten.
4. Nun vergrößert man die Distanz zur Decke, erst einen Meter, dann zwei oder drei, sodass der Hund lernt, aus einiger Entfernung zu seiner Decke zu laufen.
5. Im letzten Schritt fügt man ein Signalwort hinzu, damit der Hund dieses mit dem Verhalten „auf die Decke laufen" verknüpfen kann, z. B. das Signal „Decke" oder „Geh auf deinen Platz".

Rechts: Jeder Hund sollte lernen, einen bestimmten Platz aufzusuchen oder dort für einige Zeit zu bleiben. Dies erleichtert den Alltag sehr.

Längeres Liegen auf der Decke

Soll der Hund längere Zeit auf der Decke bleiben, sollte er sich am besten hinlegen, damit er auch wirklich entspannen kann. Dazu ist es hilfreich, wenn man ihm das Hinlegen auf Signal beibringt. Man schickt ihn auf die Decke und fordert ihn auf, sich hinzulegen. Dann gibt man ihm mehrere Futterbrocken hintereinander. Nun zögert man die Belohnung immer weiter hinaus. Er muss also erst eine Zeit lang liegen bleiben, bevor er eine Belohnung erhält. Anfangs muss er dabei nur wenige Sekunden warten, später eine Minute, dann mehrere Minuten bis hin zu einer Viertelstunde und länger. Wichtig ist, dass man jetzt nicht vergisst, das Signal auch wieder aufzulösen. Steht der Hund nämlich vorher auf, muss man ihn korrigieren und wieder auf seine Decke zurückschicken. Schritt für Schritt fügt man nun Ablenkungen hinzu, diese steigert man individuell, je nachdem, was dem Hund schwerfällt. Am Ende kann der Hund auch beim leckersten Essensgeruch entspannt auf seiner Decke liegen.

Spielt das Füttern eine Rolle?

Nein, es spielt keine Rolle, ob man den Hund vor oder nach der eigenen Mahlzeit füttert. Dass immer zuerst der Mensch essen muss, gehört in den Bereich der Mythen. Welpen bekommen drei- bis fünfmal täglich Futter, sodass man den Welpen einfach immer kurz vor der eigenen Mahlzeit füttern kann. So ist er nicht hungrig und es fällt ihm leichter, entspannt auf seiner Decke liegen zu bleiben und zu warten, bis die Mahlzeit der Familie beendet ist.

SPIEL EINFORDERN

Bellt ein Hund den Menschen an, damit dieser den Ball wirft, muss man diese Forderung konsequent ignorieren. Das bedeutet, dass man den Hund weder anfasst noch anspricht – auch nicht, um mit ihm zu schimpfen – und nicht einmal anschaut. Denn jede Reaktion auf das Bellen fasst der Hund als Fortschritt auf. Er hat zwar sein Ziel noch nicht erreicht, aber immerhin hat sein Mensch offensichtlich bemerkt, dass er etwas

Mila darf den Futterbeutel nicht jedes Mal holen, immer wieder einmal hebt Lisa ihn selbst auf.

Wenn Mila ruhig und entspannt wartet, schickt Lisa ihre Hündin mit Handzeichen auf den Futterbeutel.

Mila nimmt den Futterbeutel auf und bringt ihn freudig zurück zu Lisa.

möchte. Damit verstärkt man das Bellen, der Hund wird immer weiter fordern. Das gilt auch für den Fall, dass der Mensch letztlich den Ball wirft, weil er so genervt ist und seine Ruhe haben will. Bestraft man den Hund für das Bellen, kann die Strafe das Verhalten ebenfalls verstärken, da der Hund Aufmerksamkeit bekommt. Dass sie „unangenehm" ist, spielt eine untergeordnete Rolle. Verhalten, das sich nicht lohnt, wird der Hund in Zukunft dagegen nicht mehr zeigen. Daher steckt man den Ball ein und wartet, bis der Hund ruhiges, abwartendes Verhalten zeigt. Erst dann holt man ihn wieder heraus und wirft ihn, sodass der Hund hinterherlaufen kann. So bringt man ihm gleichzeitig bei, welches Verhalten erwünscht ist, denn das ruhige Verhalten wird durch den Wurf des Balls positiv verstärkt.

Training der Impulskontrolle

Viele Hunde, die ein Ballspiel einfordern, haben niemals gelernt, ihre Impulse zu kontrollieren und Frustration zu ertragen. Daher sollte man diesen Hunden nicht so oft den Ball werfen und sie direkt hinterherlaufen lassen. Vielmehr ist an dieser Stelle ein gut aufgebautes Impulskontrolltraining wichtig (siehe S. 210 ff.). Der Hund muss lernen, ruhig sitzen zu bleiben, während der Mensch den Ball zunächst auslegt, den Hund danach für das Sitzenbleiben belohnt, um den Ball dann selbst wieder einzusammeln. Etwa jedes zehnte Mal darf der Hund den Ball apportieren. Später kann sich das Verhältnis, wer wie häufig den Ball holt, zugunsten des Hundes verändern. Je besser die Impulskontrolle des Hundes ist, desto häufiger darf dieser den Ball auch selbst holen.

GEGENSTÄNDE KLAUEN

Hat ein Hund einen Gegenstand wie die Fernbedienung geklaut und knurrt seinen Halter an, wenn dieser versucht, sie ihm abzunehmen, sollte man das im ersten Schritt ignorieren. Das bedeutet, dass man seinen Hund weder anfasst noch anspricht – auch nicht, um mit ihm zu schimpfen – und nicht einmal anschaut. Man wartet einfach so lange, bis dieser die Fernbedienung liegen lässt und sich nicht mehr dafür interessiert, sodass man sie sich nehmen kann.

Natürlich soll der Hund nicht lernen, dass er sich mit Knurren durchsetzen kann, daher räumt man die Fernbedienung sowie alle weiteren Gegenstände, die wichtig, hochwertig oder auch gefährlich für den Hund sind, zunächst einmal weg. Klaut er doch noch einmal einen unwichtigen Gegenstand, lernt er durch das weitere Ignorieren, dass sich dieses Verhalten für ihn nicht lohnt, sodass er immer seltener Gegenstände klauen wird. Auch wenn ein Hund seine Beute gegenüber anderen Mitgliedern der Gruppe verteidigen darf, muss er lernen, diese dem Menschen zu geben. Denn es kann sich immer auch um etwas handeln, das für den Hund gefährlich ist, z. B. ein scharfes Messer. Da es für einen Hund jedoch nicht natürlich ist, Beute abzugeben, ist es nicht sinnvoll, das Abgeben über Druck und harte Strafe zu trainieren, sich also durchzusetzen, egal wie. Durch die Strafe lernt der Hund zudem nur, was er nicht tun soll, nicht aber, welches Verhalten erwünscht ist.

Legt der Hund auf das Signal „Aus" Gegenstände in die Hand des Menschen, wird er auch die wertvolle Fernbedienung problemlos hergeben.

Tauschgeschäft

Daher ist es viel sinnvoller, mit dem Hund das Abgeben von Beute in kleinen Schritten zu trainieren. Dabei beginnt man mit Beute, die dem Hund nicht besonders wichtig ist. Hat er die Beute im Maul, hält man ihm ein begehrtes Futterstück vor die Nase. Lässt er die Beute los, erhält er sozusagen „im Tausch" die Belohnung. Nach einigen Wiederholungen fügt man jedes Mal, wenn der Hund die Beute loslässt, ein Signal wie das Wort „Aus" hinzu. Hat der Hund das Signal nach vielen Übungen mit dem Verhalten, die Beute loszulassen, verknüpft, kann man ihn damit zum Loslassen auffordern. Erst danach holt man das Futter zur Belohnung hervor. Schritt für Schritt steigert man die Schwierigkeit. Hat man die Übung anfangs mit einem beliebigen Spielzeug durchgeführt, kann man nun auch das Lieblingsspielzeug nutzen. Richtig schwer wird es, wenn man die Abgabe mit einem Kauknochen, einem Brötchen oder sogar einem Würstchen schafft.

Parallel dazu muss der Hund lernen, dass er Besitz des Menschen nicht unerlaubt nehmen darf. Dazu baut man die Signale „Nimm" sowie „Tabu" auf. Der Hund soll im ersten Schritt lernen, dass er etwas, auf das der Mensch Anspruch erhebt, nur nach dessen Erlaubnis aufnehmen darf. Beim „Tabu" lernt der Hund, dass es für ihn unangenehm wird, wenn er sich ohne Freigabe eine vom Menschen beanspruchte Beute nimmt (siehe S. 222).

Immer dann, wenn der Hund den Menschen anknurrt, sollte man zudem die Hilfe eines professionellen Hundetrainers in Anspruch nehmen. Dieser wird eine Analyse der Mensch-Hund-Beziehung vornehmen und den Hund bzgl. seines Verhaltens einschätzen.

Links: Je mehr Aufmerksamkeit Hunde bekommen, wenn sie etwas klauen, desto häufiger haben sie Spaß daran.

ANSPRINGEN VON MENSCHEN

Damit der Hund lernt, Passanten nicht anzuspringen, bringt man ihm ein Alternativverhalten bei, z. B. sich neben seinen Menschen zu setzen. Anfangs steht der Passant weit entfernt, später kommt er immer näher, bis sich Hundehalter und Passant im Abstand von ca. zwei Metern gegenüberstehen, begrüßen und unterhalten. Zu Beginn des Trainings ist der Hund dabei noch an der Leine, später werden die Übungen auch mit dem abgeleinten Hund durchgeführt. Bleibt der Hund ruhig neben seinem Menschen sitzen, wird er belohnt.

Natürlich könnte man das Verhalten auch ignorieren, dies würde jedoch keine Änderung bewirken, da es sich um selbstbelohnendes Verhalten handelt. Der Hund möchte direkten Kontakt mit dem Menschen aufnehmen, diesen abchecken und an ihm schnüffeln. Ist der Hund am Passanten hochgesprungen, hat er sich damit seine Wünsche selbst erfüllt. Hinzu kommt, dass der Passant den Hund meist nicht ignorieren kann, da er sich entweder unangenehm bedrängt fühlt oder sich über diese besondere Aufmerksamkeit sogar noch freut. Der Hund fasst die Reaktion damit als Bestätigung auf, sodass sein Verhalten dadurch noch verstärkt wird.

Vor allem bei alten Hunden kommt es irgendwann dazu, dass der Sprung ins Auto Schmerzen bereitet. Dann muss man andere Lösungen finden.

INS-AUTO-SPRINGEN

Möchte ein Hund nach dem Spaziergang auf einmal nicht mehr ins Auto springen, obwohl dies zuvor nie ein Problem war, kann das daran liegen, dass er Schmerzen hat. Vielleicht hat er sich auf dem Spaziergang verletzt? Nach einer kurzen Untersuchung auf Dornen oder Schnitte in den Pfotenballen sollte man den Hund ins Auto heben und den Tierarzt aufsuchen.

Natürlich kann es auch sein, dass der Hund das Signal, ins Auto zu springen, einfach ignoriert, weil er lieber noch weiterschnüffeln möchte. Das Signal ist dann noch nicht gut genug aufgebaut. Man sollte daher auch in diesem Fall den Hund ins Auto heben, damit er sich nicht weiter selbst durch das Schnüffeln belohnt. Eine Fortsetzung des Spaziergangs wäre ebenfalls kontraproduktiv, da er so nur lernen würde, dass es sich lohnt, Signale zu ignorieren. Zu einem späteren Zeitpunkt trainiert man dann das Springen ins Auto in einer Situation mit weniger ablenkenden Reizen. Schritt für Schritt werden die Reize gesteigert, bis der Hund in jeder Situation ins Auto springt. Selbstverständlich gibt es dafür dann auch eine Belohnung.

Aggressionsverhalten an der Leine zählt zu den häufigsten Problemen, weshalb Menschen eine Hundeschule aufsuchen.

AGGRESSION AN DER LEINE

Ein Hund ist durch die Leine eingeschränkt, er kann nicht so kommunizieren, wie es eigentlich in der jeweiligen Situation notwendig wäre. Wird er z. B. von einem anderen Hund bedrängt, kann er seine Individualdistanz nicht wieder herstellen, er kann nicht ausweichen. Aus diesem Grund reagieren viele Hunde aggressiver, wenn sie an der Leine geführt werden, als wenn sie sich im Freilauf befinden. Die Annahme, dass sich der Hund durch den Menschen, der die Leine hält, stärker fühlt, ist eine der vielen Mythen. Wäre dies so, würde er seinen Menschen als starken Partner ansehen. Dann hätte er es aber gar nicht nötig, sich aufzuregen und bei jeder Begegnung mit einem Artgenossen aufzubrausen, denn er würde sich in Anwesenheit seines Menschen sicher fühlen. Vielmehr ist eine weitere Ursache für Aggresion an der Leine, dass der Hund häufig das Gefühl hat, auf den Menschen, der die Leine hält, aufpassen zu müssen. Er hat also nicht nur die Verantwortung für sich selbst, sondern auch für seinen Sozialpartner. Dies führt zu einer gesteigerten Aggressivität.

Wenn auf dem Spaziergang der eigene angeleinte Hund einen entgegenkommenden Hund fixiert und dabei knurrt, nimmt man seinen Hund auf die andere Seite und unterbricht das Fixieren, indem man ihn z. B. zum Blickkontakt auffordert. Dazu trainiert man das Signal „Schau“ (siehe S. 213). Schaut der Hund einen an, weicht man in einem Bogen aus und signalisiert so dem anderen Hund, dass eine Konfrontation nicht beabsichtigt ist. Rücksicht ist oberstes Gebot im gemeinsamen Miteinander. Da das aggressive Verhalten des eigenen Hundes Stress für den entgegenkommenden Hund bedeutet, sollte man es auch deshalb so weit wie möglich verhindern.

Möchte man keinen Kontakt, nimmt man seinen Hund auf die vom entgegenkommenden Mensch-Hund-Team abgewandte Seite …

RÜCKSICHT IST OBERSTES GEBOT!

Rücksicht ist generell oberstes Gebot im gemeinsamen Miteinander. Viele Menschen haben Angst vor Hunden oder fühlen sich durch deren Anwesenheit gestört. Daher darf ein Kontakt des eigenen Hundes mit einem fremden Menschen oder einem anderen Hund immer nur dann erfolgen, wenn man sich diesem genähert hat und ein Kontakt ausdrücklich erwünscht ist.

VERHALTEN IN FELD UND WALD

Ein Hund darf sich auf dem Spaziergang immer nur so weit von seinem Menschen entfernen, wie er von diesem kontrollierbar, also z. B. rückrufbar ist oder in der Distanz auf ein Stopp-Signal reagiert. Eine feste Distanz gibt es dabei nicht, der Abstand hängt vom Trainingsstand des Hundes sowie dessen Geschwindigkeit beim Entfernen ab. Je schneller ein Hund sich entfernt, desto früher sollte man ihn zurückrufen oder abstoppen, da er umso schneller über den Einwirkungsbereich des Menschen hinaus kommt. Natürlich soll sich der Hund auch nicht aus dem Sichtbereich des Menschen entfernen. Kurz vor einer uneinsehbaren Kreuzung ruft man den Hund zurück, leint ihn an oder führt ihn frei bei Fuß bis zur Kreuzung, um diese zu überblicken. Erst dann lässt man ihn wieder frei laufen. In sehr übersichtlichen Gebieten kann man unter Umständen mehrere Kilometer weit sehen. Natürlich soll sich der Hund auch hier nicht weiter vom Menschen entfernen, als dieser auf ihn einwirken kann, auch wenn der Hund noch in Sichtweite ist.

... und geht in einem Bogen an ihnen vorbei.

BEGEGNUNG MIT MENSCHEN

Läuft der eigene Hund auf einem Spaziergang frei und ein Spaziergänger, Radfahrer, Skater oder Jogger kommt entgegen, ruft man seinen Hund zu sich, leint ihn an und führt ihn auf der vom Menschen abgewandten Seite an diesem vorbei. Damit zeigt man dem Passanten zum einen, dass der Hund gesichert ist, zum anderen, dass er ihm keinesfalls zu nahe kommen kann. Außerdem signalisiert man dem eigenen Hund, dass er sich nicht um den Spaziergänger kümmern muss. Keinesfalls darf der Hund die Passanten belästigen, indem er sie anspringt oder hinter ihnen herläuft. Hunde jagen sich schnell bewegende Reize, sodass man insbesondere in Gegenden, in denen es zu solchen Begegnungen kommen kann, noch aufmerksamer sein muss. Hierbei muss man nicht nur bedenken, dass der Hund den sich schnell bewegenden Reiz spannend finden könnte, sondern auch, dass der Radfahrer/Skater/Jogger sich schneller bewegt als ein Spaziergänger und es daher viel früher zu einer Begegnung kommt. Ein zuverlässiger Rückruf ist daher immer die Grundvoraussetzung für Freilauf!
Nähert man sich mit seinem frei laufenden Hund einem Kinderspielplatz, Kindergarten, einer Grundschule etc., sollte man ihn ebenfalls zu sich rufen und anleinen, damit er nicht dorthin rennen kann. Denn auch wenn der Hund absolut kinderfreundlich ist, gibt es immer Kinder, die Angst vor Hunden haben. Damit zeigt man den Kindern und natürlich auch deren Eltern oder Aufsichtspersonen zum einen, dass der Hund gesichert ist, zum anderen, dass er ihnen keinesfalls zu nahe kommen und sie belästigen kann. Natürlich darf man den Hund weder im Sand buddeln lassen noch die Spielgeräte für das Hundetraining nutzen. Ein Kinderspielplatz ist als Spielfläche für Kinder vorgesehen und kein Hundeübungsplatz!

BEGEGNUNG MIT ANDEREN MENSCH-HUND-TEAMS

Läuft der eigene Hund frei und ein Mensch mit angeleintem oder ebenfalls frei laufendem Hund kommt entgegen, ruft man seinen Hund zu sich, leint ihn gegebenenfalls an und nähert sich auf Rufweite. Dann spricht man sich mit dem Entgegenkommenden ab, ob ein Freilauf beider Hunde möglich ist. Ein zuverlässiger Rückruf ist daher immer die Grundvoraussetzung für Freilauf oder ein vergnügliches Spiel mit anderen Hunden!
Ist ein Freilauf der Hunde nicht erwünscht, muss man dies akzeptieren. Es gibt immer Gründe, warum ein Hund nicht mit einem anderen Hund spielen darf, sei es, weil er krank ist, die Hündin gerade läufig ist, oder einfach auch nur, weil der Mensch momentan keine Zeit für eine Spielpause hat. In dem Fall nimmt man den Hund auf die

abgewandte Seite und führt ihn, gegebenenfalls angeleint, am anderen Mensch-Hund-Team vorbei. Man läuft dabei in einem leichten Bogen, da so dem anderen Hund signalisiert wird, dass eine Konfrontation nicht beabsichtigt ist.
Hat man seinen Hund an der Leine und es kommt ein frei laufender Hund entgegen, bittet man dessen Halter, seinen Hund zurückzurufen und anzuleinen. Umdrehen und wegrennen ist in aller Regel keine gute Alternative, da der frei laufende Hund mit Sicherheit schneller sein wird und durch die entstandene Dynamik ein gesteigertes Interesse an der Situation und Begegnung mit dem eigenen hat. Leider kann es auch passieren, dass der andere Hund den Rückruf seines Halters ignoriert und sich nähert. Natürlich tritt man den Hund dann nicht weg. Auch anschreien bewirkt in der Regel kaum etwas, da der andere Hund durch die Aufregung erst recht neugierig näher kommt. Zudem führt dies häufig dazu, dass der eigene Hund die Unsicherheit seines Halters spürt, und meint, selbst handeln zu müssen, sodass er aggressives Verhalten an der Leine zeigt und den anderen Hund lautstark verbellt. Daher hilft nur, ruhig zu bleiben und sich möglichst vor den eigenen Hund zu stellen.

An der Leine fühlen sich Hunde durch andere Hunde bedrängt.

Kein Kontakt an der Leine

Man sollte einen frei laufenden Hund niemals zu einem angeleinten Hund laufen lassen, auch ein Kontakt zweier angeleinter Hunde wird verhindert. Angeleinte Hunde können weder ausreichend ausweichen noch angepasst miteinander kommunizieren. Daher kommt es in solchen Situationen schnell zu aggressivem Verhalten. Den Stress, der bei beiden Hunden entsteht, kann man einfach vermeiden, indem man die Situation verhindert und den Hund früh genug aus dem Freilauf abruft oder beide Hunde in ausreichendem Abstand aneinander vorbeiführt.
Eine Ausnahme von der Regel gibt es für Hunde, die gemeinsam in einer Familie leben und sich entsprechend gut kennen und verstehen. Selbstverständlich dürfen daher die Hunde einer Familie, wenn sie auf dem Spaziergang angeleint nebeneinander geführt werden, auch Kontakt miteinander haben. Dennoch sollte sich dieser lediglich auf ein kurzes Schnüffeln beschränken, denn eine wilde Toberei an der Leine führt dazu, dass die Leinen sich verknoten und die Hunde sich gegebenenfalls verletzen. Zudem kann es dann auch passieren, dass einer der Hunde sich bedrängt fühlt und es letztlich auch hier zu aggressivem Verhalten kommt.

WOHIN MIT DEM SCHEISS?

Den Kot des eigenen Hundes muss man immer aufheben und mitnehmen. Man sollte daher immer Tüten dabeihaben, um den Kot einzusammeln. Dabei spielt es keine Rolle, wo man spazieren geht oder wohin der Hund kotet. Sowohl auf der Straße in einem Wohngebiet als auch auf dem asphaltierten Feldweg abseits der Bebauung, aber auch am Wegrand der Wiese oder im Wald sowie selbstverständlich auch mitten auf einer Wiese, einem Feld oder in einem Garten gehört es zur Rücksichtnahme auf andere Menschen und deren Eigentum dazu, den Kot nicht liegen zu lassen.

Kinder haben viel Spaß beim Training mit dem Hund. Grundschulkinder brauchen dabei jedoch immer noch die Anleitung eines Erwachsenen.

HUND UND KIND

Kinderfreundlichkeit ist keine angeborene Eigenschaft. Vielen Hunden sind Kinder im ersten Schritt unheimlich, da sie deren schnelle und oftmals unberechenbare Bewegungen nicht einschätzen können. Ein Hund sollte schon als Welpe viele positive Erfahrungen mit Kindern machen und diese im weiteren Leben kontrolliert vertiefen können. Dabei muss man darauf achten, dass der Welpe gerade in der ersten Zeit beim Züchter keine negativen Erfahrungen macht. Doch auch später, wenn er in seiner neuen Familie lebt, und auch in der Junghundezeit, sind möglichst positive Erfahrungen wichtig. Dabei darf man nicht außer Acht lassen, dass der Welpe genauso wie der Junghund noch in der Lage ist, die Reize zu verarbeiten. Stürmen 20 Kinder einer Kindergartengruppe mit lautem Jubelgeschrei auf ihn zu, kann das bereits traumatisierend sein. Zudem lässt man den jungen Hund mit den Kleinkindern niemals allein. Diese müssen selbst noch lernen, wie man mit einem Hund umgeht, sodass jeder Kontakt immer von einem Erwachsenen begleitet sein muss. Die Eltern haben immer eine Aufsichtspflicht.

Die Weiße Schweizer Schäferhündin Nayeli achtet sehr genau auf die Signale von Amelie, die beim Training von Mama Nicole angeleitet wird.

BABYS UND KLEINKINDER

Jeder Hund hat Zähne und kann Kinder damit schwer verletzen. Hund und Kind sollte man daher niemals ohne Aufsicht zusammenlassen, insbesondere dann, wenn es sich um Kleinkinder handelt. Sehr kleine Kinder sind zudem motorisch oft ungeschickt, sodass die Eltern hier umso mehr den Kontakt zwischen Hund und Kind lenken müssen. Die Eltern müssen verhindern, dass das Kind den Hund ständig stört oder ihm weh tut. Zeigt der Hund Anzeichen, dass ihm die Anwesenheit des Kindes zu viel ist, indem er z. B. gähnt, hechelt, zur Seite schaut oder blinzelt, die Ohren anlegt, sich mit der Zunge über das Maul leckt oder sogar knurrt, müssen die Eltern eingreifen und das Kind wegschicken bzw. kleinere Kinder wegnehmen. Der Hund muss wissen, dass nicht er für die Erziehung des Kindes zuständig ist, sondern die Eltern. Denn eine erzieherische Korrektur durch den Hund kann für das Kind im schlimmsten Fall lebensgefährlich sein.

SCHULKINDER

Grundschulkinder können unter Aufsicht der Eltern mit dem Hund trainieren, wenn dieser die Übungen zuvor erlernt hat und Signale zuverlässig ausführt. Alle Spiele mit Wettkampfcharakter eignen sich jedoch nicht, da sich das Spiel zwischen Hund und Kind schnell hochschaukeln kann. Verletzungen sind dann vorprogrammiert. Daher eignen sich weder Zerrspiele noch Renn- oder Kampfspiele. Such- und Apportierspiele sind jedoch eine ideale Beschäftigungsmöglichkeit für Hund und Kind. Kinder haben viel Spaß daran, Gegenstände zu verstecken und den Hund bei der Suche zu beobachten. Bringt der Hund den Gegenstand dann noch zum Kind, ist diesem der Stolz darüber anzusehen. Spiele mit Beute eignen sich nur, wenn der Hund entspannt mit Beute umgeht. Er sollte gelernt haben, diese ruhig in die Hand zu geben oder vor dem Menschen auf den Boden zu legen. Schnappt ein Hund nach der Beute oder verteidigt er die Beute sogar aggressiv gegenüber dem Menschen, muss man andere Beschäftigungsformen finden. Eine Alternative ist dann z. B. das Tricktraining, Kinder haben in der Regel viel Spaß daran, dem Hund alle möglichen Tricks wie „Männchen machen", „Rolle" oder „Totstellen" beizubringen.

Teenager dürfen selbstständig mit dem Hund trainieren.

TEENAGER

Bevor ein größeres Kind mit dem Hund allein spazieren gehen darf, muss es diesen nicht nur körperlich halten können, es muss auch die geistige Reife besitzen, die Verantwortung für den Hund zu übernehmen. Dazu gehört, sich an Anweisungen der Eltern, wann der Hund z. B. frei laufen darf und wann er angeleint geführt werden muss, zu halten. Zudem muss der Hund sich am Kind orientieren, er muss dessen Signale zuverlässig ausführen, auch in einer angespannten Situation. Dies wird weder bei einem Kleinkind noch bei einem Kind im Grundschulalter der Fall sein. Daher dürfen frühestens Teenager eigenverantwortlich mit dem Hund unterwegs sein. Immer aber muss man dabei natürlich auch die im jeweiligen Land/Bundesland gültigen Gesetze sowie eventuelle Vorgaben oder Einschränkungen der Haftpflichtversicherung beachten. Sonst kann ein solcher Ausflug auch finanziell ein Desaster werden.

Mia macht das Training mit Aussie Jordy viel Spaß!

WORAUF MÜSSEN ELTERN ACHTEN?

Kinder müssen lernen, die Bedürfnisse des Hundes zu beachten. Sie müssen lernen, dass der Hund seine Ruhe braucht, wenn er sich auf seinen Liegeplatz zurückzieht. Auch den Umgang mit dem Hund müssen Eltern ihren Kindern erklären. Das Kind muss wissen, dass man Hunde nicht an der Rute oder den Ohren zieht, nicht auf ihm reitet und generell nicht grob mit ihm umgeht.

Dazu sind die Eltern als Vorbild gefragt! Hunde sehen Kinder als nicht erwachsene Mitglieder der Familie an. Daher kann ein Kind in der Rangordnung niemals über einem Hund stehen. Das Zusammenleben zwischen Mensch und Hund wird heutzutage nicht mehr eins zu eins mit dem Zusammenleben frei lebender Hunde im Rudel verglichen. Daher betrachtet man die

Hund und Kind gehören einfach zusammen. Nayeli und Amelie sind ein harmonisches Team. Die beiden verbringen gern viel Zeit miteinander.

Mensch-Hund-Gemeinschaft mittlerweile nicht mehr als Rudel, sondern als eine soziale Gruppe. Rangordnungsbeziehungen, wie sie unter Hunden bestehen, gibt es zwischen Mensch und Hund also nicht. Hunde müssen Kinder daher als Gruppenmitglieder betrachten, die für sie keine große Rolle spielen und keine besondere Bedeutung haben, damit ein entspanntes und harmonisches Zusammenleben entsteht. Dann können Hund und Kind auch zu einem guten Team zusammenwachsen. Lebt ein Hund in der Familie, ist das für Kinder eine große Bereicherung. Sie lernen, Rücksicht auf die Bedürfnisse eines anderen Lebewesens zu nehmen, sowie in kleinen Schritten Verantwortung für den Hund zu übernehmen. Solange der Hund also nicht „für die Kinder" angeschafft wird, sondern die Eltern sich vielmehr der zusätzlichen Aufgabe durch den Hund bewusst sind, kann auch das Zusammenleben von Hund und Kleinkind entspannt verlaufen.

Denkt der Hund aber, dass er für den Schutz des Kindes zuständig ist, kann der Alltag sehr anstrengend werden, da er dann gegebenenfalls keine Besucher mehr ins Haus lässt oder jeden verbellt, der sich auf dem Spaziergang dem Kinderwagen nähert. Liegt der Hund daher immer wie zufällig demonstrativ vor dem Kinderbettchen oder zwischen der Mutter mit Kind und vorbeilaufenden Passanten, muss man eingreifen und ihn an einen strategisch ungünstigeren Platz schicken, also neben oder hinter Mutter mit Kind bzw. weit entfernt vom Kinderbettchen.

Kontakt mit Kindern kommen kann, einen Maulkorb tragen und ausschließlich an der Leine geführt werden. Ist man mit seinem Kind unterwegs und ein fremder Hund läuft auf einen zu, sollte man sich ruhig vor das Kind stellen und den Hundehalter bitten, den Hund zurückzurufen. Auch wenn der Hund in den meisten Fällen aus Neugier angelaufen kommt, oder weil der Halter nicht aufgepasst hat oder der Hund den Rückruf ignoriert, gibt es auch Hunde, die im Umgang mit Kindern nicht entspannt reagieren. Dennoch spielt es in Bezug auf die richtige Reaktion keine Rolle, aus welchem Grund ein Hund auf einen zugelaufen kommt. Lautes Schreien führt eher dazu, dass die Situation sich hochschaukelt und sollte daher vermieden werden. Nimmt man das Kind auf den Arm, muss man bedenken, dass dies den Hund neugierig machen und dazu verleiten kann, an einem selbst und damit auch am Kind hochzuspringen. Hunde sind in aller Regel viel schneller als wir Menschen, sodass Weglaufen auch keine geeignete Option ist. Der Hund wird die Verfolgung aufnehmen und Mensch und Kind unter Umständen anspringen und zu Fall bringen.

BEGEGNUNG MIT FREMDEN KINDERN ODER FREMDEN HUNDEN

Kinder müssen lernen, dass sie fremde Hunde nicht einfach anfassen dürfen. Erst wenn sie den Halter um Erlaubnis gefragt haben und dieser einem Kontakt zugestimmt hat, ist streicheln erlaubt. Natürlich muss der Halter seinen Hund gut kennen und dessen Körpersprache gut lesen können. Zeigt der Hund Anzeichen, dass ihm die Anwesenheit des Kindes zu viel ist, muss der Hundehalter eingreifen und das Kind wegschicken bzw. kleinere Kinder wegnehmen. Ist bekannt, dass ein Hund sich gegenüber Kindern angespannt oder sogar aggressiv verhält, muss jeglicher Kontakt vermieden werden. Zur Sicherheit sollte ein solcher Hund in Gebieten, in denen es häufig zu

Das Zusammenleben mit Hund kann für Kinder eine tolle Erfahrung sein, wenn die Eltern beide immer im Blick haben.

DER HUND IM STRASSENVERKEHR

Sobald man mit dem Hund das eigene Grundstück verlässt, bewegt man sich im öffentlichen Raum und muss sich an die dort geltenden Regeln halten. § 28 der Straßenverkehrsordnung regelt in Deutschland das Mitführen von Tieren im Straßenverkehr. Demnach sind zunächst einmal Haus- und Stalltiere, die den Verkehr gefährden können, von der Straße fernzuhalten. Werden sie mitgeführt, muss die begleitende Person ausreichend auf sie einwirken können, damit es nicht zu einer Gefährdung des Verkehrs kommt. Es ist jedoch verboten, Tiere von Kraftfahrzeugen aus zu führen, das Führen des Hundes vom Auto oder Motorrad aus ist also nicht erlaubt!

FAHRRADFAHREN MIT HUND

Erlaubt ist jedoch, Hunde am Fahrrad zu führen. Andere Tierarten sind von dieser Regelung ausgenommen. Außerdem muss man beachten, dass der Hund gegebenenfalls an der Leine und nicht frei laufend mitgeführt werden darf. Ein eventuell bestehender Leinenzwang, wie er häufig innerhalb geschlossen bebauter Ortschaften besteht, muss daher vor jeder Radtour abgeklärt werden.
Auch das Tierschutzgesetz kann im Hinblick auf die Mitnahme von Hunden am Fahrrad eine Rolle spielen. **So gibt § 3 des Deutschen Tierschutzgesetzes vor, dass einem Tier, außer in einem Notfall, keine Leistung abverlangt werden darf, die es aufgrund seines Zustands nicht erbringen kann.** Die Radtour muss daher immer dem Alter, dem Gesundheitszustand, aber auch

der Rasse des Hundes angepasst werden. Welpen und junge Hunde unter einem Jahr dürfen den Menschen noch nicht bzw. nur auf sehr kurzen Strecken zur Gewöhnung an das Fahrradfahren begleiten. So lange der Hund noch nicht ausgewachsen ist und die Knochen des Welpen noch im Aufbau sowie die Wachstumsfugen noch nicht geschlossen sind, darf keine Überbeanspruchung erfolgen. Aber auch alte Hunde sind meist körperlich eingeschränkt, sodass die Länge der Tour angepasst werden muss. Selbstverständlich sollte nur ein gesunder Hund den Menschen beim Fahrradfahren begleiten. Einige Rassen wie insbesondere die brachyzephalen Rassen wie Mops oder Französische Bulldogge sind aufgrund ihrer kurzen Nasen und dadurch eingeschränkten Atmung keine idealen Begleiter bei langen Touren.

Ältere Hunde können nur noch kurze Strecken am Fahrrad mitlaufen, da die Belastung für sie sonst zu groß ist.

TRANSPORTKORB, ANHÄNGER ODER LEINE

Wird der Hund im Transportkorb oder Fahrradanhänger transportiert, muss er zuvor in kleinen Schritten an diesen, ähnlich wie an eine Box, gewöhnt werden. Bei der Fahrt muss der Hund gut gesichert sein, damit er den Korb oder Anhänger nicht während der Fahrt eigenständig verlassen kann und sich sowie andere Verkehrsteilnehmer gefährdet.

Begleitet der Hund den Menschen am Fahrrad an der Leine, sollte er immer auf der vom Verkehr abgewandten Seite, in der Regel also auf der rechten Seite, laufen. Die Leine wird dabei entweder an einer speziellen Vorrichtung oder an einem Bauchgurt mit einem Sicherheitskarabinerhaken befestigt, sodass der Hund im Notfall schnell vom Fahrrad befreit werden kann. Eine Halterung ist häufig zudem mit einer Dämpfung ausgestattet, sodass ein unvorhergesehener Ruck abgefangen wird. Wird die Leine am Bauchgurt befestigt, sollte diese ebenfalls einen Ruckdämpfer besitzen.

Zudem sollte der Hund ein Geschirr tragen, da es zu schweren Verletzungen, z. B. an der Halswirbelsäule, kommen kann, wenn der Hund am Halsband geführt wird. In Gebieten abseits vom Straßenverkehr darf der Hund den Menschen natürlich auch frei laufend begleiten, wenn er zuverlässig auf den Rückruf oder ein Stoppsignal in der Distanz reagiert und damit keine Gefahr für andere Menschen oder Radfahrer darstellt.

Im Sommer sollte man Ausflüge mit dem Fahrrad besser in die frühen Morgen- oder späten Abendstunden verlegen. Die Belastung ist für den Hund durch das höhere Tempo größer als beim Spaziergang. Kommen hohe Umgebungstemperaturen hinzu, kann der Hund einen Hitzschlag mit Kreislaufzusammenbruch erleiden. Auch der Asphalt heizt sich im Sommer schnell auf, sodass es zu Verbrennungen an den Pfoten kommen kann. Grundsätzlich gehört nach jeder Radtour die Kontrolle der Pfoten auf kleine Verletzungen an der Lederhaut oder den Krallen immer dazu.

Links: Auf einer längeren Radtour kann der Hund seinen Menschen auch im Fahrradanhänger begleiten.

TRANSPORT IM AUTO

Soll der Hund im Auto transportiert werden, muss er laut Straßenverkehrsordnung so gesichert sein, dass die Verkehrssicherheit des Fahrzeugs nicht leidet und die Sicht oder das Gehör des Fahrers nicht beeinträchtigt wird. Dabei werden Hunde bzw. Haustiere nicht explizit erwähnt, sie fallen unter den Begriff „Ladung". In § 22 der Straßenverkehrsordnung steht, dass die Ladung so zu verstauen und zu sichern ist, dass sie selbst bei Vollbremsung oder plötzlicher Ausweichbewegung nicht verrutschen, umfallen, hin und her rollen, herabfallen oder vermeidbaren Lärm erzeugen kann. Der Hund kann also z. B. in einer Box im Kofferraum transportiert werden. Stabile und sichere Boxen gibt es im Handel. Alternativ kann man ihn auch auf dem Rücksitz, gesichert durch einen am Geschirr befestigten Gurt, transportieren. Das Geschirr sowie der Gurt sollten dabei reißfest sein, am besten nutzt man spezielles und geprüftes Zubehör, das im Fachhandel erhältlich ist.

Das Mitfahren sowie das Warten im Auto müssen Hunde in kleinen Schritten lernen.

Eine Box muss so groß sein, dass der Hund sich setzen, kurzzeitig hinstellen und ausgestreckt hinlegen kann. Selbstverständlich darf man Hunde nicht für einen längeren Zeitraum im Auto lassen. Doch auch bei einem kurzen Aufenthalt, z. B. für die Zeit eines Einkaufs oder einer kurzen Besorgung, muss man darauf achten, dass es im Sommer nicht zu heiß und im Winter nicht zu kalt für den Hund wird. Gerade im Sommer wird es schnell lebensgefährlich.

Bei einer Außentemperatur von 30 °C sind es im geschlossenen, in der Sonne stehenden Auto nach zehn Minuten bereits etwa 40 °C und nach 30 Minuten über 50 °C.

HUND UND GESETZ

Die wichtigsten Gesetze, die in Deutschland die Haltung von Hunden sowie alle damit verbundenen Bereiche regeln, findet man im Deutschen Tierschutzgesetz sowie in der dazu gehörenden Tierschutz-Hundeverordnung. Doch auch die Straßenverkehrsordnung, das Wald- und Forstgesetz, das Mietrecht sowie Hundeverordnungen von Bundesländern und Regelungen von Städten und Gemeinden regeln die Hundehaltung in Deutschland. Insbesondere die Haltung bestimmter Hunderassen (sogenannter „Listen-Hunde") ist in Deutschland nicht einheitlich geregelt. Zum Teil besteht für diese Hunde eine Haltungseinschränkung (Leinen- und Maulkorbpflicht, Wesenstest) oder ein relatives Haltungsverbot. Vor der Anschaffung eines Hundes muss man sich genauso wie vor einem Umzug über die jeweils gültigen Bestimmungen informieren!

DEUTSCHES TIERSCHUTZGESETZ

Das Deutsche Tierschutzgesetz bezieht sich natürlich nicht nur auf den Schutz von Hunden, sondern auf den aller Tiere. „Niemand darf einem Tier ohne vernünftigen Grund Schmerzen, Leiden oder Schaden zufügen." (§1 DTschG) In § 3 wird zudem geregelt, dass an einem Tier im Training Maßnahmen, die mit erheblichen Schmerzen, Leiden oder Schäden verbunden sind, verboten sind. Auch wenn die Formulierung zunächst sehr eindeutig scheint, ist eine genaue Definition hierdurch leider nicht gegeben. Zunächst einmal müsste definiert werden, was Leiden oder Schäden sind. Auch der Begriff „erheblich" ist nicht genau definiert. Diese Lücken im Gesetz nutzen einige Hundetrainer leider immer noch, um dem Hund einfache Tricks wie die Leinenführigkeit mithilfe

Mensch und Hund sind seit Jahrhunderten ein Team. Doch auch heute noch müssen wir uns bemühen, unseren Partner Hund zu verstehen.

des Leinenrucks beizubringen. Trägt der Hund ein Halsband, kommt Druck auf die empfindliche Halspartie des Hundes sowie auf die Halswirbelsäule. Auch wenn diese Trainingsform sehr häufig verharmlost wird, indem anstelle von einem Leinenruck von „Leinenzupfen“ oder anderen Verniedlichungen gesprochen wird, ist und bleibt es doch das Gleiche: Es wird eine unangenehme Folge nach einem unerwünschten Verhalten hinzugefügt, damit der Hund dieses seltener zeigt, es ist also Training durch positive Bestrafung. Für den Aufbau eines einfachen Verhaltens wie der Leinenführigkeit ist das Training mit positiver Verstärkung jedoch viel sinnvoller.

Kupierverbot

Nach § 6 des Deutschen Tierschutzgesetzes ist das vollständige oder teilweise Amputieren von Körperteilen eines Wirbeltieres verboten. Das Kupieren von Rute und Ohren ist also in Deutschland nicht nur verboten, es würde für den Hund auch einen großen Nachteil in Bezug auf die Kommunikation mit anderen Hunden bedeuten, denn Rute und Ohren sind wichtige Körperteile, mit denen der Hund körpersprachliche Signale sendet. Daher kann es leicht zu Kommunikationsmissverständnissen kommen, wenn dem Hund diese wichtigen Körperteile fehlen. Ein Hund mit kupierter Rute wirkt auf den ersten Blick für das Gegenüber unsicher, denn da die Rute nicht zu sehen ist, scheint er sie stark eingezogen zu haben. Zeigt der Hund im vorderen Körperbereich nun aber eine drohende Körperhaltung, wirkt er für das Gegenüber ambivalent. Missverständnisse sind hier vorprogrammiert. Das Verbot nach §6 gilt in Bezug auf die Rute nicht, wenn der Eingriff im Einzelfall bei jagdlich zu führenden Hunden für die vorgesehene Nutzung des Tieres unerlässlich ist!

Eine Stummelrute kann auch angeboren sein. Doch auch dann führt sie häufig zu Kommunikationsmissverständnissen.

TIERSCHUTZ-HUNDEVERORDNUNG

Die Tierschutz-Hundeverordnung schreibt in Deutschland in § 2 „Allgemeine Anforderungen an das Halten" vor, dass einem Hund ausreichend Auslauf im Freien außerhalb eines Zwingers oder einer Anbindehaltung sowie ausreichend Umgang mit der Person, die den Hund hält, betreut oder zu betreuen hat (Betreuungsperson), zu gewähren ist. Auslauf und Sozialkontakte sind der Rasse, dem Alter und dem Gesundheitszustand des Hundes anzupassen.

Ein fester Zeitraum für einen Spaziergang ist hier also nicht vorgeschrieben. Das ist auch sinnvoll, denn mit einem Welpen sollte man, genauso wie mit einem jungen Hund, noch keine langen Spaziergänge machen. Ein Garten ist zwar schön, da man dort mit dem Hund gemeinsam entspannen oder auch dynamische Beschäftigungsformen durchführen kann, zwingend notwendig für die Hundehaltung ist er jedoch nicht. Ständiger Zugang zum Garten kann bei territorialen Hunden sogar kontraproduktiv sein, da sie sich für die Bewachung von Haus und Garten zuständig fühlen.

Haltung in einem Kellerraum

Wird ein Hund in einem Kellerraum gehalten, müssen die Anforderungen der Tierschutz-Hundeverordnung eingehalten werden. Diese Anforderungen werden in § 5 „Anforderungen an das Halten in Räumen" geregelt. Danach darf ein Hund nur dann in einem Raum gehalten werden, wenn der Einfall von natürlichem Tageslicht sichergestellt ist. „Die Fläche der Öffnungen für das Tageslicht muss bei der Haltung in Räumen, die nach ihrer Zweckbestimmung nicht dem Aufenthalt von Menschen dienen, grundsätzlich mindestens ein Achtel der Bodenfläche betragen." Diese Forderung muss allerdings nicht eingehalten werden, wenn dem Hund ständig ein Auslauf ins Freie zur Verfügung steht. Zudem wird die dem Hund mindestens zur Verfügung stehende Bodenfläche (Widerristhöhe < 50 cm = 6 m², Widerristhöhe 50 – 65 cm = 8 m², Widerristhöhe > 65 cm = 10 m²) beschrieben, wenn es sich um einen Raum handelt, der nicht dem Aufenthalt von Menschen dient, z. B. einem Kellerraum. In nicht beheizbaren Räumen müssen zudem Schutzvorrichtungen wie z. B. eine Schutzhütte oder ein trockener Liegeplatz, der ausreichend Schutz vor Luftzug und Kälte bietet, sowie außerhalb der Schutzhütte ein wärmegedämmter Liegebereich zur Verfügung stehen.

Haltung im Zwinger

Wird ein Hund im Zwinger gehalten, muss dieser den Anforderungen entsprechen, welche die Tierschutz-Hundeverordnung vorgibt. Diese Anforderungen werden in § 6 „Anforderungen an die Zwingerhaltung" geregelt, hier wird z. B. die dem Hund mindestens zur Verfügung stehende Bodenfläche (Widerristhöhe < 50 cm = 6 m², Widerristhöhe 50 – 65 cm = 8 m², Widerristhöhe > 65 cm = 10 m²), die Höhe (der aufgerichtete Hund darf mit den Vorderpfoten die obere Begrenzung nicht erreichen), sowie das Material, aus welchem der Zwinger bestehen darf (gesundheitsunschädliches Material), beschrieben.

Anbindehaltung

Wird ein Hund in Anbindehaltung gehalten, müssen die Anforderungen der Tierschutz-Hundeverordnung eingehalten werden. Diese Anforderungen werden in § 7 „Anforderungen an die Anbindehaltung" geregelt, hier wird z. B. die Länge der Laufleine (6 m), die Beschaffenheit von Geschirr und Halsband (breit, nicht einschneidend, so beschaffen, dass sie sich nicht zuziehen oder den Hund verletzen können) und der Leine (gesichert gegen ein Aufdrehen, geringes Eigengewicht, so beschaffen, dass der Hund sich nicht verletzen kann) sowie der Platz, den die Leine dem Hund gewährleisten muss (seitlicher Bewegungsspielraum von mindestens fünf Metern), beschrieben. Zudem wird aufgezählt, dass für junge Hunde (bis zwölf Monate), für tragende Hündinnen im letzten Drittel der Trächtigkeit, für säugende Hündinnen sowie für kranke Hunde, wenn diesen dadurch Schmerzen, Leiden oder Schäden zugefügt werden, die Anbindehaltung nicht erlaubt ist.

Was bedeutet das für den Hund?

Ein Hund darf in Deutschland nach der Tierschutz-Hundeverordnung, solange die beschriebenen Bedingungen eingehalten werden, sowohl in einem Kellerraum, als auch in einem Zwinger oder in Anbindehaltung gehalten werden, dies gilt auch für die Haltung von lediglich einem Hund. Zwar werden Auslauf und Kontakte in § 2 unter den „Allgemeinen Anforderungen an das Halten" vorgeschrieben (siehe S. 153), dennoch ist nach Martin Rütter DOGS die Haltung eines Hundes in solchen Haltungen nicht artgerecht und entspricht nicht den Bedürfnissen eines Hundes.

Hunde leben nicht einzeln, sondern in Gruppen oder Familienverbänden. Sie brauchen den engen Kontakt zu ihren Sozialpartnern. Da der Kontakt mit dem Menschen als wichtigster Sozialpartner von den meisten Hunden sogar gegenüber dem Kontakt mit Artgenossen bevorzugt wird, ist selbst die Haltung zweier oder mehrerer Hunde im Zwinger nicht zu empfehlen. Ein kurzer Kontakt während der Betreuungszeit ist mit einem gemeinsamen Zusammenleben nicht zu vergleichen. Das gilt umso mehr für Welpen, die ja gerade die Trennung von der Mutter, den Geschwistern und der Züchterfamilie verkraften müssen. Der Hund, und insbesondere der Welpe, braucht die Nähe des Menschen, um sich sicher zu fühlen. Dementsprechend sollten natürlich auch Welpen nicht in einem Zwinger oder abseits vom Haus in einem Stall oder Schuppen aufgezogen werden. Denn gerade in diesem Alter ist es wichtig, dass sie viele unterschiedliche Reize kennenlernen und so auf die Umwelt, in der sie später einmal leben, geprägt sowie auf den Menschen sozialisiert werden.

In einigen Bundesländern gelten für manche Rassen …

TIERHALTER-HAFTPFLICHT-VERSICHERUNG

Jeder Tierhalter haftet für alle von seinem Tier verursachten Schäden an Dritten, sodass es wichtig ist, eine Tierhalter-Haftpflichtversicherung abzuschließen. Denn zu einem Schaden kommt es schnell, der Hund braucht nur in einem unachtsamen Moment auf die Straße zu laufen, sodass es zu einem Unfall mit Beteiligung mehrerer Personen sowie Kraftfahrzeugen kommt. Es kann jedoch auch ganz banal ein Mensch über die Leine des Hundes stolpern und sich dabei schwer verletzen. In einigen Bundesländern ist

... besondere Regeln. Daher sollte man sich gut über die Anforderungen vor dem Kauf des Hundes informieren.

der Abschluss einer Hundehaftpflichtversicherung sogar Pflicht, andere Bundesländer schreiben den Abschluss nur für bestimmte Rassen (sogenannte „gefährliche Rassen/Listenhunde") oder gar nicht vor. Über sämtliche Regelungen in Bezug auf die Versicherungspflicht sollte man sich bereits vor dem Einzug des Hundes sowie vor einem Umzug erkundigen und die Haftpflichtversicherung rechtzeitig abschließen, damit sie spätestens mit Einzug des Hundes gültig ist.
Die Tierhalter-Haftpflichtversicherung ist in aller Regel unabhängig von der Größe, und bei vielen Versicherungen auch von der Rasse des Hundes. Sie kostet ca. 70 Euro im Jahr und bietet zudem oft auch Schutz, wenn ein Bekannter den Hund hütet. Für Mehrhundehalter gibt es häufig Kombi-Angebote, bei denen z. B. bis zu vier Hunde für 100 Euro jährlich versichert werden können. Ein Vergleich der bestehenden Angebote lohnt sich dabei durchaus!
Eine private Haftpflichtversicherung ersetzt die Tierhalter-Haftpflichtversicherung nicht! Lediglich Schäden an Dritten durch Kleintiere wie Katzen, Vögel, Kaninchen, Hamster oder andere Nagetiere sind in der privaten Haftpflichtversicherung eingeschlossen.

DIE THEORIEPRÜFUNG

FRAGEN UND ANTWORTEN

Das Bestehen der theoretischen Prüfung ist Voraussetzung für das Ablegen der praktischen Prüfung.

In der theoretischen Prüfung müssen 40 Fragen der insgesamt 240 (für Deutschland 250) Fragen aus den acht Themenbereichen beantwortet werden. Zu jeder Frage der theoretischen Prüfung gibt es vier vorgegebene Antwortmöglichkeiten, von denen jeweils genau eine Antwort richtig ist (Single Choice Prüfung). Um die theoretische Prüfung zu bestehen, müssen mindestens 32 Fragen (80 %) richtig beantwortet werden. Die richtigen Antworten der Fragen findest du auf Seite 191. Hier kannst du überprüfen, ob du schon bereit bist für die Prüfung.

A: ENTWICKLUNGSGESCHICHTE, AUSWAHL UND HALTUNG

Die Antworten der hier gestellten Fragen findest du ab S. 10 „Entwicklungsgeschichte, Auswahl und Haltung".

1. Zu welcher wissenschaftlichen „Ordnung" gehört der Haushund?
→ Antwort im Text auf S. 10

A) Eine genaue Einteilung ist wissenschaftlich nicht möglich.
B) Zu den Raubtieren (Carnivores), die sich durch die Jagd auf Beutetiere ernähren.
C) Zu den Pflanzenfressern (Herbivores), die sich vom Gras aus den Mägen der Beutetiere ernähren.
D) Zu den Primaten.

2. Aus welcher Tierart entstand im Laufe der Domestikation der Haushund?
→ Antwort im Text auf S. 10

A) Wolf
B) Goldschakal
C) Kojote
D) Basenji

3. Kann man Erkenntnisse über das Verhalten von Wölfen 1 zu 1 auf das Verhalten von Hunden übertragen?
→ Antwort im Text auf S. 10

A) Nein, denn im Laufe der Domestikation haben sich viele unterschiedliche Rassen entwickelt, die sich nicht nur im Aussehen, sondern auch im Verhalten unterscheiden.
B) Lediglich bei großen Hunden entspricht das Verhalten noch dem des Wolfes.
C) Hunde und Wölfe gehören wissenschaftlich zu einer „Familie", daher gibt es keine Unterschiede im Verhalten.
D) Da der Hund vom Wolf abstammt, gibt es keine Unterschiede in Bezug auf das Verhalten.

4. Ist Jagdverhalten beim Haushund auch heute noch genetisch bedingt?
→ Antwort im Text auf S. 11, 124

A) Hunde jagen nur, wenn sie hungrig sind.
B) Nein, Hunde jagen nicht ernsthaft mit dem Ziel zu töten.
C) Ja, alle Hunde sind jagdlich motiviert, je nach Veranlagung mehr oder weniger ausgeprägt.
D) Hunde jagen nur, wenn sie mit rohem Fleisch gefüttert werden.

5. Ist es artgerecht, Hunde einzeln zu halten?
→ Antwort im Text auf S. 23

A) Hunde stammen vom Wolf ab, sie sind Rudeltiere und müssen mit Artgenossen zusammenleben.
B) Hunde sind Einzelgänger. Solange sie vom Menschen versorgt werden, brauchen sie keine Gesellschaft.
C) Nein, daher sollte man immer mindestens zwei Welpen aus einem Wurf kaufen.
D) Hunde brauchen zwar Kontakt zu Artgenossen, können aber auch mit dem Menschen eine Lebensgemeinschaft eingehen.

6. Was muss man bei der Haltung mehrerer Hunde bedenken?
→ Antwort im Text auf S. 27

A) Hunde brauchen den Kontakt zu Artgenossen, daher ist die Haltung mehrerer Hunde immer unproblematisch.
B) Ein Hund, der nicht allein bleiben kann, wird mit einem zweiten Hund entspannt allein bleiben können.
C) Zwei Rüden kann man nicht zusammen halten, es wird immer Konkurrenzkämpfe geben.
D) Der neue Hund muss nicht nur zum Halter, sondern auch zum bereits vorhandenen Hund passen.

7. Worauf muss man bei der Auswahl eines zweiten Hundes achten?
→ Antwort im Text auf S. 27

A) Zu einer Hündin kann man keinen fremden Welpen dazu nehmen.
B) Nimmt man einen intakten Rüden zu einer unkastrierten Hündin dazu, muss man sich Gedanken über geeignete Verhütungsmaßnahmen machen.
C) Man kann nur Hunde der gleichen Rasse problemlos zusammen halten.
D) Wenn der erste Hund gut erzogen ist, braucht man sich um die Erziehung des zweiten Hundes nicht mehr zu kümmern.

8. Was muss man vor der Anschaffung eines Hundes bedenken?
→ Antwort im Text auf S. 23

A) Es müssen genug Hunde in der Nachbarschaft sein, damit der Hund ausreichend Kontakt zu Artgenossen hat.
B) Man muss genug Zeit für den Hund sowie dessen Pflege und Beschäftigung haben.
C) Da Hunde jagen, dürfen keine Kleintiere wie Kaninchen im Haushalt leben.
D) Die Nachbarn müssen mit der Hundehaltung einverstanden sein.

9. Wann sollte man sich keinen Hund anschaffen?
→ Antwort im Text auf S. 24

A) Wenn kleine Kinder in der Familie leben.
B) Wenn man allein lebt, da Hunde Rudeltiere sind und das Leben in einer Familie brauchen.
C) Wenn der Hund länger als sechs Stunden täglich allein bleiben muss.
D) Wenn man keine eigene Wohnung/kein eigenes Haus mit großem Garten hat.

10. Welche Aspekte sind bei der Auswahl eines Hundes wichtig?
→ Antwort im Text auf S. 21, 22

A) Die rassespezifischen Eigenschaften sollten zum Mensch und dessen Lebensgewohnheiten passen.
B) Hunde unterscheiden sich nur in Farbe und Größe, in Bezug auf das Verhalten muss man daher nichts berücksichtigen.
C) Die Farbe des Hundes sollte zur Wohnungseinrichtung passen.
D) Je ähnlicher sich Mensch und Hund sehen, desto besser passen sie zusammen.

11. Worin unterscheiden sich die einzelnen Hunderassen?
→ Antwort im Text auf S. 21, 22

A) Nur äußerlich.
B) Nur bezüglich ihrer rassespezifischen Eigenschaften.
C) Es gibt keine Unterschiede.
D) Sowohl äußerlich als auch bezüglich ihrer rassespezifischen Eigenschaften.

12. Gibt es rassespezifische Eigenschaften oder sind alle Rassen gleich?
→ Antwort im Text auf S. 11

A) Alle Rassen stammen vom Wolf ab, es gibt keine Unterschiede im Verhalten.
B) Hunde wurden für bestimmte Aufgaben gezüchtet, für die unterschiedliche Eigenschaften notwendig waren.
C) Lediglich die ursprünglichen Arbeitshunderassen unterscheiden sich voneinander.
D) Da Hunde heute kaum noch für bestimmte Aufgaben gezüchtet werden, unterscheiden sich die Rassen nicht mehr voneinander.

13. Ist eine Beratung vor der Auswahl und Anschaffung eines Hundes sinnvoll?
→ Antwort im Text auf S. 22, 23

A) Nein, das ist Geldverschwendung, da alle Hunde erziehbar sind.
B) Nein, denn niemand kann vorab sagen, welche Eigenschaften ein Hund haben wird.
C) Ja, denn Hunde unterscheiden sich in Aussehen und Verhalten und müssen zum Menschen und dessen Lebensgewohnheiten passen.
D) Nur bei Rassehunden.

14. Welche Eigenschaften machen Jagdhunde aus?
→ Antwort im Text auf S. 15, 16

A) Jagdhunde unterscheiden sich stark voneinander, es gibt viele unterschiedliche Spezialisten, denen eines gemeinsam ist: die jagdliche Motivation.

B) Alle Jagdhunde sind gute Spürhunde, sie sind für das Verfolgen von Spuren gezüchtet.
C) Jagdhunde sind stark jagdlich motiviert, sodass sie sich generell nicht als Familienhund eignen.
D) Jagdhunde kann man nicht frei laufen lassen, da die jagdliche Motivation nicht kontrollierbar ist.

15. Welche Eigenschaften machen Windhunde aus?
→ Antwort im Text auf S. 16, 17
A) Da sie für Hunderennen gezüchtet wurden, eignen sie sich besonders für lange Radtouren.
B) Windhunde sind Sichtjäger, sie lieben das Verfolgen und Hetzen von Beute.
C) Windhunde lieben es, stundenlang gebürstet zu werden. Sie achten sehr auf ihr Aussehen.
D) Windhunde kann man nicht frei laufen lassen, da die jagdliche Motivation nicht kontrollierbar ist.

16. Welche Eigenschaften machen Hütehunde aus?
→ Antwort im Text auf S. 14
A) Sie haben wenig jagdliche Motivation.
B) Sie müssen täglich mehrere Stunden ausgelastet werden.
C) Sie sind aktive Hunde, die oftmals, je nach ursprünglicher Verwendung, durchaus wachsam sein können.
D) Sie sind eher ruhig und phlegmatisch.

17. Welche Eigenschaften machen Treibhunde aus?
→ Antwort im Text auf S. 14, 15
A) Sie sind körperlich oft wenig sensibel und arbeiten trotz großer Selbstständigkeit gern mit dem Menschen zusammen.
B) Da Treibhunde wenig bellen, eignen sie sich nicht als Wachhunde.
C) Sie sind eher ruhig und phlegmatisch.
D) In Bezug auf das Verhalten gibt es keine Unterschiede zu Hütehunden.

18. Welche Eigenschaften machen Herdenschutzhunde aus?
→ Antwort im Text auf S. 13
A) Sie gleichen im Verhalten den Hütehunden.
B) Sie sind stark territorial veranlagt, mit einer großen Skepsis gegenüber Fremden.
C) Da sie sehr sozial sind, eignen sie sich ideal als Familienhunde.
D) Eine Haltung in der Stadt macht kaum Probleme, da sie gern Kontakt zu fremden Hunden aufnehmen.

19. Welche Eigenschaften machen Nordische Hunde aus?
→ Antwort im Text auf S. 18
A) Sie haben kaum jagdliche Motivation, weshalb Jagd- und Beutespiele als Beschäftigungsform nicht geeignet sind.
B) Sie sind aktiv mit großer Ausdauer. Die Haltung im Rudel ist in der Regel gut möglich.
C) Sie müssen täglich mit langen Radtouren ausgelastet werden.
D) Sie können nur in Gebieten mit maximalen Temperaturen unter null Grad Celsius artgerecht gehalten werden.

20. Welche Eigenschaften machen Doggenartige Hunde aus?
→ Antwort im Text auf S. 17, 18
A) Sie neigen zu aggressivem Verhalten gegenüber dem Menschen.
B) Es sind Hunde mit wenig territorialer Motivation.
C) Sie sind körperlich oft wenig sensibel, oftmals ist eine starke jagdliche Motivation vorhanden.
D) Aufgrund der Größe eignen sie sich gut für Familien mit kleinen Kindern.

21. Welche Eigenschaften machen Haus-, Hof-, Schutz- und Wachhunde aus?
→ Antwort im Text auf S. 12, 13
A) Sie sind stark territorial veranlagt, sehr selbstständig mit wenig jagdlicher Motivation.
B) Sie eignen sich problemlos für die Haltung in einer kleinen Stadtwohnung.
C) Sie sind fremden Menschen gegenüber generell sehr aufgeschlossen.
D) Aufgrund der Größe eignen sie sich gut für Familien mit kleinen Kindern.

22. Welche Eigenschaften machen Gesellschaftshunde aus?
→ Antwort im Text auf S. 19
A) Sie brauchen die Gesellschaft von Artgenossen und sind für die Haltung als Einzelhund nicht geeignet.
B) Sie wurden speziell für die Gesellschaft von Einzelkindern gezüchtet.
C) Sie sind weder territorial noch jagdlich stark veranlagt, arbeiten aber gern mit dem Menschen zusammen und eignen sich daher gut als Familienhunde.
D) Diese Rassen haben wenig gesundheitliche Probleme, da sie nicht für eine spezielle Aufgabe gezüchtet wurden.

23. Welche Jagdhunderasse eignet sich eher als Familienhund?

→ Antwort im Text auf S. 15, 16

A) Deutsch Drahthaar
B) Weimaraner
C) Labrador Retriever
D) Pudelpointer

24. Welche Jagdhunderasse eignet sich eher nicht als Familienhund?

→ Antwort im Text auf S. 15, 16

A) Golden Retriever
B) Deutsch Langhaar
C) Cocker Spaniel
D) Beagle

25. Ist Kinderfreundlichkeit eine typische Rassehundeeigenschaft?

→ Antwort im Text auf S. 143

A) Ja, Gesellschaftshunde kann man immer bedenkenlos mit Kindern zusammenlassen.
B) Nein, Hunde müssen in der Sozialisierungsphase positive Erfahrungen mit Kindern machen und den Umgang mit ihnen erlernen.
C) Insbesondere Hunde von Rassen, die häufig als Assistenzhund eingesetzt werden, wie der Labrador oder der Golden Retriever, sind generell kinderfreundlich.
D) Nein, man sollte den Kontakt zwischen Hunden und Kindern unter zehn Jahren generell vermeiden.

26. Sind Mischlinge gesünder als Rassehunde?

→ Antwort im Text auf S. 20

A) Ja, Rassehunde haben viele Erbkrankheiten, die Mischlinge nicht bekommen können.
B) Nein, Mischlinge sind durch die ungeplante Zucht anfälliger für Krankheiten.
C) Mischlinge haben aufgrund der häufig größeren genetischen Vielfalt eine größere Chance, gesund zu sein als Rassehunde, eine Garantie auf Gesundheit gibt es aber nicht.
D) Ja, deshalb sind Vorsorgeuntersuchungen wie das Röntgen auf Hüftgelenksdysplasie überflüssig.

27. Was kann man über die Eigenschaften eines Mischlings sagen?

→ Antwort im Text auf S. 19, 20

A) Wenn die Elterntiere bekannt sind, kann man abschätzen, welche Eigenschaften ein Mischlingswelpe entwickeln kann.
B) Aufgrund der Mischung verschiedener Rassen sind Mischlinge immer sehr ausgeglichen in Bezug auf ihr Verhalten und ihren Charakter.
C) Da Mischlinge nicht für bestimmte Aufgaben gezüchtet wurden, sind sie weder stark territorial noch stark jagdlich veranlagt.
D) Da Mischlinge die Eigenschaften von zwei oder mehr Rassen in sich vereinen, eignen sie sich für jeden Sport sowie jede Beschäftigungsform.

28. Sind Hunde aus dem Tierschutz immer problematischer in der Haltung als Hunde direkt vom Züchter?

→ Antwort im Text auf S. 28, 29

A) Hunde aus dem Tierschutz sind für Anfänger in der Hundehaltung nicht geeignet.
B) Im Tierheim findet man generell nur Hunde, die aggressiv gegenüber Menschen oder Hunden reagieren.
C) Nein, auch bei der Haltung von Hunden direkt vom Züchter können Probleme entstehen, genauso wie Hunde aus dem Tierschutz unkomplizierte Hunde sein können, die keine Probleme machen.
D) Hunde, die ihr Zuhause verloren haben, sind so traumatisiert, dass sie keine Bindung mehr zum Menschen aufbauen können.

29. Welche Probleme können bei der Übernahme von Hunden aus dem Auslandstierschutz entstehen?

→ Antwort im Text auf S. 30, 31

A) Der Hund reagiert nicht auf Anweisungen des Halters, da er dessen Sprache nicht versteht.
B) Hunde aus dem Ausland sind oft überfordert, sie müssen sich erst an die neuen Reize in ihrer Umgebung gewöhnen.
C) Sie eignen sich generell nicht als Familienhunde.
D) Sie sollten nur von Menschen mit Erfahrung in der Hundehaltung aufgenommen werden, da diese Hunde oft aggressiv gegenüber Menschen reagieren.

30. Worauf muss man bei der Übernahme eines Hundes aus dem Tierschutz achten?

→ Antwort im Text auf S. 30, 31

A) Im Internet gibt es viele Angebote, aus denen man den passenden Hund auswählen und sich schicken lassen kann.
B) Im Vordergrund steht die Rettung eines Hundes, daher sind weitere Informationen über die Eigenschaften des Hundes nicht wichtig.
C) Da diese Hunde in ihrem bisherigen Leben viel durchgemacht haben, muss man sie besonders verwöhnen.
D) Die Tierschutzorganisation, die den Hund vermittelt, muss Informationen über den gesundheitlichen Zustand sowie den Charakter des Hundes weitergeben und auch nach der Vermittlung für Fragen des neuen Halters zur Verfügung stehen.

B: EIN WELPE ZIEHT EIN …

Die meisten Antworten der hier gestellten Fragen findest du ab S. 32 „Ein Welpe zieht ein …“.

1. Woran erkennt man einen seriösen Züchter?
→ Antwort im Text auf S. 32, 33

A) Er züchtet viele unterschiedliche Rassen, sodass man eine große Auswahl hat.
B) Er hat eine große Zwingeranlage, die täglich gesäubert und desinfiziert wird.
C) Er integriert sowohl die Hündin als auch die Welpen in den Haushalt, damit die Welpen von Beginn an den Alltag einer Familie miterleben.
D) Er verkauft seine Welpen für einen sehr geringen Preis.

2. Was zeichnet eine gute Aufzucht beim Züchter aus?
→ Antwort im Text auf S. 37, 38

A) Besucher dürfen frühestens zur Abholung des Welpen kommen, damit möglichst keine Keime und Krankheitserreger eingeschleppt werden.
B) Die Welpen haben einen anregenden Spielbereich zur Verfügung, in dem sie viele unterschiedliche Reize kennenlernen. Sie dürfen im Garten toben und haben Kontakt zu vielen unterschiedlichen Menschen.
C) Die Hündin wird ab der vierten Woche, sobald die Welpen feste Nahrung fressen, immer getrennt von den Welpen gehalten, damit sie diese nicht verletzt.
D) Der Züchter fährt mit den Welpen in der siebten und achten Woche auf Ausstellungen, damit diese sich an den Trubel, der dort herrscht, gewöhnen können.

3. Sollte man Welpen bei einem Züchter kaufen, der die Welpen ausschließlich im Garten hält?
→ Antwort im Text auf S. 33, 35

A) Ja, denn dadurch sind die Welpen abgehärtet und können weniger erkranken.
B) Ja, denn so gewöhnen sie sich direkt an die später empfohlene Haltung im Zwinger.
C) Nein, denn Welpen müssen das Leben im Haus mit allen Alltagsgeräuschen und viel Kontakt zu den unterschiedlichsten Menschen kennenlernen.
D) Nein, außer es gibt eine überdachte und geheizte Zwingeranlage.

4. Welches Verhalten sollten die Welpen bei einem Besuch zeigen?
→ Antwort im Text auf S. 38, 39

A) Die Welpen sollten gern mit fremden Menschen Kontakt aufnehmen und neugierig auf neue Reize wie mitgebrachtes Spielzeug zugehen.
B) Die Welpen sollten spätestens zum Zeitpunkt der Abholung stubenrein sein.
C) Die Welpen sollten respektvoll Abstand halten und sich erst auf die Erlaubnis des Züchters den Besuchern nähern.
D) Die Welpen sollten sich alle gemeinsam in einer Ecke der Zwingeranlage verstecken, denn in der Gruppe sind sie vor Gefahren geschützt.

5. Wann sollte man vom Kauf eines Welpen besser Abstand nehmen?
→ Antwort im Text auf S. 33

A) Wenn die Welpen auf jeden Besucher zurennen und an ihm hochspringen.
B) Wenn ein vorheriger Besuch abgelehnt wird und der Welpe auf einem Parkplatz übergeben werden soll.
C) Wenn der Züchter den Interessenten vorab über die Eigenschaften seiner Hunde aufklärt und alle Informationen über seine Zucht weitergibt.
D) Wenn der Züchter den Interessenten befragt, wie der Welpe zukünftig leben soll und welche Anforderungen der Interessent an den Welpen stellt.

6. Worauf muss man beim Kauf eines Welpen achten?
→ Antwort im Text auf S. 32

A) Die Elterntiere müssen möglichst viele Preise auf Ausstellungen gewonnen haben.
B) Schmutzige Welpen, die im Dreck wühlen, sind ein Zeichen für schlechte Pflege. Hier sollte man keinen Welpen kaufen.
C) Die Welpen müssen einen gesunden und gepflegten Eindruck machen.
D) Die Welpen sollten mit der Abgabe zumindest die Grundsignale wie „Sitz“, „Down“ und „Bleib“ kennen, an Halsband und Leine gewöhnt sein und auf Rückruf zum Menschen kommen.

7. Ist es wichtig, dass der Welpe beim Züchter viele positive Erfahrungen macht?
→ Antwort im Text auf S. 36

A) Nein, denn Welpen lernen immer und können daher auch beim neuen Halter noch ausreichend positive Erfahrungen machen.

B) Nein, denn negative Erfahrungen beim Züchter können mit positiven Erfahrungen beim neuen Halter ausgeglichen werden.
C) Ja, denn nach der 8. Woche werden positive Erfahrungen nicht mehr im Langzeitgedächtnis abgespeichert.
D) Ja, denn der Welpe hat noch keine positiven Vorerfahrungen, sodass eine negative Erfahrung in dieser Zeit traumatisch sein kann.

8. Mit welchen Kosten muss man bei der Haltung eines Hundes rechnen?

→ Antwort im Text auf S. 25

A) Der Kaufpreis macht in der Regel den geringsten Anteil der Kosten aus. Neben Kosten für Futter und Kauartikel, Anschaffungen wie Spielzeug, Halsband/Geschirr/Leine und Körbchen muss man auch Geld für Tierarztbesuche, Versicherung und Steuer sowie das Training in der Hundeschule bedenken.
B) Solange man den Kaufpreis des Hundes angespart hat, braucht man sich keine weiteren Gedanken über die Kosten machen. Hunde sind genügsam und können auch mit den Resten vom Tisch ernährt werden.
C) Für eine artgerechte Ernährung muss ein Hund möglichst teures Futter bekommen. Billige Futtersorten sind von minderwertiger Qualität und führen zu schweren Erkrankungen.
D) Bei Rassehunden muss man mindestens das Doppelte des Kaufpreises für Tierarztbesuche einplanen, da Rassehunde häufig erkranken.

9. Welche Vorbereitungen muss man vor dem Einzug des Welpen treffen?

→ Antwort im Text auf S. 40

A) Man muss eine geeignete Hundepension finden, in welcher der Welpe während des Urlaubs unterkommen kann.
B) Man muss mit der ganzen Familie die Regeln abstimmen, an die sich der Welpe halten soll, und die Signale, auf die der Welpe Übungen wie „Sitz", „Down" oder „Hier" ausführen soll, vereinbaren.
C) Man muss vorab sämtliches Zubehör wie Halsband, Geschirr, diverse Leinen, Körbchen sowie viele unterschiedliche Spielzeuge kaufen, damit es dem Welpen an nichts fehlt.
D) Eine Vorbereitung ist nicht notwendig, da sich erst mit dem Einzug des Welpen zeigt, wo sich Gefahrenquellen wie offen liegende Kabel, Lücken im Zaun etc. befinden.

10. Wenn der Welpe einzieht …

→ Antwort im Text auf S. 41

A) … sollten sämtliche Freunde, Nachbarn und Verwandte anwesend sein, damit der Welpe von Anfang an alle Menschen kennenlernt, denen er später einmal begegnen wird.
B) … sollte man ihn erst einmal mit den Hunden der Nachbarschaft spielen lassen, da er durch den Verlust seiner Geschwister und der Mutterhündin nun Kontakt zu Artgenossen braucht.
C) … sollte man ihm zunächst die Möglichkeit geben, sich zu lösen, bevor man ihn danach den Wohnbereich erkunden lässt und ihn nach und nach Kontakt zu den im Haus lebenden Familienmitgliedern aufnehmen lässt.
D) … sollte man ihn erst einmal für einige Stunden im Zimmerkennel halten, damit er sich in Ruhe an den neuen Haushalt gewöhnen kann.

11. Welche Aktivitäten sollte man in der ersten Woche nach Einzug des Welpen planen?

→ Antwort im Text auf S. 41

A) Man sollte sich in der ersten Woche Zeit für den Welpen nehmen, damit dieser sich in seinem Tempo in der neuen Umgebung eingewöhnen und die engsten Familienmitglieder kennenlernen kann.

B) Keine, denn der Welpe darf sich erst nach Ende der 12. Woche (nach der zweiten Impfung) außerhalb des Hauses aufhalten.
C) Man sollte mit dem Welpen viele Ausflüge in die Stadt, den Tierpark, den Kindergarten und auf den Wochenmarkt unternehmen, damit der Welpe so viele unterschiedliche Reize wie möglich kennenlernt.
D) Der Welpe muss möglichst noch am ersten Tag wenigstens für einige Stunden allein im neuen Zuhause bleiben, damit er von Anfang an lernt, dass das normal ist.

12. Wo soll der Welpe nachts schlafen?
→ Antwort im Text auf S. 45
A) Im Zwinger, damit er von Anfang an lernt, allein zu bleiben.
B) In der Nähe seiner Menschen, damit er sich sicher fühlt und der Mensch mitbekommt, wenn der Welpe sich lösen muss.
C) Im Badezimmer, da es auf gefliestem Boden kein Problem ist, wenn der Welpe nachts in die Wohnung macht.
D) Im Eingangsbereich der Wohnung, denn er soll aufpassen, dass sich kein Fremder unerwünscht Zutritt zur Wohnung verschafft.

13. Wo sollte sich der Liegeplatz des Welpen tagsüber befinden?
→ Antwort im Text auf S. 43, 44
A) In der Nähe seiner Menschen, sodass er aktiv am Leben der Familie teilnehmen kann, aber dennoch genug Ruhe hat, um abzuschalten.
B) Im Flur in einem Körbchen neben der Haustür, damit er so viel wie möglich vom Leben der Menschen mitbekommt.
C) In einem gefliesten Raum wie dem Bad, dem Flur oder dem Wintergarten, da es hier unproblematisch ist, wenn der Welpe sich lösen muss.
D) Im Garten, da er hier viel von seiner Umwelt mitbekommt.

14. Kann die ausschließliche Haltung von Hunden im Zwinger zu Problemen führen?
→ Antwort im Text auf S. 33, 154
A) Nein, Hunde lernen so, problemlos allein zu bleiben.
B) Nein, Hunde können problemlos ausschließlich im Zwinger gehalten werden.
C) Nein, wenn der Hund ausreichend an die Haltung im Zwinger gewöhnt wurde.
D) Ja, es kann zu Defiziten in der Entwicklung und zu Problemen in Bezug auf das Verhalten kommen.

15. Was sollte der Welpe in den ersten Wochen beim neuen Hundehalter alles kennenlernen?
→ Antwort im Text auf S. 42
A) Alle wichtigen Umgebungsreize und viele unterschiedliche Menschen, jedoch individuell angepasst, sodass der Welpe die Reize auch verarbeiten kann.
B) In den ersten Wochen sollte man Kontakte zu fremden Menschen meiden, damit der Welpe sich möglichst intensiv an seinen neuen Halter binden kann.
C) Der Welpe sollte so oft wie möglich bei Freunden und Bekannten übernachten, damit er viele unterschiedliche Menschen kennenlernt und gut sozialisiert wird.
D) Bei einem guten Züchter hat der Welpe bereits alle notwendigen Reize kennengelernt.

16. Kann es für den Welpen schädlich sein, wenn er mit sehr vielen Reizen in der Welpenzeit konfrontiert wird?
→ Antwort im Text auf S. 42
A) Nein, je mehr Reize er kennenlernt, desto sicherer wird er in Bezug auf Umweltreize.
B) Ja, denn ein Welpe muss immer ausreichend Zeit haben, Reize zu verarbeiten. Ein Zuviel an Reizen kann dazu führen, dass er schreckhaft wird.
C) Nein, denn er muss in dieser Zeit möglichst alle Reize kennenlernen, mit denen er sich im späteren Leben einmal auseinandersetzen muss.
D) Ja, ein Welpe darf pro Tag maximal einen neuen Reiz kennenlernen.

17. In welchem Alter kann der neue Halter die ersten Übungen mit dem Welpen durchführen?
→ Antwort im Text auf S. 51
A) Nach Möglichkeit, wenn es der Züchter zulässt, bereits von Geburt an.
B) Gar nicht, man beginnt die Erziehung des Hundes frühestens mit Vollendung des 12. Lebensmonats.
C) Gar nicht, man beginnt die Erziehung des Hundes frühestens nach der Pubertät.
D) Nach einer kurzen Eingewöhnungszeit beim neuen Halter.

18. Worauf muss man beim Training mit dem Welpen achten?
→ Antwort im Text auf S. 51
A) Welpen lernen genauso wie erwachsene Hunde, man muss beim Training mit ihnen daher nichts Besonderes beachten.
B) Man muss immer konsequent sein und die Ausführung von Signalen durchsetzen.

C) Pro Lebensmonat darf man maximal 2 Minuten mit dem Welpen trainieren.
D) Das Training muss spielerisch aufgebaut sein, Dauer und Schwierigkeit müssen individuell je nach Welpe angepasst werden.

19. Wie bringt man dem Welpen die Beißhemmung in Bezug auf Menschen bei?
→ Antwort im Text auf S. 47
A) Beißt der Welpe zu fest zu, beißt man ihn ins Ohr.
B) Beißt der Welpe zu fest zu, schreit man laut auf und bricht die Interaktion mit ihm ab.
C) Beißt der Welpe zu fest zu, schimpft man laut und sperrt ihn in die Box.
D) Die Beißhemmung ist angeboren, man braucht sie nicht zu trainieren.

20. Wie trainiert man das Alleinbleiben mit dem Welpen?
→ Antwort im Text auf S. 130, 131
A) Man beginnt am besten direkt mit der Zeit, die der Hund später einmal allein bleiben muss, sodass er von Anfang an den notwendigen Zeitraum erlernt.
B) Hunde müssen das Alleinbleiben nicht lernen, es gehört zum normalen Verhalten.
C) Vor der Pubertät darf man Hunde nicht allein lassen, da dies zu Defiziten in ihrer Entwicklung führen würde.
D) Man beginnt mit wenigen Minuten und steigert die Zeit des Alleinbleibens Schritt für Schritt.

21. Wie sollte man sich verhalten, wenn der Welpe in die Wohnung uriniert?
→ Antwort im Text auf S. 45, 46
A) Man beseitigt das Malheur und beobachtet den Welpen ab sofort besser, damit man zukünftig rechtzeitig bemerkt, wenn er sich lösen muss.
B) Man stupst den Welpen mit der Nase in den Urin und schimpft lautstark.
C) Man sperrt den Welpen in die Box, damit er weiß, dass der Mensch böse auf ihn ist.
D) Man bestraft den Welpen, indem man mit ihm schimpft. Niemals darf man den Welpen mit der Zeitung schlagen oder im Nacken packen und schütteln.

22. Wie verhält man sich, wenn der Welpe jammert, während der Mensch am Tisch sitzt und isst?
→ Antwort im Text auf S. 133
A) Man gibt dem Welpen etwas vom Essen ab, denn das „Rudel" isst immer gemeinsam. Allerdings darf der Welpe nur Lebensmittel bekommen, die er auch verträgt.
B) Man ignoriert das Jammern des Welpen, indem man ihn weder anschaut noch anspricht oder anfasst und ihm keinesfalls etwas vom Tisch gibt.
C) Man schimpft mit dem Welpen und schickt ihn auf seinen Liegeplatz.
D) Der Welpe hat bestimmt Hunger. Daher bereitet man sein Futter zu und füttert ihn sofort.

23. Wie verhält man sich, wenn der Welpe am Teppich kaut?
→ Antwort im Text auf S. 48
A) Da es sich hierbei um ein normales Verhalten handelt, kann man aktiv nichts dagegen machen. Man wartet, bis der Welpe erwachsen ist und kauft dann einen neuen Teppich.
B) Man bestraft den Welpen, indem man ihn im Nacken packt und kräftig schüttelt.
C) Man nimmt den Welpen mit einem deutlichen Abbruchsignal (z. B. „Nein"/„Lass es") vom Teppich weg und bietet ihm eine Alternative zum Kauen wie einen Kauknochen an.
D) Man räumt alle Teppiche weg, bis der Welpe erwachsen ist.

24. Dürfen Welpen Treppen steigen?
→ Antwort im Text auf S. 90
A) Nein, das ist frühestens mit 12 Monaten gesundheitlich unbedenklich.
B) Ja, sobald sie körperlich dazu in der Lage sind, sollten sie, gesichert durch den Menschen, unterschiedliche Treppen kennenlernen. Ständiges Hinauf- und Hinunterlaufen muss man jedoch verhindern.
C) Ja, es stärkt die Muskeln und fördert damit die Entwicklung der Gelenke.
D) Nein, das ist frühestens mit Beginn der Pubertät unbedenklich.

25. Wie lange sollte man mit einem Welpen durchgängig spazieren gehen?
→ Antwort im Text auf S. 89
A) So lange wie der Welpe mitläuft. Wenn er nicht mehr kann, legt er sich hin und man kann ihn dann den Rest des Weges tragen.
B) Im Welpenalter sind Spaziergänge generell verboten, da die Gelenke des Welpen hierbei zu stark belastet werden.
C) Welpen großer Rassen können längere Strecken laufen als Welpen kleiner Rassen.
D) Pro Lebensmonat etwa 5 Minuten am Stück, danach sollte man eine Pause machen.

26. Gibt es den sogenannten „Welpenschutz"?
→ Antwort im Text auf S. 43

A) Ja, bis zum Ende der 8. Lebenswoche werden Welpen nicht von anderen Hunden gebissen.
B) Ja, bis zum Ende der 16. Lebenswoche werden Welpen nicht von anderen Hunden gebissen.
C) Ja, Welpen stehen vom Gesetz her unter besonderem Schutz, man darf sie nicht körperlich bestrafen.
D) Ja, die Mutterhündin kümmert sich um ihre Welpen und beschützt diese vor Gefahren.

27. Woran erkennt man eine gute Hundeschule?
→ Antwort im Text auf S. 49

A) Der Trainer hat viele Zertifikate und Prüfungsnachweise.
B) Der Trainer hat viele Bisswunden, da er sich beim Hund immer sofort durchsetzt.
C) Der Trainer geht auf die Wünsche des Kunden ein. Er erkennt die Bedürfnisse des Hundes und gestaltet das Training so, dass weder Kunde noch Hund überfordert sind und Spaß am Training haben.
D) Vor allem in der Welpenerziehung werden möglichst große Gruppen angeboten, da nur so eine ausreichende Sozialisierung in Bezug auf alle Rassen erreicht werden kann.

28. Woran erkennt man eine gute Welpengruppe?
→ Antwort im Text auf S. 50

A) Die Menschen warten hinter dem Zaun und stören die Welpen nicht beim Spielen.
B) In einer guten Hundeschule gibt es keine Welpengruppen, es wird stattdessen Wert auf Einzeltraining gelegt, damit die Welpen so schnell wie möglich die Grundsignale erlernen.
C) Der Trainer erklärt das Verhalten der Welpen. Er beobachtet die Welpen und leitet die Menschen an, ihre Welpen zu begleiten und, falls notwendig, in das Spiel einzugreifen.
D) Es wird ausreichend Verpflegung für Mensch und Hund geboten, Kaffee und Wasser sind selbstverständlich, Kuchen und Hundeleckerlis guter Service.

29. Sollte man mit einem Welpen eine Welpengruppe besuchen?
→ Antwort im Text auf S. 50

A) Ja, aber erst nach Ende der 12. Woche, wenn die Grundimmunisierung des Welpen abgeschlossen ist.
B) Ja, nach einigen Tagen der Eingewöhnung, da hier die weitere Sozialisierung des Welpen mit Artgenossen erfolgt.
C) Ja, wenn die Welpen der gleichen Rasse wie der eigene Welpe angehören. In einer guten Welpengruppe sollte es möglichst wenig Unterschiede in Bezug auf die Rasse, Größe und das Alter der Welpen geben.
D) Ja, wenn man selbst keine weiteren erwachsenen Hunde hat, die den Welpen erziehen.

30. Müssen Welpen mit anderen Welpen spielen?
→ Antwort im Text auf S. 50

A) Ja, im Spiel wird die Kommunikation mit Artgenossen verfeinert.
B) Ja, aber nur mit Welpen der gleichen Rasse, da es sonst zu Missverständnissen in der Kommunikation kommt.
C) Nein, sie brauchen den Kontakt zu erwachsenen Hunden, die sich ihnen gegenüber durchsetzen.
D) Nein, da die Verletzungsgefahr beim wilden Spiel der Welpen viel zu groß ist.

C: DER WELPE WIRD ERWACHSEN …

Die meisten Antworten der hier gestellten Fragen findest du ab S. 52 „Der Welpe wird erwachsen …".

1. Wie viele Zähne hat ein erwachsener Hund normalerweise?
→ Antwort im Text auf S. 52
A) 42, in jeder Kieferhälfte 3 Schneidezähne, 1 Fangzahn, 4 vordere Backenzähne und im Oberkiefer 2 hintere Backenzähne, im Unterkiefer 3 hintere Backenzähne.
B) 44, in jeder Kieferhälfte 3 Schneidezähne, 1 Fangzahn, 4 vordere Backenzähne und 3 hintere Backenzähne.
C) 40, in jeder Kieferhälfte 3 Schneidezähne, 1 Fangzahn, 4 vordere Backenzähne und 2 hintere Backenzähne.
D) 48, in jeder Kieferhälfte 3 Schneidezähne, 1 Fangzahn, 4 vordere Backenzähne und 4 hintere Backenzähne.

2. Wie viele Zähne hat das Gebiss des Welpen normalerweise?
→ Antwort im Text auf S. 53
A) 32, in jeder Kieferhälfte 3 Schneidezähne, 1 Fangzahn, 4 vordere Backenzähne.
B) 24, in jeder Kieferhälfte 3 Schneidezähne, 1 Fangzahn und 2 vordere Backenzähne.
C) 28, in jeder Kieferhälfte 3 Schneidezähne, 1 Fangzahn und 3 vordere Backenzähne.
D) 42, in jeder Kieferhälfte 3 Schneidezähne, 1 Fangzahn, 4 vordere Backenzähne und im Oberkiefer 2 hintere Backenzähne, im Unterkiefer 3 hintere Backenzähne.

3. Welche Zähne bezeichnet man als Reißzähne?
→ Antwort im Text auf S. 52
A) Die Eckzähne des Hundes.
B) Im Oberkiefer den letzten Prämolar (P4), im Unterkiefer den ersten Molar (M1).
C) Die Fangzähne des Hundes.
D) Den ersten Prämolar (P1) im Ober- und Unterkiefer.

4. Welche Zähne bezeichnet man als Fangzähne?
→ Antwort im Text auf S. 52
A) Im Oberkiefer den letzten Prämolar (P4), im Unterkiefer den ersten Molar (M1).
B) Die vorne liegenden Schneidezähne, da hiermit die Beute gefangen wird.
C) Die Backenzähne, da hiermit die gefangene Beute zerteilt wird.
D) Die 4 Eckzähne, auch Canini genannt.

5. Wann verliert der Welpe seine Milchzähne?
→ Antwort im Text auf S. 53
A) Zwischen dem 6. und 9. Lebensmonat, beginnend mit den Schneidezähnen.
B) Mit Beginn der Pubertät, bei der Hündin mit Beginn der ersten Läufigkeit.
C) Ab dem 4. Lebensmonat, beginnend mit den Schneidezähnen.
D) Ab der 4. Lebenswoche, beginnend mit den Schneidezähnen.

6. Ab welchem Alter gilt der Hund als Junghund und nicht mehr als Welpe?
→ Antwort im Text auf S. 52
A) Sobald er vom Züchter in die neue Familie zieht.
B) Mit Beginn der Pubertät, bei der Hündin mit Beginn der ersten Läufigkeit.
C) Mit Beginn des Zahnwechsels.
D) Ab dem Zeitpunkt, ab dem er feste Nahrung bekommt.

7. Ab wann kann man den Junghund körperlich voll belasten?
→ Antwort im Text auf S. 61
A) Sobald das Längenwachstum der langen Röhrenknochen abgeschlossen ist, mit dem Schließen der Wachstumsfugen, etwa um den 10.–12. (kleine Rassen) oder 14.–16. (große Rassen) Lebensmonat.
B) Je nach Rasse etwa ab dem 2. (kleine Rassen) bis 3. (große Rassen) Lebensjahr.
C) Sobald er geschlechtsreif ist.
D) Mit 12 Monaten.

8. Wann ist die Sozialisierungsphase beim Hund im Großen und Ganzen abgeschlossen?
→ Antwort im Text auf S. 36
A) Je nach Rasse, mit 2 bis 3 Jahren.
B) Mit etwa 16 Wochen.
C) Mit etwa 16 Monaten.
D) Nach der Abgabe durch den Züchter, mit etwa 8 bis 10 Wochen.

9. Muss man nach der Sozialisierungsphase weiterhin mit dem Hund Kontakt zu unterschiedlichen Menschen suchen und viele unterschiedliche Gegebenheiten mit dem Hund aufsuchen?
→ Antwort im Text auf S. 52
A) Nein, wenn der Hund in der Sozialisierungsphase ausreichend Reize kennengelernt hat, braucht man diesbezüglich nicht weiter aktiv zu sein.
B) Ja, man muss in dieser Zeit alles das nachholen, was man zuvor nicht mehr geschafft hat.

C) Ja, der junge Hund muss weiterhin viele unterschiedliche Reize erleben, um ein souveräner erwachsener Hund zu werden.
D) Nur dann, wenn man den Hund erst in dieser Phase übernommen hat.

10. Muss man Pflegemaßnahmen wie Bürsten oder sich anfassen lassen auch mit dem Junghund weiter trainieren?
→ Antwort im Text auf S. 47, 88
A) Ja, die Grundlage, die hier in der Welpenzeit gelegt wurde, muss nun gefestigt werden.
B) Nein, Junghunde sind durch die hormonelle Umstellung zu nervös, sodass negative Verknüpfungen erfolgen. Daher sollte man hiermit bis zum Alter von einem Jahr aussetzen.
C) Wenn der Welpe die Pflegemaßnahmen in dieser Zeit gut erlernt hat, ist weiteres Training unnötig.
D) Nur dann, wenn man den Hund erst in dieser Zeit übernommen hat.

11. Wann wird die Hündin das erste Mal läufig?
→ Antwort im Text auf S. 55
A) Individuell je nach Rasse/Hund, meist zwischen dem 6. und 15. Lebensmonat.
B) Spätestens im Alter von einem Jahr. Ist die Hündin bis dahin nicht läufig geworden, muss man den Tierarzt aufsuchen und die Ursache abklären lassen.
C) Individuell je nach Rasse/Hund, meistens zwischen der 6. und 15. Lebenswoche.
D) Hündinnen werden nur läufig, wenn potente Rüden im gleichen Haushalt leben.

12. Wie oft wird eine Hündin in der Regel läufig?
→ Antwort im Text auf S. 55
A) Alle 3 bis 4 Wochen.
B) Etwa 2-mal im Jahr.
C) Etwa alle 2 Jahre.
D) In jedem Frühjahr.

13. Woran erkennt man die sogenannte Standhitze, in der die Hündin erfolgreich vom Rüden gedeckt werden kann?
→ Antwort im Text auf S. 56
A) Die Standhitze beginnt, sobald die Blutung der Hündin aufgehört hat, sie dauert etwa 4 Tage an.
B) Die Vulva ist geschwollen, der Ausfluss ist kräftig und dunkelrot.
C) Die Standhitze beginnt mit dem ersten Tag der Läufigkeit, sie dauert etwa 4 Tage an.
D) Die Vulva ist geschwollen, der Ausfluss hellrot und durchsichtig, oft nimmt die Hündin die Rute zur Seite, wenn man sie an der Rutenwurzel streichelt.

14. Wann ist der Rüde zeugungsfähig?
→ Antwort im Text auf S. 59
A) Mit 6 bis 12 Monaten.
B) Je nach Rasse, mit 2 bis 3 Jahren.
C) Sobald beide Hoden vollständig abgestiegen sind.
D) Nach Abschluss des Zahnwechsels.

15. Wann kann die Hündin das erste Mal erfolgreich gedeckt werden und Welpen bekommen?
→ Antwort im Text auf S. 56
A) In der zweiten Läufigkeit.
B) Das hängt von der Rasse ab, kleine Rassen mit etwa einem Jahr, große Rassen im Alter von 2 bis 3 Jahren.
C) In der ersten Läufigkeit.
D) Da es weder Vor- noch Nachteile gibt, spielt der Zeitpunkt keine Rolle.

16. Wann sollte eine Hündin frühestens das erste Mal Welpen bekommen?
→ Antwort im Text auf S. 56
A) Ab der Geschlechtsreife, nach der ersten Läufigkeit.
B) Wenn die Hündin sowohl körperlich als auch geistig ausgereift ist, je nach Rasse im Alter zwischen 2 und 3 Jahren.
C) Nach der dritten Läufigkeit.
D) Da es weder Vor- noch Nachteile gibt, spielt der Zeitpunkt keine Rolle.

17. Wie lange dauert die Trächtigkeit der Hündin?
→ Antwort im Text auf S. 56
A) Cirka 58 bis 63 Tage
B) Cirka 49 bis 73 Tage
C) Cirka 69 bis 73 Tage
D) Cirka 49 bis 53 Tage

18. Woran erkennt man eine Scheinträchtigkeit/Scheinmutterschaft der Hündin?
→ Antwort im Text auf S. 56, 57
A) Es gibt keine eindeutigen Symptome.
B) Die Hündin ist lethargisch, hat Fieber und trinkt vermehrt.
C) Die Hündin zeigt wenig Interesse an der Umwelt, bemuttert und/oder verteidigt Stofftiere und hat häufig Milchfluss.

D) Die Scheinträchtigkeit/Scheinmutterschaft kann nur der Tierarzt durch eine Laboruntersuchung des Blutes bestätigen.

19. Was kann man bei einer Scheinträchtigkeit/ Scheinmutterschaft der Hündin tun?

→ Antwort im Text auf S. 58

A) Die Zitzen sollten regelmäßig ausgedrückt werden, damit diese sich nicht entzünden und der Milchfluss stoppt.

B) Man sollte etwas weniger füttern, die Hündin viel bewegen und auslasten, Spielzeug wegräumen und die Zitzen nicht manipulieren. Gegebenenfalls muss der Tierarzt aufgesucht werden.

C) Da die Hündin trauert, muss man ihr besonders viel Aufmerksamkeit zukommen lassen, indem man ihr z. B. ihr Lieblingsfutter gibt.

D) Die Hündin muss das Verhalten für etwa 4 bis 9 Wochen ausleben können, sodass man ihr Spielzeug zur Verfügung stellen sollte, das sie bemuttern kann.

20. Wie verhält man sich, wenn der Rüde unerwünscht eine Hündin deckt und es zum Hängen gekommen ist?

→ Antwort im Text auf S. 59

A) Ruhig bleiben und abwarten, die Hunde keinesfalls versuchen zu trennen und danach den Tierarzt aufsuchen.

B) Die Hunde mit Wasser übergießen.

C) Die Hunde möglichst schnell auseinanderziehen.

D) Beide Hunde mit Futter auseinanderlocken.

21. Ab wann sind Hunde nicht nur körperlich erwachsen, sondern auch geistig ausgereift?

→ Antwort im Text auf S. 61

A) Etwa 3 bis 6 Monate nach Beginn der Pubertät, mit ca. 12 Monaten.

B) Mit Vollendung des dritten Lebensjahres.

C) Je nach Rasse etwa ab dem 2. (kleine Rassen) bis 3. (große Rassen) Lebensjahr.

D) Das hängt vom Trainingsstand des Hundes ab. Bei gut trainierten Hunden mit 2 Jahren, bei Hunden, mit denen wenig trainiert wird, mit 3 Jahren.

22. Welche Folgen hat die Kastration eines Hundes in jedem Fall?

→ Antwort im Text auf S. 59, 60, 61

A) Der Hund wird zunehmen.

B) Der Hund wird ruhiger.

C) Der Hund wird zeugungsunfähig.

D) Der Hund wird weniger aggressiv.

23. Welche Nachteile können durch die Kastration des Hundes entstehen?

→ Antwort im Text auf S. 59, 60, 61

A) Es kann zu Harninkontinenz, Gewichtszunahme und Fellveränderungen kommen.

B) Eine Kastration hat nie Nachteile für den Hund.

C) Der Hund kann verstärkt an Mammatumoren erkranken.

D) Sowohl Rüde als auch Hündin werden in jedem Fall aggressiver.

24. Führt die Kastration eines Rüden dazu, dass dieser weniger aggressiv auf andere Rüden reagiert?

→ Antwort im Text auf S. 59, 60, 61

A) Ja, immer.

B) Nein, nie.

C) Das hängt zum einen vom Alter des Hundes, zum anderen von der Ursache der Aggression ab. Zudem muss parallel dazu eine Verhaltenstherapie durchgeführt werden.

D) Nur in Kombination mit einer medikamentösen Behandlung.

25. Wie lange wirkt der Kastrations-Chip (Suprelorin-Implantat) beim Rüden?

→ Antwort im Text auf S. 60

A) Je nach Präparat, 6 oder 12 Monate, abhängig von der Größe des Rüden auch etwas länger oder kürzer.

B) Immer genau 6 Monate.

C) Immer genau 12 Monate.

D) Lebenslang.

26. Warum sind Hunde in der Pubertät häufig abgelenkt und lernen scheinbar nur schwer?

→ Antwort im Text auf S. 54, 55

A) Das passiert nur dann, wenn die Halter zuvor inkonsequent waren.

B) Das passiert nur dann, wenn die Halter in dieser Zeit nicht streng genug sind.

C) Die Nervenzellen im Gehirn werden neu verknüpft, Hormonschübe führen zu großer Verunsicherung, selbstbelohnendes Verhalten hat einen hohen Stellenwert.

D) In dieser Zeit zeigt sich, wie intelligent der Hund ist.

27. Wie sollte man das Training mit Hunden in der Pubertät gestalten?

→ Antwort im Text auf S. 54, 55

A) Man muss in dieser Zeit besonders streng mit dem Hund sein.

B) Hält sich der Hund nicht an die Regeln oder führt Signale nicht aus, muss er dafür sofort hart bestraft werden.
C) Man muss in dieser Zeit Rücksicht auf den veränderten Hormonhaushalt des Hundes nehmen und darf daher nicht so streng sein, wenn der Hund Signale nicht ausführt.
D) Man sollte sich nicht auf Diskussionen einlassen, dem Hund jedoch einfache Aufgaben stellen, die er in jedem Fall schaffen kann.

28. Ist es normal, wenn Junghunde scheinbar auf einmal alles bereits Gelernte vergessen haben?
→ Antwort im Text auf S. 54, 55
A) Nein, man sollte in dem Fall den Tierarzt aufsuchen, da ein Gendefekt oder eine Erkrankung des Gehirns vorliegen kann.
B) Nein, das zeigt, dass der Halter dem Hund in der Welpenzeit alles hat durchgehen lassen und nicht konsequent genug war.
C) Ja, in dieser Zeit zeigt sich der wahre Charakter des Hundes.
D) Ja, das ist vollkommen normal und ein Zeichen für die Veränderungen, die in dieser Phase im Körper sowie im Gehirn des Hundes erfolgen.

29. Der frei laufende Hund kommt auf den Rückruf nicht sofort zu seinem Menschen zurück. Was kann der Grund dafür sein?
→ Antwort im Text auf S. 54, 55
A) Er ignoriert den Menschen bewusst, um sich ihm gegenüber durchzusetzen.
B) Die Rangordnung zwischen Mensch und Hund stimmt nicht.
C) Der Hund befindet sich in der Sozialisierungsphase, er muss sich erst noch an das Signal gewöhnen.
D) Der Hund ist in der Pubertät, in welcher selbstbelohnendes Verhalten einen höheren Stellenwert bekommt.

30. Der frei laufende Hund kommt auf den Rückruf nicht sofort zurück. Wie sollte man darauf reagieren?
→ Antwort im Text auf S. 54, 55
A) Man bestraft den Hund hart, sobald er zurückkommt.
B) Man läuft schimpfend hinter dem Hund her und versucht, ihn wieder einzufangen.
C) Man wartet ruhig, bis sich eine Möglichkeit ergibt, den Hund anzuleinen. Zukünftig lässt man den Hund dann nur noch an der Schleppleine laufen.
D) Da kann man nichts machen. Freilauf ist ein wichtiger Bestandteil der artgerechten Haltung von Hunden.

D: SO LERNEN HUNDE

Die meisten Antworten der hier gestellten Fragen findest du ab S. 62 „So lernen Hunde“.

1. Wann beginnt man mit der Erziehung des Hundes?
→ Antwort im Text auf S. 51
A) Wenn er ausgewachsen ist, im Alter zwischen 2 und 3 Jahren.
B) Nach der Pubertät.
C) Mit einem Jahr.
D) Nach einer kurzen Eingewöhnungszeit beim neuen Halter.

2. Können Hunde die Sprache des Menschen verstehen?
→ Antwort im Text auf S. 65
A) Sie können die Bedeutung einzelner Worte erlernen.
B) Ja, wenn man langsam und deutlich spricht.
C) Ja, wenn sie in der Sozialisierungsphase darauf geprägt wurden.
D) Nein, Hunde können nicht sprechen und daher keine Worte verstehen.

3. Hunde lernen am besten ...?
→ Antwort im Text auf S. 69
A) ...durch Training mit harten Strafen.
B) ...durch ein Training mit positiver Verstärkung.
C) ...wenn man zur Belohnung ausschließlich Futter verwendet.
D) ...wenn man zur Belohnung kein Futter verwendet.

4. Wie kann man das Lernprinzip der positiven Verstärkung beschreiben?
→ Antwort im Text auf S. 69
A) Der Hund bekommt nach jeder Übung Futter.
B) Der Hund wird nach einer von ihm ausgeführten Handlung bestraft.
C) Der Hund bekommt nach einer von ihm ausgeführten Handlung etwas, das für ihn angenehm ist. Das kann Spiel, Lob, Streicheln oder Futter sein.
D) Der Hund wird ignoriert, wenn er eine Übung falsch ausführt.

5. Welches Beispiel entspricht dem Lernprinzip der positiven Verstärkung?
→ Antwort im Text auf S. 69
A) Weil der Hund an der Leine zieht, ruckt der Mensch einmal kräftig an der Leine.
B) Der Mensch belohnt den Hund mit einem Futterstück, nachdem er an lockerer Leine neben ihm gelaufen ist.

C) Der Mensch bleibt stehen und ignoriert den Hund, nachdem dieser an der Leine gezogen hat.
D) Der Mensch hält die Leine so lange auf Spannung, bis der Hund auf seiner Höhe läuft und nicht nach vorne zieht.

6. Welche Möglichkeiten gibt es, einen Hund zu belohnen?

→ Antwort im Text auf S. 66

A) Man sollte Hunde ausschließlich mit Futter belohnen.
B) Man sollte Hunde nie mit Futter belohnen.
C) Man darf Hunde während des Trainings nicht anfassen und streicheln.
D) Die Belohnung muss individuell ausgewählt werden, je nach Hund entweder Futter, Spiel, Lob/Streicheln.

7. Wenn man mit Futter belohnt, ...?

→ Antwort im Text auf S. 67

A) ... wird der Hund nur noch dann die Signale des Menschen ausführen, wenn er Futter dafür bekommt.
B) ... wird der Hund zunehmen.
C) ... wird der Hund ein zuvor ausgeführtes Verhalten öfter zeigen.
D) ... macht der Hund die Übung nur für das Futter und nicht für den Menschen.

8. Wie lange nach einem Verhalten darf ein Lob oder eine Strafe für den Hund folgen, damit er sie mit dem Verhalten verbinden kann?

→ Antwort im Text auf S. 65

A) Der Zeitraum spielt keine Rolle, solange die Situation nicht verlassen wird.
B) Maximal 2 Sekunden
C) Maximal 2 Minuten
D) Wenn man dem Hund den Tatbestand vor Augen führen kann, also z. B. den zerkauten Schuh zeigt, kann er die Strafe auch nach langer Zeit noch mit dem unerwünschten Verhalten verbinden.

9. Wie reagiert man, wenn der Hund unerwünschtes Verhalten zeigt?

→ Antwort im Text auf S. 68

A) Man bestraft den Hund sofort hart.
B) Man findet die Ursache für das Fehlverhalten heraus und verhindert, dass der Hund es erneut zeigen kann.
C) Man schimpft mit dem Hund und ignoriert ihn bis zum nächsten Tag.
D) Da der Hund das unerwünschte Verhalten bereits ausgeführt hat, kann man leider nichts mehr machen.

10. Was muss man berücksichtigen, wenn man Hunde bestraft?

→ Antwort im Text auf S. 65

A) Nichts, Hunde müssen lernen, dass der Mensch sich bedingungslos durchsetzt.
B) Man muss Hunde artgerecht bestrafen, z. B. indem man sie auf den Rücken wirft.
C) Hilfsmittel dürfen bei der Bestrafung von Hunden nicht eingesetzt werden.
D) Die Strafe muss für den Hund mit dem unerwünschten Verhalten in Verbindung gebracht werden können.

11. Was kann das Vertrauensverhältnis zwischen Hund und Halter beeinträchtigen?

→ Antwort im Text auf S. 68

A) Unverhältnismäßig harte Strafen, die für den Hund nicht verständlich sind.
B) Wenn man den Hund kurzzeitig ignoriert, wenn er unerwünschtes Verhalten zeigt.
C) Wenn man nicht auf den Wunsch des Hundes, mit ihm zu spielen, reagiert.
D) Die Unterbringung in einer guten Hundepension für einen begrenzten Zeitraum.

12. Wie gestaltet man das Training mit dem Hund?
→ Antwort im Text auf S. 79
A) Man trainiert eine Übung so lange, bis der Hund sie verstanden hat.
B) Eine Trainingseinheit darf maximal eine Stunde dauern.
C) Der Hund zeigt durch sein Verhalten, wenn er genug hat.
D) Man übt in kurzen Trainingsintervallen, im Idealfall mehrmals am Tag.

13. Wie baut man das Training mit dem Hund auf?
→ Antwort im Text auf S. 77
A) Man beginnt ganz einfach und steigert die Schwierigkeit in kleinen Schritten.
B) Man übt von Anfang an in der höchsten Schwierigkeitsstufe.
C) Es reicht, wenn man die Übungen in der Hundeschule trainiert.
D) Wenn der Hund einen Fehler macht, bricht man das Training ab und beginnt am nächsten Tag von vorne.

14. Was kann man tun, wenn der Hund sich draußen nicht auf das Training konzentriert?
→ Antwort im Text auf S. 79
A) Man bestraft den Hund hart, wenn er nicht aufpasst.
B) Man reduziert die ablenkenden Faktoren, indem man den Ort wechselt oder sogar erst einmal in der Wohnung übt.
C) Man steigert die Belohnung, indem man ihm statt Trockenfutter Fleisch gibt.
D) Man lässt ihn erst einmal mit anderen Hunden toben, sodass er danach ausgelastet und aufnahmebereit ist.

15. Welche Signale sind beim Training von Hunden sinnvoll?
→ Antwort im Text auf S. 65
A) Hörzeichen und Sichtzeichen.
B) Nur Hörzeichen.
C) Nur Sichtzeichen.
D) Pfiffe einer lautlosen Hundepfeife.

16. Wie oft muss man eine Übung mit dem Hund trainieren, damit er sie gelernt hat?
→ Antwort im Text auf S. 79
A) Sobald er die Übung einmal richtig ausführt, hat er sie gelernt.
B) Man muss die Übung viele Male an den unterschiedlichsten Orten und in vielfältigen Situationen mit immer neuen Umgebungsreizen trainieren.
C) 300-mal.
D) 3 000-mal.

17. Wie gestaltet man das Training, nachdem der Hund im ersten Schritt das Signal erlernt hat?
→ Antwort im Text auf S. 77, 78, 79
A) Man braucht nicht weiterzutrainieren, der Hund hat das Signal erlernt.
B) Man braucht nicht weiterzutrainieren, da der Hund sich ab dem Zeitpunkt an die Anweisungen des Menschen halten muss.
C) Der Hund muss lernen zu generalisieren. Man trainiert in vielen unterschiedlichen Situationen, damit der Hund das Signal überall zuverlässig ausführt.
D) Man trainiert noch mindestens 4 Wochen ohne eine weitere Steigerung, damit man wirklich sicher sein kann, dass der Hund das Signal verstanden hat.

18. Wie lange dauert die Erziehung des Hundes?
→ Antwort im Text auf S. 62
A) 4 bis 8 Wochen.
B) Bis zum Erreichen der Pubertät.
C) Bis der Hund ausgewachsen ist, also bis zum Alter von 2 bis 3 Jahren.
D) Hunde lernen ein Leben lang und passen sich an veränderte Lebensbedingungen an.

19. Kann man alten Hunden noch etwas beibringen?
→ Antwort im Text auf S. 62
A) Alte Hunde können keine neuen Übungen mehr erlernen.
B) Das hängt von der Rasse ab, kleine Hunde sind im Alter lernbereiter als große Hunde.
C) Junge Hunde können zwar schneller neue Übungen erlernen, aber auch alte Hunde können immer noch dazulernen.
D) Spätestens im Alter von 10 Jahren werden im Gehirn keine neuen Verknüpfungen mehr erstellt, der Hund kann dann nur noch bereits Erlerntes abrufen.

20. Welches Hilfsmittel ist tierschutzrechtlich im Hundetraining verboten?
→ Antwort im Text auf S. 71
A) Kopfhalfter
B) Stromhalsband
C) Maulkorb
D) Geschirr

21. Worauf muss man bei der Auswahl von Halsband und Leine achten?
→ Antwort im Text auf S. 71
A) Die Farbe muss zur Kleidung des Menschen passen.
B) Je dünner das Halsband ist, desto weniger zieht der Hund an der Leine.

C) Zughalsbänder ohne Zugstopp sind ideal, da der Hund sich nicht daraus befreien kann.
D) Halsband und Leine müssen aus einem reißfesten Material sein.

22. Welches Halsband ist tierschutzrechtlich unbedenklich?
→ Antwort im Text auf S. 71
A) Zughalsband ohne Zugstopp
B) Stromhalsband
C) Zughalsband mit Zugstopp
D) Stachelhalsband

23. Worauf muss man beim Einsatz der Schleppleine achten?
→ Antwort im Text auf S. 71
A) Schleppleinen eignen sich nicht für das Training, besser geeignet sind Rollleinen.
B) Die Schleppleine sollte nicht am Halsband, sondern am Geschirr befestigt werden.
C) Die Schleppleine sollte immer vollständig abgewickelt werden, damit der Hund weiß, wie viel Leine er zur Verfügung hat.
D) Die Schleppleine eignet sich nur für das Training, auf dem Spaziergang besteht die Gefahr, dass der Mensch oder andere Hunde sich darin verwickeln.

24. Worauf muss man bei der Auswahl eines Geschirrs achten?
→ Antwort im Text auf S. 72, 73
A) Die Farbe muss zur Kleidung des Menschen passen.
B) Am besten eignen sich sogenannte Erziehungsgeschirre, bei denen sich Schnüre unter den Achseln des Hundes zuziehen, wenn der Hund zieht.
C) Ein Geschirr muss immer einen zweiten Bauchriemen haben, damit der Hund sich nicht daraus herauswinden kann.
D) Das Geschirr darf nicht unter den Achseln scheuern, es muss dem Hund gut passen.

25. Worauf muss man bei der Auswahl eines Maulkorbs achten?
→ Antwort im Text auf S. 74
A) Am besten eignen sich Maulkörbe aus Metall, da diese nicht nachgeben.
B) Der Hund muss hecheln und Wasser aufnehmen können.
C) Der Maulkorb sollte aus buntem Plastik sein, damit die Menschen keine Angst vor dem Hund haben.
D) In einer Notsituation muss man dem Hund den Maulkorb mit einem Griff abstreifen können.

26. Wie gewöhnt man den Hund an den Maulkorb?
→ Antwort im Text auf S. 220, 221
A) Man sperrt den Hund in eine Box und wartet, bis er kein Abwehrverhalten mehr zeigt.
B) Man befestigt den Maulkorb zunächst ganz locker, sodass der Hund ihn sich abstreifen kann, wenn ihn der Maulkorb stört.
C) Sobald der Hund versucht, den Maulkorb abzustreifen, schimpft man mit ihm und bestraft ihn hart.
D) Man gewöhnt den Hund in kleinsten Schritten an das Tragen, indem man ihn zunächst Futter daraus fressen lässt. Danach schließt man den Maulkorb kurz und lässt ihn den Hund dann immer länger tragen.

27. Wann ist es sinnvoll, den Hund mit Kopfhalfter zu führen?
→ Antwort im Text auf S. 73
A) Um zu verhindern, dass der Hund Essbares vom Boden aufnimmt.
B) Wenn der Mensch den Hund sonst nicht halten kann.
C) Gar nicht, der Einsatz des Kopfhalfters ist tierschutzrechtlich relevant.
D) Wenn der Hund an der Schleppleine zu stürmisch losläuft.

28. Was muss man bei der Auswahl einer Pfeife für das Hundetraining bedenken?
→ Antwort im Text auf S. 74
A) Hunde reagieren nur auf hohe Töne, man sollte daher eine hochfrequente (lautlose) Pfeife verwenden.
B) Hunde kommen automatisch auf den Pfiff einer Pfeife angelaufen, daher eignet sich jede Pfeife gut für den Rückruf von Hunden.
C) Bei der Haltung mehrerer Hunde sollte man für jeden Hund eine Pfeife in einer anderen Tonhöhe verwenden.
D) Man sollte eine Pfeife wählen, die man selbst auch hört. Bevor man die Pfeife für den Rückruf verwendet, muss der Hund erst einmal lernen, dass er auf den Pfiff kommen soll.

29. Wie kann man den Hund motivieren, zum Menschen zu kommen?
→ Antwort im Text auf S. 202
A) Man geht in die Hocke und lockt den Hund. Sobald er gekommen ist, belohnt man ihn.
B) Man zieht den Hund an der Schleppleine zu sich heran, bis er freiwillig kommt.
C) Man wirft dem Hund eine Wurfkette hinterher, wenn er wegläuft.
D) Hunde müssen gehorchen. Daher bestraft man den Hund hart, wenn er nicht zum Menschen kommt.

30. Was muss man bei der Auswahl eines Apportiergegenstandes bedenken?
→ Antwort im Text auf S. 75
A) Apportiertraining verstärkt das Jagdverhalten des Hundes, daher sollte man den Hund nichts apportieren lassen.
B) Bälle dürfen nicht zu klein sein, damit der Hund sie nicht verschluckt. Am besten eignen sich Bälle mit Schnur.
C) Beute abgeben ist für den Hund nicht natürlich, daher darf man keine Gegenstände mit Fell verwenden.
D) Die Verwendung eines Futterbeutels führt zu aggressivem Verhalten, da Hunde Nahrung verteidigen.

E: ERNÄHRUNG UND PFLEGE

Die meisten Antworten der hier gestellten Fragen findest du ab S. 80 „Ernährung und Pflege".

1. Was muss ein Hund ständig zur freien Verfügung haben?
→ Antwort im Text auf S. 85
A) Futter
B) Spielzeug
C) Kauknochen oder Kauartikel
D) Wasser

2. Wie sollte man den Hund füttern?
→ Antwort im Text auf S. 84
A) Futter muss immer frei verfügbar sein.
B) Hunde müssen zweimal täglich gefüttert werden. Dazwischen müssen mindestens 8 Stunden liegen, in denen der Hund kein zusätzliches Futter bekommen darf.
C) Die Fütterung muss individuell an jeden Hund und den Alltag des Menschen angepasst werden, sowohl in Bezug auf die Häufigkeit als auch den Zeitpunkt.
D) Wenn Hunde sich ihr Futter ganz oder teilweise erarbeiten müssen, werden sie auf Signale des Menschen ohne eine Futterbelohnung nicht mehr reagieren.

3. Wie viel Futter benötigt ein Hund täglich?
→ Antwort im Text auf S. 84
A) Futter muss frei verfügbar sein, damit der Hund immer fressen kann, wenn er Hunger hat.
B) Futter muss angepasst je nach Hund und Aktivität gegeben werden, der Hund darf weder zu dünn noch zu dick sein.
C) Man sollte sich bezüglich der Futtermenge immer nach den Angaben des Herstellers richten.
D) Hunde sollten nur so viel Futter bekommen, dass sie immer hungrig sind, da sie sonst nicht auf die Signale der Menschen reagieren.

4. Was eignet sich besser zur Fütterung eines Hundes: Trockenfutter, Nassfutter oder selbst zubereitetes Futter?
→ Antwort im Text auf S. 80, 81
A) Wenn man das Futter selbst zubereitet, muss es zuvor gekocht werden, da rohes Fleisch Hunde aggressiv macht.
B) Bei der Fütterung mit Trockenfutter muss man wöchentlich die Sorte wechseln, damit der Hund alle Nährstoffe bekommt, die er braucht.
C) Kleine Hunderassen vertragen nur Nassfutter oder selbst gekochtes Futter.
D) Die Entscheidung für Trockenfutter, Nassfutter oder selbst zubereitetes Futter muss individuell je nach Hund und Alltag des Menschen getroffen werden.

5. Muss man bei der Fütterung von selbst zubereitetem Futter etwas beachten?
→ Antwort im Text auf S. 80
A) Fleisch darf nur gekocht gefüttert werden, da rohes Fleisch Hunde aggressiv macht.
B) Gemüse muss gekocht, gedämpft oder püriert gefüttert werden, da Hunde nur dann die Nährstoffe daraus verwerten können.
C) Die Zusammenstellung des Futters richtet sich ausschließlich nach den Vorlieben des Hundes, ein Ernährungsplan eines Fachmanns ist unnötige Geldverschwendung.
D) Hunde können bedenkenlos mit Resten vom Tisch ernährt werden, da die Verdauung des Hundes sich nicht von der des Menschen unterscheidet.

6. Wird der Hund aggressiv, wenn man ihm rohes Fleisch füttert?
→ Antwort im Text auf S. 85
A) Rohes Fleisch führt nicht zu einer Verhaltensänderung des Hundes. Rohes Schweinefleisch darf jedoch nicht gefüttert werden, da der Hund sich sonst mit dem Aujeszky-Virus anstecken kann.
B) Da rohes Fleisch viel Blut und Eiweiß enthält, kommt es bei regelmäßiger Fütterung zu verstärktem aggressiven Verhalten.
C) Wenn Hunde einmal „Blut geleckt" haben, beißen sie auch öfter den Menschen oder Artgenossen.
D) Hunde, die mit rohem Fleisch gefüttert werden, zeigen ein deutlich geringeres aggressives Verhalten als Hunde, die mit Trockenfutter ernährt werden, da diese Hunde zufriedener sind und ihren „Blutdurst" schon gestillt haben.

7. Welche Inhaltsstoffe muss ein vollwertiges Futter für den Hund enthalten?

→ Antwort im Text auf S. 82

A) Aromastoffe, Geschmacksverstärker, Zucker
B) Eiweiß, Fette, Ballaststoffe, Vitamine, Mineralstoffe und Spurenelemente
C) Konservierungsstoffe, Kohlenhydrate und Fette
D) Farbstoffe, Vitamine und pflanzliche sowie tierische Nebenerzeugnisse

8. Woran erkennt man, dass ein Hund Futter gut verwertet?

→ Antwort im Text auf S. 81

A) An einer großen Menge Kot, der Kot sollte möglichst weich sein.
B) An der Farbe des Kotes: weißer, sehr harter Kot zeigt, dass alle Nährstoffe vom Hund aufgenommen wurden.
C) An einer geringen Menge Kot, der Kot sollte relativ hart und fest geformt sein.
D) Wenn ein Hund häufig muss, ist sein Darm sehr aktiv, sodass die Nahrung gut verwertet werden kann.

9. Dürfen Hunde Geflügelknochen fressen?

→ Antwort im Text auf S. 83

A) Hunde dürfen grundsätzlich weder Geflügelfleisch noch Geflügelknochen fressen.
B) Hunde dürfen keine gekochten Geflügelknochen fressen, da diese leicht splittern und es dadurch zu Verletzungen im Magen und Darm kommen kann.
C) Geflügelknochen sind sehr weich und damit generell unproblematisch.
D) Lediglich kleine Geflügelarten wie Hühner oder Enten eignen sich für die Fütterung von Hunden, es sollte sich dann aber um Bioqualität handeln.

10. Worauf muss man achten, wenn man Hunden Knochen füttert?

→ Antwort im Text auf S. 83

A) Hunde dürfen Knochen bedenkenlos fressen, man muss dabei nichts beachten.
B) Knochen dürfen immer nur gekocht gefüttert werden, da sie dann weich sind und besser verdaut werden können.
C) Man sollte vor allem Geflügelknochen füttern, da diese besonders weich sind und so keine Verletzungen im Darm entstehen können.
D) Füttert man zu viele Knochen, kann es zum sogenannten Knochenkot kommen, der dann zu Problemen beim Stuhlgang bis hin zum Darmverschluss führen kann.

11. Sollte man Hunde mit Kauknochen oder Trockenkauartikeln wie einem Rinder- oder Schweineohr allein lassen?

→ Antwort im Text auf S. 83

A) Kauknochen eignen sich hervorragend zur Beschäftigung des Hundes, sodass er das Alleinbleiben damit problemlos erlernt.
B) Kauknochen oder Kauartikel können am Gaumen festkleben, sodass der Hund Panik bekommt oder sogar erstickt, wenn der Kauartikel sich über die Luftröhre legt. Daher sollte man Hunden diese nur unter Aufsicht füttern.
C) Hält man zwei oder mehr Hunde, kann es zum Streit über die Kauartikel kommen, wenn man die Hunde allein lässt. Einzeln lebenden Hunden kann man daher bedenkenlos einen Kauartikel geben, wenn man sie allein lässt.
D) Solange der Kauknochen groß genug ist, kann man den Hund auch damit allein lassen.

12. Welches Lebensmittel dürfen Hunde nicht fressen?

→ Antwort im Text auf S. 85

A) Gekochten Reis
B) Rohes Rindfleisch
C) Bitterschokolade (dunkle Schokolade)
D) Salat

13. Welches Lebensmittel dürfen Hunde nicht fressen?

→ Antwort im Text auf S. 85

A) Gekochte Kartoffeln
B) Rohes Schweinefleisch
C) Apfel
D) Salatgurke

14. Dürfen Hunde die Reste vom Tisch bekommen?

→ Antwort im Text auf S. 82

A) Ja, Hunde unterscheiden sich in Bezug auf die Nahrung nicht vom Menschen, sie können alle Reste der menschlichen Mahlzeiten bedenkenlos fressen.
B) Nein, Hunde vertragen keine stark gewürzten oder scharfen Speisen.
C) Nein, wenn man einen Hund einmal vom Tisch füttert, wird er sein normales Hundefutter nicht mehr fressen.
D) Außer Nachspeisen kann man Hunden alles vom Tisch geben, sie dürfen nur keine Speisen mit Zucker fressen.

15. Was muss man berücksichtigen, wenn man für das Training des Hundes Leckerlis verwendet?

→ Antwort im Text auf S. 84

A) Man muss die Menge der eingesetzten Leckerlis von der vorgesehenen Menge der Mahlzeiten des Hundes abziehen.
B) Beim Trockenfutter ist bei der Mengenangabe des Herstellers bereits eine entsprechende Menge an zusätzlichem Futter einberechnet, sodass man Leckerlis auch in einer größeren Menge zusätzlich zum Futter geben kann.
C) Füttert man Trockenfutter, darf man im Training kein Feuchtfutter verwenden, da die unterschiedlichen Futterarten zu Problemen bei der Verdauung führen können.
D) Man sollte immer nur das normale Futter des Hundes zur Belohnung verwenden, da dieser sein Futter nicht mehr fressen wird, wenn es im Training aus seiner Sicht qualitativ bessere Leckerlis gibt.

16. Welches Futter eignet sich zur Belohnung von Hunden im Training?

→ Antwort im Text auf S. 66

A) Klein geschnittene Stücke rohes Schweinefleisch.
B) Kleine, weiche Futterbrocken, die der Hund schnell hinunterschlucken kann.
C) Hunde sollten niemals mit Futter belohnt werden.
D) Rohe Kartoffeln, da man diese sehr gut in kleine Stücke schneiden kann.

17. Muss man die Zähne des Hundes regelmäßig kontrollieren?

→ Antwort im Text auf S. 87

A) Die Zähne des Hundes reinigen sich von selbst, man braucht sie nicht kontrollieren.
B) Es ist gefährlich, einem Hund ins Maul zu fassen, sodass man die Kontrolle der Zähne beim jährlichen Check-up dem Tierarzt überlassen sollte.
C) Ja, sie müssen regelmäßig kontrolliert werden, damit Probleme an den Zähnen rechtzeitig behandelt werden können.
D) Die Zähne des Hundes muss man nur dann kontrollieren, wenn er unangenehm aus dem Maul riecht.

18. Muss man seinem Hund regelmäßig die Zähne putzen?

→ Antwort im Text auf S. 87

A) Wenn man dem Hund regelmäßig Kauknochen gibt, werden die Zähne dadurch gereinigt, sodass man auf das Zähneputzen verzichten kann.
B) Regelmäßiges Zähneputzen hilft, Probleme an den Zähnen zu vermeiden. Zudem kann man die Zähne dabei direkt kontrollieren.
C) Man muss nur dann die Zähne des Hundes putzen, wenn dieser ausschließlich Nassfutter bekommt, da die Zähne dabei nicht beansprucht werden.
D) Hunde sind Schlingfresser, sie nutzen ihre Zähne nicht zum Kauen, sodass Zähneputzen nicht wichtig ist.

19. Womit kürzt man am besten die Krallen des Hundes?

→ Antwort im Text auf S. 88

A) Mit einer Nagelschere.
B) Das Kürzen der Krallen sollte immer nur vom Tierarzt durchgeführt werden.
C) Mit einer Krallenzange, die verhindert, dass man die Krallen zu tief abschneidet.
D) Mit einer Rosenschere, da die Krallen des Hundes sehr hart sind.

20. Worauf muss man beim Kürzen der Krallen des Hundes achten?

→ Antwort im Text auf S. 88

A) Man darf die Krallen des Hundes nicht zu tief abschneiden, da es sonst zu einer schmerzhaften und stark blutenden Verletzung kommen kann.
B) Das Kürzen der Krallen ist für den Hund schmerzhaft, sodass man dies nur den Tierarzt machen lassen sollte.
C) Die Krallen von Welpen müssen noch nicht gekürzt werden.

D) Die Krallen dürfen nur so weit gekürzt werden, dass sie den Boden berühren, wenn der Hund steht, da sie ihm nur dann ausreichend Halt beim Laufen geben.

21. Womit reinigt man die Ohren des Hundes?
→ Antwort im Text auf S. 87
A) Die Ohren dürfen nur vom Tierarzt gereinigt werden.
B) Mit einem Wattestäbchen.
C) Die Ohren des Hundes müssen in der Regel nicht gereinigt werden. Bei Problemen sollte der Tierarzt aufgesucht werden. Die Ohren werden dann mit einem Wattepad und einem speziellen Ohrreiniger gesäubert.
D) Man gibt mit einer Spritze Wasser ins Ohr. Wenn der Hund sich danach schüttelt, werden die Ohren automatisch gereinigt.

22. Sollte man für die Pflege der Augen spezielle Augenpflegetücher verwenden?
→ Antwort im Text auf S. 87
A) Augenpflegetücher für die wöchentliche Pflege der Augen des Hundes erhält man beim Tierarzt.
B) Der Hund nimmt seine Umgebung hauptsächlich über die Nase wahr, sodass die Augen keiner speziellen Pflege bedürfen.
C) Hat der Hund ein triefendes oder verklebtes Auge, sollte man den Tierarzt aufsuchen, um eine Erkrankung des Auges abzuklären.
D) Das Auge des Hundes kann man mit Augentropfen säubern. Hierzu eignen sich sämtliche Produkte, die für die Behandlung von Augenkrankheiten vorgesehen sind.

23. Wie gewöhnt man den Hund daran, gebürstet zu werden?
→ Antwort im Text auf S. 47, 86
A) Man beginnt damit nach der Pubertät, da der Hund erst dann sein volles Fell entwickelt hat. Das kurze Fell von Welpen braucht nicht gebürstet zu werden.
B) Für Hunde ist die Fellpflege mit der Bürste eine angenehme Massage, sie brauchen daher nicht daran gewöhnt zu werden.
C) Zu Beginn hält man den Hund fest, sodass er sich dem Bürsten nicht entziehen kann. Man bürstet ihn so lange, bis er den Vorgang ruhig erträgt.
D) Man beginnt von Welpe an mit kurzen Einheiten mit einer weichen Bürste und belohnt ruhiges Verhalten. Erst später verwendet man die für die jeweilige Fellart eigentlich notwendige Bürste.

24. Müssen Hunde gebadet werden?
→ Antwort im Text auf S. 86
A) Hunde können gebadet werden, wenn sie sich in einem für den Menschen unangenehmen Duft gewälzt haben. Normalerweise brauchen Hunde jedoch kein Bad.
B) Hunde müssen im Frühjahr im Fellwechsel einmal gebadet werden, damit sich alte Hautschuppen aus dem Fell lösen.
C) Hunde müssen wöchentlich gebadet werden, da nur so der Säure-Basen-Haushalt der Haut ausgeglichen bleibt.
D) Hunde dürfen niemals gebadet werden, da sonst die fettende Schutzschicht gelöst wird und der Hund erkranken kann.

25. Muss man den Hund daran gewöhnen, dass er sich überall anfassen lässt?
→ Antwort im Text auf S. 88
A) Nein, denn ein untergeordneter Hund lässt sich grundsätzlich überall anfassen.
B) Nur wenn man erwachsene Hunde übernimmt, muss man mit diesen trainieren, sich anfassen zu lassen.
C) Welpen, die von einem guten Züchter kommen, sind an das Anfassen gewöhnt, sodass es für den neuen Halter diesbezüglich keinen weiteren Handlungsbedarf gibt.
D) Hunde müssen von Welpe an daran gewöhnt werden, sich überall anfassen zu lassen, da der Halter nur so feststellen kann, ob es Probleme gibt, die behandelt werden müssen.

26. Wie oft muss ein Hund die Möglichkeit bekommen, sich zu lösen?
→ Antwort im Text auf S. 24
A) Das hängt von der Futtermenge ab. Wer seinen Hund nur zweimal am Tag spazieren führen kann, sollte eher weniger füttern, als vom Hersteller angegeben ist.
B) Hunde müssen sich jederzeit lösen können, wenn sie müssen. Eine Wohnungshaltung ohne freien Zugang nach draußen ist daher nicht artgerecht.
C) Das hängt von der Wassermenge ab. Daher sollte man Hunden kein Wasser zur freien Verfügung lassen, wenn man sie allein lässt und sie keine Möglichkeit haben, sich zu lösen.
D) Erwachsenen Hunden muss man regelmäßig mehrmals (mindestens 3- bis 4-mal) am Tag die Möglichkeit geben, sich zu lösen. Welpen sowie alte oder kranke Hunde müssen in der Regel sogar noch häufiger.

27. Wie viel bzw. wie lange muss man mit einem Hund spazieren gehen?
→ Antwort im Text auf S. 89, 90
A) Das hängt von der Rasse bzw. Größe des Hundes ab. Kleine Hunderassen brauchen generell weniger Auslauf als große Hunderassen.
B) Je älter ein Hund ist, desto länger muss man auch mit ihm spazieren gehen.
C) Die Länge des Spaziergangs richtet sich individuell je nach Alter und Gesundheitszustand des Hundes.
D) Gerade Welpen brauchen viel Bewegung, damit sich die Gelenke gut entwickeln können. Dreimal täglich eine Stunde ist für sie das Minimum an notwendiger Bewegung.

28. Ist die Länge des Spaziergangs vom Alter des Hundes abhängig?
→ Antwort im Text auf S. 89, 90
A) Nein, denn selbst junge und alte Hunde sind schneller und fitter als der Mensch.
B) Ja, Welpen dürfen nicht überbelastet werden und alte Hunde sind gegebenenfalls nur noch eingeschränkt belastbar.
C) Das Alter spielt keine Rolle, viel entscheidender ist das Gewicht des Hundes. Pro 5 Kilogramm Körpergewicht darf man pro Spaziergang höchstens 5 Minuten am Stück spazieren gehen.
D) Das Alter spielt keine Rolle, viel entscheidender ist die Größe des Hundes. Pro 5 cm Schulterhöhe darf man pro Spaziergang höchstens 5 Minuten am Stück spazieren gehen.

29. Dürfen Hunde den Menschen am Fahrrad begleiten?
→ Antwort im Text auf S. 148, 149
A) Da Hunde gern schnell laufen und immer schneller sind als ihre Menschen, ist das generell kein Problem.
B) Ja, wenn der Hund gesund und in einem guten körperlichen Zustand ist und der Mensch das Tempo individuell auf den Hund anpasst, kann er den Menschen begleiten, wenn dies die Straßenverkehrsordnung zulässt und die Temperatur nicht zu hoch ist.
C) Nein, Hunde müssen im Korb oder Fahrradanhänger transportiert werden.
D) Ja, solange es sich nicht um ein Elektrofahrrad (E-Bike) handelt.

30. Brauchen Hunde außer einem langen Spaziergang noch weitere Beschäftigung?
→ Antwort im Text auf S. 91
A) Nein, denn Hunde schnüffeln auf jedem Spaziergang, sodass sie ihre artspezifischen Bedürfnisse ausreichend ausleben können.
B) Das hängt von der Rasse des Hundes ab. Lediglich Hüte- und Jagdhunde, die früher im Einsatz für den Menschen aktiv waren, müssen noch zusätzlich zum Spaziergang beschäftigt werden, damit sie ausgelastet sind.
C) Ja, neben der körperlichen Auslastung auf dem Spaziergang muss der Hund auch geistig ausgelastet werden. Im Idealfall kombiniert man beides, indem man immer wieder auf dem Spaziergang kleine Übungen einbaut.
D) Wenn der Spaziergang ausreichend lang ist, braucht der Hund keine weitere Beschäftigung.

F: DER GESUNDE HUND

Die meisten Antworten der hier gestellten Fragen findest du ab S. 92 „Der gesunde Hund".

1. Wie hoch ist die normale Körpertemperatur des erwachsenen Hundes?
→ Antwort im Text auf S. 93
A) Über 39.5 Grad Celsius.
B) Bis 37,5 Grad Celsius.
C) Zwischen 37,5 und 39,5 Grad Celsius.
D) Genau 38 Grad Celsius.

2. Wie kann man den Puls beim Hund einfach überprüfen?
→ Antwort im Text auf S. 93
A) Man kneift in die Zehenzwischenräume.
B) Man ertastet mit dem Finger die Oberschenkelschlagader an der Innenseite des Hinterlaufes.
C) Man legt die Hand über den Nasenrücken des Hundes.
D) Man ertastet die Schlagader im Innenohr des Hundes.

3. Woran erkennt man, dass es einem Hund nicht gut geht?
→ Antwort im Text auf S. 93
A) Wenn die Körpertemperatur 38 - 39 Grad Celsius beträgt.
B) Wenn er eine trockene Nase hat.
C) Wenn er nach der Fütterung noch Leckerlis annimmt.
D) Wenn er sich ungewöhnlich ruhig verhält und nicht für das Geschehen um ihn herum interessiert.

4. Woran erkennt man, dass ein Hund sich übergeben muss?
→ Antwort im Text auf S. 94
A) Der Hund schmatzt, schluckt mehrfach und speichelt stark.

B) Die Augen des Hundes tränen stark.
C) Der Hund muss vor dem Übergeben mehrfach niesen.
D) Der Hund schüttelt sich kurz vorher.

5. Was können Anzeichen einer Blasenentzündung beim Hund sein?
→ Antwort im Text auf S. 94
A) Der Hund muss ständig urinieren und hat offensichtlich Schmerzen dabei.
B) Der Kot des Hundes ist sehr weich, bei einer starken Blasenentzündung kann es auch zu Durchfall kommen.
C) Rüden heben nicht mehr das Bein, sie urinieren im Hocken wie in der Welpenzeit.
D) Der Kot des Hundes ist durch den Wasserentzug steinhart, der Hund versucht ständig erfolglos zu koten.

6. Was hilft bei einem leichten Durchfall beim Hund?
→ Antwort im Text auf S. 94
A) Man kann einem Hund bedenkenlos Medikamente für Menschen geben.
B) Genauso wie beim Menschen kann man dem Hund bei leichtem Durchfall Morosche Möhrensuppe füttern.
C) Ein Hund mit leichtem Durchfall muss immer sofort, also noch am gleichen Tag, dem Tierarzt vorgestellt werden.
D) Am besten macht man einfach gar nichts, sondern füttert den Hund wie gewohnt weiter, da jede Umstellung den Durchfall verstärken könnte.

7. Ab wann sollte man den Tierarzt aufsuchen, wenn der erwachsene Hund an leichtem Durchfall und Erbrechen leidet?
→ Antwort im Text auf S. 94
A) Immer sofort, möglichst noch am gleichen Tag, da der Hund innerhalb weniger Stunden lebensbedrohlich austrocknen kann.
B) Wenn nach einem Tag Diät oder Schonkostfütterung keine Besserung eintritt.
C) Wenn nach zwei Tagen Diät oder Schonkostfütterung keine Besserung eintritt.
D) Durchfall und Erbrechen müssen nie vom Tierarzt behandelt werden.

8. Was kann ein Zeichen dafür sein, dass ein Hund von Würmern befallen ist?
→ Antwort im Text auf S. 95
A) Der Hund rutscht häufig mit seinem Hinterteil über den Boden.
B) Der Hund nimmt trotz gleicher Fütterungsmenge zu.
C) Der Hund verweigert sein Futter.
D) Der Hund frisst vermehrt Gras.

9. Wie oft sollte man einen Hund entwurmen?
→ Antwort im Text auf S. 95
A) Eine Wurmkur hat eine Gültigkeit von 3 Jahren.
B) Hunde brauchen nicht entwurmt werden, da der Darm des Hundes sich selbst reinigt.
C) In Absprache mit dem Tierarzt prophylaktisch mindestens alle 3 Monate oder nach einer positiv getesteten Kotprobe.
D) Bis zur 16. Woche wöchentlich, da Welpen sich schneller mit Würmern infizieren können.

10. Woran erkennt man, dass ein Hund Flöhe hat?
→ Antwort im Text auf S. 97
A) Im Fell des Hundes findet man nach dem Kämmen viele weiße Schuppen.
B) Der Hund kratzt sich häufiger als gewöhnlich.
C) Nur der Tierarzt kann nach Blutabnahme und Labordiagnostik eindeutig feststellen, ob ein Hund Flöhe hat.
D) Solange der Hund sich nicht im Wald aufhält, kann er keine Flöhe haben, da diese auf Bäumen sitzen und sich auf den Hund herunterfallen lassen, wenn er vorbeiläuft.

11. Wie behandelt man einen Hund, der Flöhe hat?
→ Antwort im Text auf S. 97
A) Man kämmt ihn mehrmals täglich mit einem Flohkamm aus und entfernt so die Flöhe aus dem Fell.
B) Man braucht nichts zu unternehmen, da die Flöhe nach einigen Tagen von selbst abfallen.
C) Sowohl der Hund als auch seine Umgebung müssen mit speziellen Mitteln vom Tierarzt behandelt werden.
D) Man stellt die Fütterung um. Ein Hund, der rohes Fleisch bekommt, wird von Flöhen gemieden.

12. Welche Parasiten kommen beim Hund vor?
→ Antwort im Text auf S. 97
A) Herbstgrasmilben
B) Borkenkäfer
C) Hunde haben keine Parasiten.
D) Eichen-Prozessionsspinner

13. Was kann man tun, damit der Hund nicht von Zecken befallen wird?
→ Antwort im Text auf S. 96, 97
A) Den Hund regelmäßig nach jedem Spaziergang mit einem speziellen Shampoo baden.
B) Da Zecken von allein abfallen, braucht man nichts gegen Zecken unternehmen.
C) Da Zecken erst nach mehreren Tagen Krankheitserreger übertragen können, reicht es aus, wenn man

den Hund einmal in der Woche mit dem Zeckenkamm nach Zecken absucht und fest gebissene Zecken mit der Zeckenzange entfernt.

D) Nach Absprache mit dem Tierarzt ein Spot-on-Präparat in das Fell des Hundes träufeln.

14. Gegen welche Krankheiten kann ein Hund geimpft werden?

→ Antwort im Text auf S. 98

A) Staupe, Parvovirose, Hepatitis
B) Krebs
C) Es gibt keine Impfstoffe speziell für Hunde oder Krankheiten von Hunden.
D) Gegen alle sogenannten "Mittelmeer-Krankheiten" wie Ehrlichiose und Anaplasmose.

15. Wann müssen Hunde gegen Tollwut geimpft werden?

→ Antwort im Text auf S. 101

A) Tollwut kommt in Europa nicht mehr vor, sodass Hunde innerhalb Europas nicht mehr dagegen geimpft werden müssen.
B) Eine einmalige Impfung im erwachsenen Alter (ab dem 12. Lebensmonat) ist ausreichend.
C) Wenn man mit ihnen ins Ausland reisen will, hierbei sind die entsprechenden Einreisebestimmungen des jeweiligen Landes zu beachten.
D) Hunde müssen regelmäßig einmal im Jahr gegen Tollwut geimpft werden.

16. Welchen Vorteil hat ein Tollwut geimpfter Hund?

→ Antwort im Text auf S. 101

A) Keinen, er ist anfälliger für andere Krankheiten, da sein Immunsystem durch die Impfung geschwächt wird.
B) Im Verdachtsfall muss ein nachweislich geimpfter Hund nicht sofort getötet werden.
C) Da Tollwut nicht vom Hund auf den Menschen übertragen werden kann, hat die Tollwutimpfung nur dann Vorteile, wenn ein Hund mit anderen Hunden zusammenlebt.
D) Keinen, da Tollwut in Europa nicht mehr vorkommt.

17. Wie kann Tollwut übertragen werden?

→ Antwort im Text auf S. 101

A) Durch den Stich der Sandmücke.
B) Durch den Biss der Braunen Hundezecke.
C) Durch Kontakt mit dem Kot eines mit Tollwut infizierten Tieres wie eines Fuchses.
D) Durch Kontakt mit dem Speichel eines mit Tollwut infizierten Tieres, beispielsweise durch einen Biss sowie das Belecken einer offenen Wunde oder der Schleimhäute.

18. Wofür braucht man den (blauen) EU-Heimtierausweis?

→ Antwort im Text auf S. 99

A) Der EU-Heimtierausweis dient hauptsächlich zum Nachweis der erfolgten Impfungen, damit Folge-Impfungen nicht verpasst werden.
B) Der EU-Heimtierausweis dient zur Überprüfung der Identität des Tieres und als Impfnachweis. Er ist bei Reisen mit dem Tier ins Ausland immer mitzuführen.
C) Den EU-Heimtierausweis braucht man nur für Zuchttiere, damit diese nachweisen können, dass sie keine Krankheiten an ihre Welpen übertragen.
D) Den EU-Heimtierausweis brauchen lediglich Tiere, die nach Europa eingeführt werden sollen.

19. Was kann man prophylaktisch tun, damit der Hund gesund bleibt?

→ Antwort im Text auf S. 92

A) Den Hund regelmäßig (mindestens einmal im Jahr) vom Tierarzt untersuchen lassen, sowie notwendige Schutzimpfungen vornehmen.
B) Den Hund monatlich entwurmen.
C) Den Hund monatlich mit einem speziell für Hunde entwickelten Shampoo baden.
D) Den Hund monatlich scheren, damit das Fell so kurz ist, damit man Zecken sofort findet und Hautveränderungen sofort erkennt.

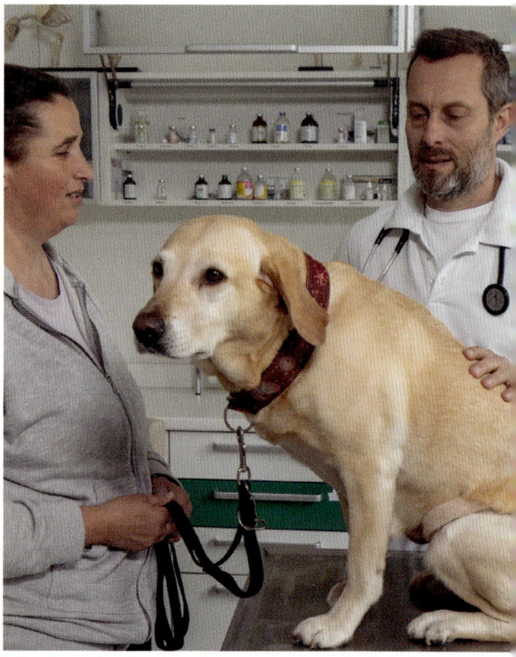

20. Sollte man mit einem Hund zum Tierarzt gehen, wenn man diesen gerade übernommen hat, auch wenn er einen gesunden Eindruck macht?

→ Antwort im Text auf S. 92

A) Nein, das ist nicht notwendig, es entstehen nur unnötige Kosten für den neuen Halter.

B) Nur dann, wenn es sich um einen erwachsenen Hund handelt.

C) Nein, da ein Tierarztbesuch für den Hund immer Stress bedeutet, könnte dadurch die Beziehung zum neuen Halter negativ beeinträchtigt werden.

D) Ja, denn so kann der Hund direkt positive Erfahrungen machen. Zudem kann der Tierarzt überprüfen, ob der Hund ausreichend geimpft ist oder Auffälligkeiten aufweist, die auf noch nicht erkannte Erkrankungen hinweisen.

21. Ein sonst aktiver Hund ist plötzlich für längere Zeit sehr ruhig und interessiert sich nicht für die alltäglichen Abläufe. Wie sollte man jetzt handeln?

→ Antwort im Text auf S. 93

A) Der Hund ist traurig. Er braucht mehr Aufmerksamkeit und eine Extraportion Futter.

B) Der Hund hat sich am Tag zuvor zu sehr verausgabt. Er braucht einfach ein paar Tage Ruhe, sodass man sich keine Sorgen machen muss.

C) Da die Veränderung des Verhaltens auf eine beginnende Erkrankung hindeuten kann, sollte man einen Tierarzt aufsuchen.

D) Solange der Hund noch frisst, braucht man sich keine Sorgen zu machen. Ernsthaft erkrankte Hunde verweigern das Futter.

22. Woran erkennt man, dass der Hund einen Schock erlitten hat?

→ Antwort im Text auf S. 101

A) Der Hund hat blaue Schleimhäute, atmet sehr langsam und hat heiße Pfoten.

B) Der Hund hat weiße Schleimhäute, atmet schnell und hat kalte Pfoten.

C) Der Hund hat gelbe Schleimhäute, atmet nicht mehr und hat heiße Ohren.

D) Der Hund hat Blutungen an den Schleimhäuten, atmet normal und hat eine trockene Nase.

23. Wie äußert sich eine Vergiftung beim Hund?

→ Antwort im Text auf S. 103

A) Da es bei Vergiftungen zu unterschiedlichsten Symptomen kommen kann, sollte bei Verdacht (Blut im Urin, weiße Schleimhäute, Krämpfe, Erbrechen mit Schaumbildung) möglichst schnell der Tierarzt aufgesucht werden.

B) Bei einer Vergiftung können Hunde das Gift nicht erbrechen, daher muss man sie zum Erbrechen bringen.

C) Bei einer Vergiftung leiden Hunde immer unter starkem, wässrigem und stinkendem Durchfall.

D) Da man Hunde, die Gift aufgenommen haben, nicht mehr behandeln kann, spielt es keine Rolle, welche Symptome Hunde hierbei zeigen.

24. Welche Aussagen treffen auf die Magendrehung beim Hund zu?

→ Antwort im Text auf S. 103

A) Es kann nur bei großen Hunden zu einer Magendrehung kommen.

B) Eine Magendrehung passiert immer tagsüber, meist beim zu wilden Spiel direkt nach dem Fressen.

C) Eine Magendrehung kann man selbst behandeln, indem man den Hund auf den Boden legt und auf den Rücken dreht, damit der Magen sich wieder in die richtige Position dreht.

D) Es gibt viele unterschiedliche Ursachen für eine Magendrehung.

25. Wie handelt man, wenn ein Hund einen Hitzschlag hat?

→ Antwort im Text auf S. 103

A) Man legt den Hund in eine Wanne mit Eiswasser, damit er so schnell wie möglich heruntergekühlt wird.

B) Man bringt ihn an einen kühlen Ort, kühlt die Pfoten und bietet ihm in kleinen Schlucken immer wieder Wasser an.

C) Hunde hecheln, wenn ihnen zu warm ist, sie können daher keinen Hitzschlag bekommen.

D) Der Hund muss zunächst mit einer Maulschlinge gesichert werden, bevor man ihn dann auf den Rücken legt und fixiert, sodass der Bauch an der kalten Luft liegt.

26. Wie sichert man das Maul eines Hundes im Notfall, wenn man Erste Hilfe leisten muss?

→ Antwort im Text auf S. 104, 105

A) Eine Sicherung ist nicht notwendig, da verletzte Hunde einen Helfer niemals beißen würden.

B) Man sichert das Maul des Hundes mit einer Maulschlinge, z. B. mit einer Binde, einem Gürtel oder der Hundeleine. Hierzu wickelt man diese von unten um die Schnauze des Hundes, macht einen Halbknoten auf der Schnauze, wickelt sie noch einmal um die Schnauze des Hundes mit einem Halbknoten unter der Schnauze und verknotet die Enden hinter den Ohren.

C) Das Maul eines Hundes darf im Notfall niemals zugebunden werden, da der Hund damit nicht mehr ausreichend hecheln kann.
D) Man fixiert das Maul des Hundes mit einem Kopfhalfter. Dieses ist so klein, dass es unterwegs immer mitgenommen werden kann.

27. Wie fixiert man einen Hund, sodass er liegen bleibt, wenn er im Notfall versorgt werden muss?
→ Antwort im Text auf S. 104
A) Man stellt sich hinter den seitlich liegenden Hund und fixiert ihn, indem man das untere Vorder- sowie Hinterbein festhält.
B) Man dreht den Hund auf den Rücken, da er dann in eine Starre fällt und sich nicht mehr bewegen kann.
C) Man legt den Hund auf die Seite und fixiert ihn, indem man das obere Vorder- sowie Hinterbein festhält.
D) Hunde sollte man im Notfall niemals hinlegen, da es sonst zu Kreislaufversagen kommen kann.

28. Wie handelt man, wenn der Hund bewusstlos wird?
→ Antwort im Text auf S. 102
A) Man hält ihn an den Hinterläufen hoch und schüttelt ihn sanft.
B) Man legt ihn auf den Rücken und fixiert den Kopf, damit das Maul geöffnet bleibt.
C) Man legt ihn auf die Seite, im Schock oder falls er wiederbelebt werden muss, auf die rechte Seite. Der hintere Körperbereich wird höher gelagert, der Kopf überstreckt, das Maul geöffnet und die Zunge herausgezogen.
D) Man hält seinen Kopf hoch und schlägt ihm so lange auf die Wangen, bis er eine Reaktion zeigt.

29. Muss man nach einer Beißerei mit einem anderen Hund den Tierarzt mit dem Hund aufsuchen, wenn die Wunde nur sehr klein ist und nicht blutet?
→ Antwort im Text auf S. 101
A) Kleine Wunden können tief sein, wenn z. B. die Fangzähne eingedrungen sind. Dabei können Bakterien eingedrungen sein, sodass eine schwere, äußerlich kaum erkennbare Wundinfektion droht. Daher sollte man Wunden nach einer Beißerei immer von einem Tierarzt abklären lassen.
B) Nein, Wunden sind nur dann gefährlich, wenn die Blutung nicht innerhalb einer Stunde gestoppt werden kann.
C) Nein, Wunden sind nur gefährlich, wenn diese so groß sind, dass sie genäht werden müssen.
D) Das hängt davon ab, wo der Hund gebissen wurde, da nur Wunden in der Nähe des Herzens lebensbedrohlich werden können.

30. Was ist eine wahrscheinliche Ursache, wenn der Hund nach dem Spaziergang nicht ins Auto springen möchte, es bisher aber nie Probleme diesbezüglich gab?
→ Antwort im Text auf S. 138
A) Der Hund möchte gern länger spazieren gehen. Um dem Hund eine artgerechte Haltung zu bieten, sollte man daher direkt noch einen weiteren Spaziergang anschließen.
B) Der Hund hat Angst vor dem Autofahren und zeigt Meideverhalten.
C) Der Hund hat Schmerzen beim Springen. Man sollte ihn ins Auto heben und den Tierarzt aufsuchen.
D) Der Hund testet die Rangfolge aus, er versucht seinen eigenen Willen durchzusetzen.

G: KÖRPERSPRACHE UND KOMMUNIKATION

Die meisten Antworten der gestellten Fragen findest du ab S. 106 „Körpersprache und Kommunikation".

1. Womit drückt der Hund seine momentane Gefühlslage aus?
→ Antwort im Text auf S. 106
A) Mit der Haltung des Körpers.
B) Mit Lautäußerungen.
C) Sowohl durch die Haltung des Körpers als auch durch Lautäußerungen und geruchliche Informationen.
D) Durch geruchliche Informationen.

2. Welche Körperteile geben Auskunft über die Stimmung des Hundes?
→ Antwort im Text auf S. 108
A) Die Haltung der Rute.
B) Der Blick.
C) Die Stimmung des Hundes kann man nicht an der Körperhaltung erkennen.
D) Man muss immer alle Körperteile sowie die gesamte Haltung des Hundes betrachten, um zu erkennen, wie der Hund gerade gestimmt ist.

3. **Der Hund steht gleichmäßig auf allen vier Beinen, die Beine sind leicht angewinkelt, der Rücken ist gerade. Der Kopf ist leicht erhoben, das Maul geschlossen, die Rute hängt entspannt herunter oder wird waagerecht locker vom Körper weg getragen. Welche Haltung zeigt dieser Hund?**
   → Antwort im Text auf S. 111

A) Der Hund ist entspannt.
B) Der Hund ist unsicher.
C) Der Hund imponiert.
D) Der Hund möchte spielen.

4. **Der Hund steht mit dem Gewicht auf den Hinterbeinen, die Beine sind abgewinkelt, der Hund hat einen Rundrücken. Der Kopf ist leicht abgesenkt, die Ohren sind angelegt, die Rute ist angelegt oder stark eingezogen. Welche Haltung zeigt dieser Hund?**
   → Antwort im Text auf S. 111

A) Der Hund ist entspannt.
B) Der Hund ist unsicher.
C) Der Hund imponiert.
D) Der Hund möchte spielen.

5. **Der Hund steht mit dem Gewicht auf den Vorderbeinen, die Beine sind durchgedrückt, der Rücken ist stark durchgedrückt. Der Kopf ist stark erhoben, die Ohren sind aufgestellt, die Rute ist stark erhoben. Welche Haltung zeigt dieser Hund?**
   → Antwort im Text auf S. 112

A) Der Hund ist entspannt.
B) Der Hund ist unsicher.
C) Der Hund imponiert.
D) Der Hund möchte spielen.

6. **Was bedeutet es, wenn der Hund mit der Rute wedelt?**
   → Antwort im Text auf S. 110

A) Er ist freundlich gestimmt.
B) Er hat Angst.
C) Er überlegt, anzugreifen.
D) Der Hund wedelt in unterschiedlichen Situationen, es zeigt zunächst einmal nur seine Erregung.

7. **Wenn der Hund die Haare aufstellt, ist er …?**
   → Antwort im Text auf S. 109

A) … aggressiv gestimmt.
B) … unsicher.
C) … aufgeregt.
D) … zum Spiel aufgelegt.

8. **Woran erkennt man, dass Hunde miteinander spielen?**
   → Antwort im Text auf S. 116, 117

A) Es wird ein schneller Wechsel übertriebener Bewegungen gezeigt, dabei wechseln die Rollen zwischen Jäger und Gejagtem ständig.
B) Hunde spielen nur als Welpe, erwachsene Hunde spielen nicht mehr.
C) Spiel erkennt man daran, dass es nicht zu einer blutenden Verletzung kommt.
D) Echtes Spiel findet immer nur zwischen maximal zwei Hunden statt.

9. **Kann man es als Spiel bezeichnen, wenn mehrere Hunde einen unsicheren Hund verfolgen, bis er in einer Ecke stehen bleibt?**
   → Antwort im Text auf S. 117

A) Ja, da er so unsicher ist, muss er erst überzeugt werden.
B) Nein, das ist Mobbing, daher sollten die Menschen hier eingreifen.
C) Nein, die Hunde wollen den unsicheren Hund stellen und töten.
D) Ja, der Hund könnte ja stehen bleiben und den anderen signalisieren, dass er keine Lust auf ein Spiel hat.

10. **Wenn zwei Hunde sich begegnen und sich einer der Hunde ablegt und den anderen fixiert, bedeutet das:**
    → Antwort im Text auf S. 118

A) Der Hund wartet, bis der andere zu ihm gekommen ist, um dann ein Spiel zu beginnen.
B) Der Hund macht sich klein, um nicht bedrohlich für den anderen Hund zu wirken.
C) Der Hund startet gleich zu einer – spielerischen oder ernsthaften – Attacke.
D) Der Hund langweilt sich, er hat keine Lust auf ein Spiel mit dem anderen Hund.

11. **Woran erkennt man, dass ein Hund sicher droht?**
    → Antwort im Text auf S. 112

A) Er wendet den Blick ab, zieht die Lefzen nach hinten und hechelt.
B) Er legt die Ohren an, zieht die Rute ein und legt sich auf den Rücken.
C) Er fixiert das Gegenüber, zieht die Lefzen hoch und die Nase kraus und knurrt dabei.
D) Der Blick geht über den nach oben gehaltenen Nasenrücken, die Maulwinkel sind stark nach hinten gezogen, es wird drohend gebellt.

12. Kann ein Hund aus Angst drohen und attackieren?
→ Antwort im Text auf S. 122, 123
A) Ja, wenn er sich bedroht fühlt und keinen Ausweg aus der Situation sieht.
B) Nein, ängstliche Hunde reagieren niemals mit aggressivem Verhalten.
C) Ein solcher Hund hätte eine starke Verhaltensstörung.
D) Ein Hund kann aus Angst zwar drohen, würde jedoch niemals attackieren.

13. Woran erkennt man, dass ein Hund aus Angst droht?
→ Antwort im Text auf S. 113
A) Er wendet den Blick ab, zieht die Lefzen nach hinten und hechelt.
B) Er legt die Ohren an, zieht die Rute ein und legt sich auf den Rücken.
C) Er fixiert über den nach unten gehaltenen Nasenrücken, zieht die Lefzen hoch und die Nase kraus und knurrt dabei.
D) Der Blick geht über den nach oben gehaltenen Nasenrücken, die Maulwinkel sind stark nach hinten gezogen, es wird drohend gebellt.

14. Was bedeutet es, wenn zwei Hunde sich steif gegenüberstehen und einander fixieren?
→ Antwort im Text auf S. 108
A) Sie starten gleich ein Jagdspiel.
B) Es kann gleich zu einer ernsthaften Auseinandersetzung zwischen den beiden kommen.
C) Rüde und Hündin zeigen sich so ihre Zuneigung.
D) Hunde kommunizieren hauptsächlich über Gerüche, daher hat das Fixieren keine große Bedeutung.

15. Was bedeutet es, wenn zwei Hunde sich steif gegenüberstehen und der eine Hund versucht, dem anderen Hund den Kopf auf den Rücken aufzulegen?
→ Antwort im Text auf S. 109
A) Der Hund fordert den anderen Hund zum Spiel auf.
B) Es ist eine einschränkende Imponiergeste.
C) Der Hund zeigt beschwichtigendes Verhalten.
D) Der Hund beginnt danach mit der Fellpflege des anderen Hundes.

16. Wenn Hunde aggressives Verhalten zeigen, …
→ Antwort im Text auf S. 119
A) …sind sie auf der Jagd, um eine Beute zu fangen und zu töten.
B) …ist das ein Zeichen einer Verhaltensstörung.
C) …ist das ein natürliches Verhalten, das zur Kommunikation dazugehört.
D) …muss man sie möglichst schon beim ersten Mal hart bestrafen.

17. Was kann man tun, wenn der eigene Hund aggressives Verhalten bei der Begegnung mit anderen Hunden zeigt?
→ Antwort im Text auf S. 120, 121
A) Man sucht einen professionellen Hundetrainer auf und beginnt ein Training.
B) Man bestraft den Hund hart, aggressives Verhalten darf man nicht zulassen.
C) Aggression gehört zum Leben dazu, das müssen die Hunde untereinander regeln.
D) Man geht nur noch zu Zeiten und an Orten spazieren, an denen man keine anderen Hunde trifft.

18. Warum reagieren viele Hunde aggressiver, wenn sie an der Leine geführt werden?
→ Antwort im Text auf S. 139
A) Sie fühlen sich durch den Menschen, der die Leine hält, stärker.
B) Sie sind durch die Leine eingeschränkt und können nicht so kommunizieren, wie es eigentlich notwendig wäre.
C) Das zeigen nur Hunde, die nie frei laufen dürfen.
D) Das zeigen Hunde nur, wenn sie nicht an das Laufen an der Leine gewöhnt wurden.

19. Welches Signal gehört zu den Beschwichtigungssignalen des Hundes?
→ Antwort im Text auf S. 115
A) Pföteln
B) Fixierender Blick
C) Stark erhobene Rute
D) Knurren

20. Wann zeigt ein Hund Beschwichtigungssignale?
→ Antwort im Text auf S. 115
A) Wenn er den Menschen auffordert, mit ihm zu spielen.
B) Wenn er sich bedroht fühlt, um den Konflikt abzuwenden.
C) Als letzte Drohgeste in einem ernsthaften Konflikt
D) Die Mutterhündin erzieht damit ihre Welpen.

21. Was bedeutet es, wenn ein Hund sich mit der Zunge kurz über die Nasenspitze leckt?
→ Antwort im Text auf S. 113, 114
A) Er hat Hunger.
B) Er hat Stress.
C) Ihm ist warm.
D) Er hat Durst.

22. Was sind eindeutige Anzeichen von Stress?
→ Antwort im Text auf S. 111

A) Fixierender Blick über den abgesenkten, gerunzelten Nasenrücken, lautes Knurren.
B) Starkes kreisförmiges Wedeln mit der Rute.
C) Erhobene Rute, aufgerichteter Körper, Scharren mit allen 4 Pfoten.
D) Angelegte Ohren, nach hinten gezogene Maulwinkel und starkes Hecheln.

23. Woran erkennt man, dass ein Hund Angst hat?
→ Antwort im Text auf S. 122

A) Entspannt hängende Rute, gerader Rücken, entspannter Blick.
B) Aufgestellte Rute, durchgedrückter Rücken, fixierender Blick.
C) Eingeklemmte Rute, Rundrücken, abgewendeter Blick.
D) Aufgestellte Ohren, stark wedelnde Rute, interessierter Blick.

24. Wie verhält man sich, wenn der eigene Hund Angst vor einem alltäglichen Gegenstand wie einer Mülltonne zeigt?
→ Antwort im Text auf S. 124

A) Man beruhigt ihn, indem man ihn streichelt und auf ihn einredet.
B) Man zwingt ihn, sich den Gegenstand anzuschauen, da dieser ja nicht wirklich gefährlich ist.
C) Man schaut sich den Gegenstand selbst an und gibt dem Hund Zeit, sich ebenfalls zu nähern.
D) Man bittet den Nachbarn, die Tonne wegzustellen.

25. Kann der Hund die Körpersprache des Menschen verstehen?
→ Antwort im Text auf S. 116

A) Ja, wenn er auf den Menschen gut sozialisiert wurde.
B) Nein, Hunde haben eine andere Körpersprache als der Mensch.
C) Hunde und Menschen haben die gleiche Körpersprache, daher kann es nicht zu Missverständnissen kommen.
D) Nur die der Menschen, zu denen er eine gute Bindung hat.

26. Ein fremder Mensch möchte den Hund streicheln und beugt sich dazu über ihn. Wie kann der Hund diese Geste deuten?
→ Antwort im Text auf S. 116

A) Hunde freuen sich immer über eine solche Kontaktaufnahme.
B) Hunde können die Körpersprache des Menschen nicht deuten.
C) Er fühlt sich bedroht.
D) Als beschwichtigende Geste.

27. Welche Verhaltensweisen gehören zum Jagdverhalten des Hundes?
→ Antwort im Text auf S. 124

A) Schnüffeln, Markieren und Scharren.
B) Fixieren, vorstehen oder anschleichen.
C) Drohend bellen und die Beute verfolgen.
D) Knurren und die Beute packen.

28. Kann man die Entstehung von Jagdverhalten beim Hund verhindern?
→ Antwort im Text auf S. 124

A) Ja, wenn man von Welpe an keine Beutespiele mit dem Hund durchführt.
B) Nein, Jagdverhalten ist genetisch bedingt.
C) Lediglich bei Jagdhunden ist Jagdverhalten genetisch bedingt, bei anderen Rassen kann man die Entstehung von Jagdverhalten verhindern.
D) Da Hunde erst ab der Pubertät Jagdverhalten zeigen, kann man mit Welpen und Junghunden noch bedenkenlos Beutespiele durchführen.

29. Wie reagiert man, wenn der Hund nach unerwünschtem Jagdverhalten zurückkommt?
→ Antwort im Text auf S. 127

A) Man leint den Hund kommentarlos an und verhindert, dass er erneut Wild jagen kann.
B) Man schimpft mit ihm und bestraft ihn hart.
C) Man lobt den Hund, dass er zurückgekommen ist und lässt ihn dann wieder frei laufen.
D) Man reagiert gar nicht, da man nichts daran ändern kann, denn Jagdverhalten ist genetisch bedingt.

30. Wie verhindert man, dass der Hund Wild hinterherhetzt?
→ Antwort im Text auf S. 127

A) Da Wildtiere schneller sind als Hunde, braucht man das Hetzen nicht zu verhindern.
B) Der Hund jagt nur, weil es ihm Spaß macht, er will das Tier nicht töten. Daher braucht man das Hetzen nicht zu verhindern.
C) Man lässt den Hund nur noch an der Schleppleine laufen und trainiert, dass er auf ein Signal sofort zum Menschen kommt.
D) Man macht während des Spaziergangs laute Geräusche, da die Wildtiere sich dann verstecken.

H: DER HUND IM ALLTAG

Die meisten Antworten der hier gestellten Fragen findest du ab S. 128 „Der Hund im Alltag".

1. Wie lernt ein Hund, entspannt mit Kindern umzugehen?
→ Antwort im Text auf S. 143
A) Man gibt ihn als Welpe immer wieder einmal im Kindergarten ab, damit er möglichst viele verschiedene Kinder kennenlernt, die mit ihm spielen.
B) Schon als Welpe sollte er viele positive Erfahrungen mit Kindern machen und diese im weiteren Leben kontrolliert vertiefen.
C) Hunde sind generell kinderfreundlich, sie müssen den Umgang mit Kindern nicht erlernen.
D) Nur wenn kein Kind in der Familie lebt, muss man dem Hund von Welpe an immer wieder den Kontakt zu Kindern ermöglichen.

2. Welche Spiele oder Beschäftigungsformen mit dem Hund eignen sich für Kinder im Grundschulalter?
→ Antwort im Text auf S. 144
A) Zerrspiele
B) Rennspiele
C) Such- und Apportierspiele
D) Kampfspiele

3. Worauf muss man beim Zusammenleben von Hund und Kind achten?
→ Antwort im Text auf S. 145
A) Hunde sehen Kinder als Welpen an, die alles dürfen. Man muss daher nichts beachten.
B) Hunde beschützen Kinder, daher kann man Hund und Kind bedenkenlos zusammen allein lassen.
C) Sobald das Kind den Hund an der Leine halten kann, darf es auch allein mit dem Hund spazieren gehen.
D) Kinder müssen lernen, die Bedürfnisse des Hundes zu beachten. Die Eltern regeln dabei das Zusammenleben zwischen Hund und Kind.

4. Woran erkennt man, dass dem Hund der Kontakt mit dem Kind zu viel ist?
→ Antwort im Text auf S. 144
A) Der Hund gähnt, hechelt, schaut zur Seite und/oder leckt sich mit der Zunge über das Maul.
B) Kinder dürfen bei Hunden alles, Hunde würden Kinder niemals verletzen.
C) Solange das Kind nicht versucht, auf dem Hund zu reiten, gibt es keinen Handlungsbedarf.
D) Hunde müssen Kinder als ranghöher akzeptieren. Sobald der Hund aggressives Verhalten dem Kind gegenüber zeigt, muss man ihn hart bestrafen.

5. Dürfen Kinder fremde Hunde streicheln?
→ Antwort im Text auf S. 147
A) Kinder sind immer ranghöher als Hunde, daher muss ein Hund sich das Streicheln gefallen lassen.
B) Nein, wenn Hund und Kind sich nicht kennen, ist das immer gefährlich.
C) Ja, wenn sie vorher den Halter des Hundes um Erlaubnis gefragt haben.
D) Für Hunde sind Kinder wie Welpen, sie würden Kinder niemals verletzen. Daher ist es kein Problem, wenn Kinder fremde Hunde anfassen.

6. Wie sollte man sich verhalten, wenn ein frei laufender Hund zu einem selbst und seinem Kind läuft?
→ Antwort im Text auf S. 147
A) Laut schreien und das Kind auf den Arm nehmen.
B) Möglichst schnell vor dem Hund weglaufen.
C) Sich ruhig vor das eigene Kind stellen und den Halter des Hundes bitten, den Hund zurückzurufen.
D) Hunde lieben Kinder, daher muss man nichts tun.

7. Darf man den Hund im Auto lassen, wenn man einkaufen geht?
→ Antwort im Text auf S. 150
A) Nein, Hunde dürfen laut Tierschutzgesetz nicht im Auto zurückgelassen werden.
B) Nur, wenn der Hund noch nicht gelernt hat, allein zu Hause zu bleiben.
C) Nur dann, wenn das Auto so groß ist, dass der Hund wenigstens 2 m^2 zur Verfügung hat.
D) Ja, für einen kurzen Zeitraum. Man muss aber darauf achten, dass es im Sommer nicht zu heiß und im Winter nicht zu kalt für den Hund ist.

8. Was kann man tun, wenn der Hund laut bellt und jault sowie an der Haustür kratzt, wenn er allein bleiben soll?
→ Antwort im Text auf S. 130, 131
A) Hunde sind Rudeltiere, man kann sie nicht allein lassen.
B) Man sperrt den Hund zukünftig in eine Gitterbox, damit er nichts mehr zerstören kann.
C) Man kauft einen zweiten Hund, da Hunde nur zusammen mit einem anderen Artgenossen allein bleiben können.
D) Man trainiert das Alleinbleiben in winzig kleinen Schritten. Bis der Hund gelernt hat, entspannt allein zu bleiben, sorgt man immer für eine Betreuung des Hundes.

9. Welches Verhalten zeigt ein Hund, der in der Abwesenheit seiner Menschen die Blumen im Haus zerstört hat und mit abgesenktem Kopf bei der Rückkehr des Menschen diesem entgegenkommt?
→ Antwort im Text auf S. 131

A) Der Hund hat Angst.
B) Der Hund hat ein schlechtes Gewissen.
C) Der Hund zeigt beschwichtigendes Verhalten.
D) Der Hund fordert den Menschen zu einem Spiel auf.

10. Wie soll man sich verhalten, wenn der Hund bettelt, wenn die Familie am Tisch sitzt und isst?
→ Antwort im Text auf S. 133

A) Der Hund hat Hunger, daher gibt man ihm etwas ab.
B) Man ignoriert das Betteln. Verhalten, das sich nicht lohnt, wird der Hund in Zukunft nicht mehr zeigen.
C) Man bestraft ihn für das Betteln, indem man ihn mit einem Glas Wasser überschüttet.
D) Hunde fressen immer gemeinsam, man kann daher nichts gegen das Betteln machen.

11. Wie soll man sich verhalten, wenn der Hund die Fernbedienung geklaut hat und den Halter anknurrt, wenn dieser sie zurückholen will?
→ Antwort im Text auf S. 136, 137

A) Man ignoriert den Hund und wartet, bis er aufsteht und die Fernbedienung liegen lässt, sodass man sie sich nehmen kann. Dann sucht man bei einem professionellen Hundetrainer Hilfe.
B) Man darf dem Hund das nicht durchgehen lassen und setzt sich mit allen Mitteln durch.
C) Da kann man nichts machen, Aggression ist ein natürliches Verhalten des Hundes.
D) Man lässt den Hund einschläfern, da dieser eine Gefahr für den Menschen darstellt.

12. Wie soll man sich verhalten, wenn der Hund den Menschen anbellt, damit dieser den Ball wirft?
→ Antwort im Text auf S. 135

A) Man steckt den Ball ein und wartet, bis der Hund ruhiges, abwartendes Verhalten zeigt. Erst dann wirft man den Ball.
B) Man war offensichtlich zu langsam. Zukünftig wirft man den Ball schneller.
C) Man bestraft den Hund für das Bellen, indem man ihn mit dem Ball bewirft.
D) Man spielt zukünftig nicht mehr mit dem Ball, da das Spiel den Hund offensichtlich stark aufregt.

13. Muss man den Kot vom eigenen Hund auf dem Spaziergang aufheben und mitnehmen?
→ Antwort im Text auf S. 142

A) Nur wenn der Hund auf die Straße kotet.
B) Nein, dafür gibt es die Straßenreinigung.
C) Ja, man sollte immer eine Tüte dabeihaben, um den Kot einzusammeln und mitzunehmen.
D) Das muss man nur in bewohnten Gebieten.

14. Wie weit darf sich ein Hund vom Menschen auf dem Spaziergang entfernen?
→ Antwort im Text auf S. 140

A) Maximal 50 Meter.
B) Maximal 10 Meter.
C) So weit, wie er vom Menschen kontrollierbar ist.
D) So weit, wie der Mensch ihn sehen kann.

15. Darf man mit einer läufigen Hündin spazieren gehen?
→ Antwort im Text auf S. 56

A) Nein, läufige Hündinnen dürfen sich nicht im öffentlichen Raum aufhalten.
B) Ja, das ist kein Problem, die Hündin lässt sich nur im eigenen Zuhause decken.
C) Ja, die Hündin kann erst nach der Läufigkeit gedeckt werden. Solange sie blutet, besteht keine Gefahr.
D) Ja, aber man sollte sie an der Schleppleine halten und zu sich rufen, wenn sich andere Hunde, insbesondere Rüden, nähern.

16. Wie soll man sich verhalten, wenn auf dem Spaziergang der eigene Hund gerade frei läuft und ein Mensch entgegenkommt?

→ Antwort im Text auf S. 141

A) Solange der Mensch keine Angst hat, lässt man seinen Hund weiter frei laufen.
B) Man ruft seinen Hund zu sich, leint ihn an und führt ihn auf der vom Menschen abgewandten Seite.
C) Man ruft dem Menschen zu, dass der Hund nix tut und setzt den Spaziergang weiter fort.
D) Man lässt seinen Hund zum Menschen laufen und Kontakt aufnehmen. Hunde müssen möglichst viele Erfahrungen mit Menschen machen.

17. Wie soll man sich verhalten, wenn auf dem Spaziergang der eigene Hund gerade frei läuft und ein Mensch mit angeleintem Hund entgegenkommt?

→ Antwort im Text auf S. 141, 142

A) Man ruft dem Menschen zu, dass der eigene Hund nix tut und fordert den Entgegenkommenden auf, seinen Hund auch abzuleinen.
B) Man lässt den eigenen Hund zum anderen Hund laufen, Hunde brauchen Sozialkontakt zu Artgenossen.
C) Man leint seinen Hund an und geht in einem Bogen vorbei, da fremde Hunde nicht miteinander Kontakt haben oder spielen sollten.
D) Man ruft seinen Hund zu sich, leint ihn an und nähert sich auf Rufweite. Dann spricht man sich gegebenenfalls mit dem Entgegenkommenden ab, ob ein Freilauf beider Hunde möglich ist.

18. Wie soll man sich verhalten, wenn auf dem Spaziergang der eigene Hund gerade frei läuft und ein Mensch mit ebenfalls frei laufendem Hund entgegenkommt?

→ Antwort im Text auf S. 141, 142

A) Man lässt seinen Hund zum anderen Hund hinlaufen. Die Hunde werden das unter sich ausmachen.
B) Man lässt seinen Hund zum anderen Hund hinlaufen. Fremde Hunde werden sich nicht streiten, da sie noch keine Rangordnung untereinander ausgebildet haben.
C) Man ruft seinen Hund zu sich, nähert sich auf Rufweite und spricht sich gegebenenfalls mit dem Entgegenkommenden ab, ob ein Freilauf beider Hunde möglich ist.
D) Man fragt, ob es sich um einen Rüden oder eine Hündin handelt, da man zwei fremde Rüden nicht miteinander laufen lassen kann.

19. Wie soll man sich verhalten, wenn auf dem Spaziergang der eigene Hund gerade angeleint ist und ein Mensch mit ebenfalls angeleintem Hund entgegenkommt?

→ Antwort im Text auf S. 141, 142

A) Sobald man auf einer Höhe ist, lässt man die beiden Hunde aneinander schnuppern, damit sie miteinander kommunizieren können.
B) Man nimmt seinen Hund auf die andere Seite, sodass kein direkter Kontakt zwischen den Hunden entsteht und läuft in einem leichten Bogen weiter.
C) Man leint seinen Hund ab, da angeleinte Hunde keinen Kontakt miteinander haben sollen.
D) Man dreht um, da es für Hunde Stress bedeutet, frontal in Richtung eines anderen Hundes zu laufen.

20. Darf man angeleinte Hunde Kontakt miteinander aufnehmen lassen?

→ Antwort im Text auf S. 142

A) Hunde sind an der Leine eingeschränkt, sie können nicht gut miteinander kommunizieren. Ein Kontakt ist daher in der Regel nicht sinnvoll.
B) Nein, daher müssen Mehrhundehalter beim Spaziergang darauf achten, dass die Hunde ausreichend Abstand zueinander haben, wenn sie an der Leine geführt werden.
C) Ja, immer. Man muss nur aufpassen, dass sich die Leinen nicht miteinander verwickeln.
D) Ja, das ist unproblematisch, da die beiden Hunde erst in kurzer Distanz Kontakt aufnehmen können und nicht aus weiter Distanz aufeinander zustürmen.

21. Wie soll man sich verhalten, wenn auf dem Spaziergang der eigene Hund gerade angeleint ist und ein Mensch mit frei laufendem Hund entgegenkommt?

→ Antwort im Text auf S. 141, 142

A) Man dreht um und rennt weg, wenn man keinen Kontakt der beiden Hunde möchte.
B) Man schreit den anderen Hund an und tritt ihn weg, wenn er näher herankommt.
C) Man lässt den anderen Hund zum eigenen Hund. Da dieser durch die Leine gesichert ist, kann nichts passieren.
D) Man bittet den Entgegenkommenden, seinen Hund zurückzurufen und anzuleinen.

22. Wie soll man sich verhalten, wenn auf dem Spaziergang der eigene, angeleinte Hund einen entgegenkommenden Hund fixiert und dabei knurrt?

→ Antwort im Text auf S. 139

A) Man schimpft laut mit seinem Hund.
B) Man führt einen solchen Hund am Stachelhalsband und korrigiert ihn für das aggressive Verhalten, indem man stark an der Leine ruckt.
C) Man nimmt seinen Hund auf die andere Seite, unterbricht das Fixieren, indem man seinen Hund zum Blickkontakt auffordert und weicht in einem Bogen aus.
D) Da der eigene Hund angeleint ist, kann nichts passieren. Man braucht daher nichts zu machen.

23. Wie soll man sich verhalten, wenn auf dem Spaziergang mit dem Hund Radfahrer, Inline Skater oder Jogger entgegenkommen?

→ Antwort im Text auf S. 141

A) Wenn der Hund es nicht schafft, den Radfahrer/Skater/Jogger einzuholen, darf er ruhig ein paar Meter hinterherrennen.
B) Wenn der Hund dem Radfahrer/Skater/Jogger hinterherrennt, informiert man diesen über die Ungefährlichkeit des Hundes, indem man laut „Der tut nix!" ruft.
C) Man ruft seinen Hund zu sich, leint ihn an und führt ihn auf der vom Radfahrer/Skater/Jogger abgewandten Seite.
D) Es ist genetisch bedingt, dass Hunde sich schnell bewegende Reize jagen, sodass man nicht verhindern kann, dass der Hund dem Radfahrer/Skater/Jogger hinterherläuft.

24. Wie soll man sich verhalten, wenn man auf dem Spaziergang mit dem frei laufenden Hund an einem Kinderspielplatz vorbeikommt?

→ Antwort im Text auf S. 141

A) Kinderspielplätze sind ideal für Hunde, sie können dort im Sand ihr Bedürfnis nach Buddeln ausleben.
B) Man ruft seinen Hund zu sich und leint ihn an, damit er nicht auf den Spielplatz rennen kann.
C) Wenn der Hund kinderfreundlich ist, kann man ihn unbedenklich auf den Spielplatz laufen lassen.
D) Man nutzt die Spielgeräte für das Training mit seinem Hund.

25. Wie soll man sich verhalten, wenn man an eine Kreuzung kommt, die man nicht einsehen kann?

→ Antwort im Text auf S. 140

A) Man ruft seinen Hund zu sich, leint ihn an oder führt ihn frei bei Fuß bis zur Kreuzung, bis man diese überblicken kann. Erst dann lässt man ihn wieder frei laufen.
B) Man lässt seinen Hund vorlaufen, da man an seinem Verhalten erkennen kann, ob jemand aus der anderen Richtung kommt.
C) Hunde müssen lernen, Entscheidungen zu treffen, um souverän und selbstsicher zu werden. Daher lässt man seinen Hund vorlaufen.
D) Hunde sehen viel besser als der Mensch, sodass man seinen Hund problemlos vorlaufen lassen kann.

26. Darf man es zulassen, dass der Hund auf dem Spaziergang Passanten anspringt?

→ Antwort im Text auf S. 141

A) Ja, denn es ist immer als freundliche Begrüßung gemeint.
B) Ja, denn es ist zwar respektlos gemeint, aber niemals mit aggressivem Verhalten verbunden.
C) Nein, da der Passant dies als unangenehm oder bedrohlich empfinden könnte.
D) Nur dann, wenn der Passant schick angezogen ist.

27. Wie bringt man Hunden bei, andere Menschen nicht anzuspringen?

→ Antwort im Text auf S. 138

A) Man bringt dem Hund ein Alternativverhalten bei, z. B. sich neben seinen Menschen zu setzen.
B) Man wirft dem Hund in dem Augenblick, in dem er am Menschen hochspringen will, eine Wurfkette vor die Füße.
C) Man hält den Hund an der Leine, die am Stachelhalsband befestigt ist. Springt der Hund hoch, wird er durch die Einwirkung des Halsbandes korrigiert.
D) Man ignoriert das Verhalten. Der Hund lernt dann schnell, dass es sich nicht lohnt, fremde Menschen anzuspringen.

28. Müssen Hunde Sozialkontakt zu Artgenossen haben?
→ Antwort im Text auf S. 23
A) Ja, mindestens einmal pro Woche.
B) Ja, aber nicht um jeden Preis. Sinnvoll sind Kontakte zu zwei oder drei Hunden, mit denen der eigene Hund sich gut versteht.
C) Ja, Hunde müssen möglichst viele andere Hunde treffen, sodass man am besten täglich auf die Hundewiese geht.
D) Wenn Hunde als Einzelhund gehalten werden, sind sie es gewöhnt, mit dem Menschen zusammen zu leben. Sozialkontakt zu Artgenossen ist dann nicht notwendig.

29. Wie erreicht man, dass der Hund sich am Menschen orientiert und ihm vertraut?
→ Antwort im Text auf S. 129
A) Man geht auf jede Forderung des Hundes ein, die Bedürfnisse des Hundes müssen erfüllt werden.
B) Hunde brauchen viel Freiheit, um sich entwickeln zu können. Daher schränkt man den Hund so wenig wie möglich ein und lässt ihn möglichst häufig frei laufen.
C) Man verhält sich konsequent, bietet dem Hund entsprechend seiner Veranlagung geistige und körperliche Auslastung und führt ihn sicher durch das Leben.
D) Man ist sehr streng und bestraft Fehlverhalten sofort mit harten Strafen.

30. Woran erkennt man eine gute Beziehung zwischen Mensch und Hund?
→ Antwort im Text auf S. 129
A) Der Hund fordert den Menschen mehrfach am Tag mit dem Ball zum gemeinsamen Spiel auf.
B) Der Mensch überschüttet seinen Hund mit Liebe und Leckerchen.
C) Der Mensch versucht immer wieder, seinen Hund zu einer gemeinsamen Aktion zu überreden.
D) Der Hund orientiert sich am Menschen, achtet auf ihn und sucht von sich aus dessen Nähe.

Nur für Deutschland!

31. Was schreibt die Tierschutz-Hundeverordnung über die Haltung von Hunden vor?
→ Antwort im Text auf S. 153
A) Ausreichend Auslauf im Freien sowie ausreichend Kontakt zum Halter/Betreuer, angepasst an die Rasse, das Alter und den Gesundheitszustand des Hundes.
B) Man muss täglich 4 Stunden mit dem Hund spazieren gehen.
C) Hunde dürfen niemals allein gelassen werden.
D) Er muss stets freien Zugang zum Garten haben.

32. Ist es erlaubt, den Hund in Anbindehaltung zu halten?
→ Antwort im Text auf S. 153, 154
A) Nein, das ist nicht erlaubt.
B) Ja, wenn die Anforderungen der Tierschutz-Hundeverordnung erfüllt werden.
C) Ja, uneingeschränkt.
D) Ja, man muss nur beachten, dass der Hund nicht an einer Kette angebunden wird.

33. Wie muss der Zwinger gestaltet sein, wenn man den Hund dort dauerhaft unterbringt?
→ Antwort im Text auf S. 153
A) Die Haltung von Hunden im Zwinger ist nicht erlaubt.
B) Hunde dürfen nicht allein im Zwinger gehalten werden, sie brauchen mindestens einen weiteren Artgenossen zur Gesellschaft.
C) Der Zwinger muss den Anforderungen entsprechen, welche die Tierschutz-Hundeverordnung vorgibt.
D) Es gibt keine Anforderungen an den Zwinger, wenn der Hund darin gehalten werden soll.

34. Darf man Hunde auch in einem Kellerraum halten?
→ Antwort im Text auf S. 153
A) Die Haltung von Hunden im Keller ist nicht erlaubt.
B) Es gibt keine Anforderungen an den Kellerraum, wenn der Hund darin gehalten werden soll.
C) Hunde dürfen nicht allein im Keller gehalten werden, sie brauchen mindestens einen weiteren Artgenossen zur Gesellschaft.
D) Ja, wenn die Anforderungen der Tierschutz-Hundeverordnung eingehalten werden.

35. Ist es erlaubt, einem Hund die Rute und die Ohren zu kupieren (außer bei jagdlich geführten Hunden)?
→ Antwort im Text auf S. 152
A) Nein, das ist laut Tierschutzgesetz verboten.
B) Ja, wenn es in den ersten 3 Lebenstagen geschieht.
C) Nur, wenn der Tierarzt dies durchführt.
D) Ja, das ist erlaubt.

36. Ist es erlaubt, einen Hund so zu trainieren, dass für ihn damit erhebliche Schmerzen verbunden sind?
→ Antwort im Text auf S. 150, 151
A) Nur, wenn es sich um ein besonders schwer zu trainierendes Verhalten handelt.
B) Nein, das ist laut Tierschutzgesetz verboten.
C) Nur, wenn der Hund zuvor bereits einen Menschen oder Artgenossen getötet hat.

D) Nur, wenn der Hund zuvor bereits einen Menschen oder Artgenossen schwer verletzt hat.

37. Welche Vorschriften gibt es, wenn der Hund im Auto transportiert werden soll?
→ Antwort im Text auf S. 150
A) Laut Straßenverkehrsordnung muss der Hund so gesichert sein, dass die Verkehrssicherheit des Fahrzeugs nicht leidet und die Sicht oder das Gehör des Fahrers nicht beeinträchtigt wird.
B) Es gibt keine Vorschriften.
C) Der Hund darf nur in einer Box im Kofferraum transportiert werden.
D) Der Hund darf nur auf dem Rücksitz, gesichert durch einen am Geschirr befestigten Gurt, transportiert werden.

38. Darf man den angeleinten Hund am Auto oder Fahrrad führen?
→ Antwort im Text auf S. 148
A) Laut Straßenverkehrsordnung ist beides verboten.
B) Laut Straßenverkehrsordnung ist das Führen des Hundes vom Auto aus verboten. Am Fahrrad jedoch darf man den Hund führen.
C) Laut Straßenverkehrsordnung ist das Führen des Hundes am Fahrrad verboten, am Auto ist es jedoch erlaubt.
D) Laut Straßenverkehrsordnung ist beides erlaubt.

39. Ist der Abschluss einer Tierhalter-Haftpflichtversicherung sinnvoll?
→ Antwort im Text auf S. 154, 155
A) Nur bei großen Hunden.
B) Nur, wenn man mehrere Hunde hält.
C) Nein, das ist nur notwendig, wenn sie im jeweiligen Bundesland verpflichtend bei der Hundehaltung ist.
D) Ja, da jeder Tierhalter für alle von seinem Tier verursachten Schäden haftet.

40. Muss man den Hund mit einem Mikrochip (Transponder) kennzeichnen?
→ Antwort im Text auf S. 100
A) Nur bei großen Hunden.
B) Nur, wenn man mehrere Hunde hält.
C) Ja, wenn man mit dem Hund ins Ausland reisen will. Die Identifikationsnummer des Mikrochips wird im (blauen) EU-Heimtierausweis eingetragen. Auch in einigen Bundesländern ist dies generell vorgeschrieben.
D) Nur Hunde, die als gefährlich eingestuft werden, muss man mit einem Mikrochip kennzeichnen.

LÖSUNG

A: Entwicklungsgeschichte des Hundes
1B / 2A / 3A / 4C / 5D / 6D / 7B / 8B / 9C / 10A / 11D / 12B / 13C / 14A / 15B / 16C / 17A / 18B / 19B / 20C / 21A / 22C / 23C / 24B / 25B / 26C / 27A / 28C / 29B / 30D

B: Ein Welpe zieht ein
1C / 2B / 3C / 4A / 5B / 6C / 7D / 8A / 9B / 10C / 11A / 12B / 13A / 14D / 15A / 16B / 17D / 18D / 19B / 20D / 21A / 22B / 23C / 24B / 25D / 26D / 27C / 28C / 29B / 30A

C: Der Welpe wird erwachsen
1A / 2C / 3B / 4D / 5C / 6C / 7A / 8B / 9C / 10A / 11A / 12B / 13D / 14A / 15C / 16B / 17A / 18C / 19B / 20A / 21C / 22C / 23A / 24C / 25A / 26C / 27D / 28D / 29D / 30C

D: So lernen Hunde
1D / 2A / 3B / 4C / 5B / 6D / 7C / 8B / 9B / 10D/ 11A / 12D / 13A / 14B / 15A / 16B / 17C / 18D / 19C / 20B / 21D / 22C / 23B / 24D / 25B / 26D / 27B / 28D / 29A / 30B

E: Ernährung und Pflege
1D / 2C / 3B / 4D / 5B / 6A / 7B / 8C / 9B / 10D / 11B / 12C / 13B / 14B / 15A / 16B / 17C / 18B / 19C / 20A / 21C / 22C / 23D / 24A / 25D / 26D / 27C / 28B / 29B / 30C

F: Der gesunde Hund
1C / 2B / 3D / 4A / 5A / 6B / 7C / 8A / 9C / 10B / 11C / 12A / 13D / 14A / 15C / 16B / 17D / 18B / 19A / 20D / 21C / 22B / 23A / 24D / 25B / 26B / 27A / 28C / 29A / 30C

G: Körpersprache und Kommunikation
1C / 2D / 3A / 4B / 5C / 6D / 7C / 8A / 9B / 10C / 11C / 12A / 13D / 14B / 15B / 16C / 17A / 18B / 19A / 20B / 21B / 22D / 23C / 24C / 25A / 26C / 27B / 28B / 29A / 30C

H: Der Hund im Alltag
1B / 2C / 3D / 4A / 5C / 6C / 7D / 8D / 9C / 10B / 11A / 12A / 13C / 14C / 15D / 16B / 17D / 18C / 19B / 20A / 21D / 22C / 23C / 24B / 25A / 26C / 27A / 28B / 29C / 30D / 31A / 32B / 33C / 34D / 35A / 36B / 37A / 38B / 39D / 40C

PRAXISTRAINING
— im Alltag

DIE GRUNDSIGNALE

Ein Hund muss nicht tausende Tricks beherrschen, dennoch gibt es einige wenige Signale, die unerlässlich sind, damit der Alltag mit Hund entspannt verläuft und er den Menschen überallhin begleiten kann.

SIGNALE UND POSITIONEN

Wichtig ist, dass du dir zu Beginn des Trainings Gedanken über die Signale machst, die du mit deinem Hund nutzen willst. Welche du verwendest, spielt keine Rolle, sie sollten sich jedoch deutlich voneinander unterscheiden, und zwar sowohl die Hörzeichen als auch die Sichtzeichen. Bei der DOGS Hundeführerschein-Prüfung wird keine vorgeschriebene Position verlangt. Das hängt damit zusammen, dass die Position, die ein Hund z. B. während der Übung „Bleib“ einnehmen soll, vom Halter individuell gewählt werden sollte. Alte Hunde können sich z. B. nicht mehr gut hinlegen oder hinsetzen, für sie ist es sinnvoller, die Position „Steh“ zu wählen. Junge Hunde dagegen, die noch „Hummeln im Hintern“ haben, würden bei einer schwierigen Ablenkung in der Position „Steh“ sicher nicht so zuverlässig bleiben wie im Sitzen oder Liegen.

Martin hält Mischlingshündin Zeta das Futterstück direkt über die Nase und führt es nach hinten.

SICH HINSETZEN

Damit dein Hund lernt, sich auf dein Signal schnell und zuverlässig hinzusetzen, führst du direkt vor seiner Nase ein Futterstück über seinen Kopf nach hinten. Setzt er sich nicht sofort, lässt du ihn an deiner Hand schnüffeln, führst diese dann wieder nach oben über seinen Kopf und wartest einen Augenblick, bis er die Hinterbeine absenkt. Exakt in diesem Moment belohnst du ihn mit dem Futterstück und einem verbalen Lob (z. B. „Prima"). In den folgenden Übungen soll er die Hinterbeine dann immer weiter abwinkeln, bis er sich letztlich hinsetzt. In dem Augenblick, in dem du deinen Hund belohnst, darf er wieder aufstehen, denn die Aufgabe ist beendet, er hat seinen „Lohn" erhalten. Es geht bei dieser Übung erst einmal nur darum, dass dein Hund lernt, sich hinzusetzen, und nicht darum, länger sitzen zu bleiben. Für einen Hund sind das nämlich zwei vollkommen unterschiedliche Aufgaben!

Nachdem Zeta sich gesetzt hat, darf sie es fressen.

HÖRZEICHEN „SITZ"

Bist du dir nach einigen Übungen sicher, dass sich dein Hund hinsetzt, dann sagst du währenddessen das Hörzeichen, z. B. „Sitz". Nach einigen Wiederholungen hat dein Hund die Handlung „Sich Hinsetzen" mit dem Hörzeichen verknüpft, sodass du es als Signal für das Verhalten nutzen kannst. Dein Hund bekommt das Futter jetzt nur noch nach der Übung als Belohnung. Es bleibt also während der Übung nicht sichtbar für ihn in deiner Tasche. Erst wenn dein Hund sich gesetzt hat, greifst du in die Tasche und holst ein Leckerli heraus.

SICHTZEICHEN FÜR „SITZ"

Die für das Locken genutzte Handbewegung kannst du nun zum Sichtzeichen umwandeln. Dazu baust du die Bewegung mit der Hand über den Kopf deines Hundes immer weiter ab, bis du die Hand nur noch erhebst. Die meisten Menschen strecken dazu den Zeigefinger bei der ansonsten zur Faust geballten Hand in die Luft.

WENN ES NICHT KLAPPT …

Wenn sich dein Hund beim Locken nicht hinsetzt, sondern auf die Hinterbeine stellt oder Männchen macht, hast du das Leckerli vermutlich zu hoch gehalten. Du musst es wirklich dicht über den Kopf deines Hundes führen.
Wenn sich dein Hund beim Locken rückwärts von dir wegbewegt oder seitlich wegdreht, hast du das Leckerli vermutlich zu schnell nach hinten geführt. Du darfst deine Hand nur so schnell bewegen, dass dein Hund der Bewegung mit seinem Kopf noch folgen kann. Manchmal hilft es, die Übung direkt vor einer Wand durchzuführen, da sich dein Hund so nicht mehr weiter von dir wegbewegen kann.

Martin hält ein Leckerli zwischen Daumen und Zeigefinger vor Zetas Nase.

Langsam führt er die flach ausgestreckte Hand Richtung Boden.

Zeta folgt Martins Hand mit dem Futter und legt sich hin.

SICH HINLEGEN

Damit dein Hund lernt, sich auf dein Signal schnell und zuverlässig hinzulegen, nimmst du ein Leckerchen in deine flache Hand zwischen Daumen und Zeigefinger. Jetzt führst du die Hand senkrecht von der Nase deines direkt vor dir sitzenden Hundes aus in Richtung Boden. Die meisten Hunde folgen der Hand mit der Nase und legen sich schnell hin, um an das Futter heranzukommen. Sobald dein Hund den Boden berührt, belohnst du ihn mit dem Futterstück und einem verbalen Lob (z. B. „Prima"). Sollte sich dein Hund nicht sofort hinlegen, musst du Teilschritte belohnen, also zunächst das leichte, dann das deutliche Absenken der Vorderbeine, bis dein Hund letztlich die Vorderbeine vollständig auf den Boden legt. Dein Hund darf danach sofort wieder aufstehen, denn er hat ja noch nicht gelernt, geduldig und entspannt für eine längere Zeit liegen zu bleiben. Die Belohnung hat dein Hund für das Hinlegen erhalten, und das hat er perfekt ausgeführt. Die Übung an sich ist damit also erst einmal beendet.

HÖRZEICHEN „DOWN"

Wenn du dir nach einigen Übungen sicher bist, dass sich dein Hund hinlegt, sagst du währenddessen das Hörzeichen, z. B. „Down". Nach einigen Wiederholungen hat dein Hund die Handlung „Sich Hinlegen" mit dem Hörzeichen verknüpft, sodass du es als Signal für das Verhalten nutzen kannst. Dein Hund bekommt das Futter jetzt nur noch nach der Übung als Belohnung.

SICHTZEICHEN FÜR „DOWN"

Die für das Locken genutzte Handbewegung kannst du nun zum Sichtzeichen umwandeln, indem du die Bewegung mit der Hand in Richtung Boden immer weiter abbaust, bis du die Hand nur noch flach ausgestreckt vor dich hältst. Dazu führst du die nun – ohne Leckerli – aber dennoch weiterhin flach gehaltene Hand in Richtung Boden. Legt dein Hund sich hin, bekommt er nun im Liegen aus der anderen Hand sein Leckerchen. Auf diese Weise lernt er, dass es nicht zwingend nötig ist, die Nase nahe an deine Hand zu

Golden Retrieverhündin Crispy hat bereits gelernt, sich auf das Sichtzeichen der ausgestreckten Hand hinzulegen, ohne dass sie mit Leckerli gelockt werden muss.

bringen. Nun vergrößerst du langsam den Abstand zwischen Hundenase und deiner Hand, und belohnst immer wieder aus der anderen Hand, bis du zu guter Letzt im Stehen das Hörzeichen „Down" aussprechen kannst, ohne mit deiner Hand zu Boden zu gehen. Die flach gehaltene Hand ist nun automatisch zum Sichtzeichen für das Signal „Down" geworden.

WENN ES NICHT KLAPPT …

Wenn sich dein Hund beim Locken nicht hinlegt, sondern nach vorne kriecht, hast du das Leckerli vermutlich zu weit nach vorne geführt.
Wenn sich dein Hund beim Locken nicht hinlegt, sondern den Po hochnimmt, hast du das Leckerli vermutlich zu weit in Richtung deines Hundes geführt. In beiden Fällen musst du es senkrecht von der Nase des Hundes aus nach unten führen.

SIGNAL „DOWN"

„Sitz", „Platz", „Fuß" – das klingt alles sehr ähnlich und kann beim Hund zu Verwechslungen führen. Vor allem dann, wenn die Körpersprache des Menschen nicht eindeutig ist. Um unnötige Fehlerquellen, die zu Missverständnissen zwischen Hund und Mensch führen können, zu vermeiden, rate ich dazu, das Wort „Down" zu verwenden. Es hört sich komplett anders an als die anderen Signale und hat sich bei vielen Hundehaltern bereits etabliert. Mit „Down" meine ich jedoch nicht das aus Jägerkreisen, bei dem der Hund auch den Kopf flach auf den Boden legen muss. Ich verwende dieses Signal für ein ganz normales Hinlegen des Hundes.

RUHIG STEHEN BLEIBEN

Damit dein Hund lernt, sich auf dein Signal schnell und zuverlässig hinzustellen, nimmst du ein Leckerchen in deine seitlich flach ausgestreckte Hand zwischen Daumen und Zeigefinger. Jetzt führst du deine Hand waagerecht von der Nase deines seitlich vor dir sitzenden Hundes weg. Die meisten Hunde folgen der Hand mit der Nase und stellen sich schnell hin, um an das Futter heranzukommen. Sobald dein Hund mit den Vorderpfoten nach vorne geht und den Po vom Boden hochnimmt, belohnst du ihn mit dem Futterstück und einem verbalen Lob (z. B. „Prima").

Dein Hund darf danach sofort wieder herumlaufen, denn er hat ja noch nicht gelernt, geduldig und entspannt für eine längere Zeit stehen zu bleiben. Die Belohnung hat dein Hund für das Hinstellen erhalten, und das hat er perfekt ausgeführt. Die Übung an sich ist damit also erst einmal beendet.

Nayeli folgt dem Futter in der Hand mit der Nase nach vorne. Nicole unterstützt das Aufstehen mit der anderen Hand.

HÖRZEICHEN „STEH"

Bist du dir nach einigen Übungen sicher, dass sich dein Hund hinstellt, sagst du währenddessen das Hörzeichen, z. B. „Steh". Nach einigen Wiederholungen hat dein Hund die Handlung „Sich Hinstellen" sicher mit dem Hörzeichen verknüpft, sodass du es als Signal für das Verhalten nutzen kannst. Dein Hund bekommt das Futter jetzt nur noch nach der Übung als Belohnung.

SICHTZEICHEN FÜR „STEH"

Die für das Locken genutzte Handbewegung kannst du nun zum Sichtzeichen umwandeln, indem du die Bewegung mit der Hand von deinem Hund weg immer weiter abbaust, bis du die Hand nur noch seitlich flach ausgestreckt hältst.

WENN ES NICHT KLAPPT …

Wenn sich dein Hund beim Locken nicht hinstellt, sondern mehrere Schritte nach vorne läuft, hast du das Leckerli vermutlich zu weit nach vorne geführt. Du darfst es nur so weit von der Nase des Hundes aus wegführen, dass er mit seinen beiden Vorderbeinen jeweils einen Schritt nach vorne machen kann.

Wenn sich dein Hund beim Locken nicht hinstellt, sondern nur die Vorderbeine ein wenig nach vorne stellt, die Hinterbeine aber noch leicht bis stark abgewinkelt sind, hast du das Leckerli vermutlich nicht waagerecht von deinem Hund weg geführt, sondern leicht schräg nach oben. Du musst es wirklich waagerecht von der Nase des Hundes aus nach vorne führen. Du kannst deinem Hund auch eine weitere Hilfe geben, indem du deine zweite Hand unter seinen Bauch hältst, während du ihn mit der anderen Hand nach vorne lockst.

Nayeli hat schnell gelernt, sich auf das Sichtzeichen der seitlich flach ausgestreckten Hand hinzustellen und stehen zu bleiben.

BLEIBEN IN JEDER SITUATION

Hat dein Hund eines oder mehrere der Grundsignale erlernt, kannst du Stück für Stück das Bleiben in der jeweiligen Position aufbauen. Der Aufbau wird hier am Beispiel der Übung „Sitz Bleib“ gezeigt. Du kannst das Bleiben jedoch selbstverständlich für alle anderen Positionen entsprechend aufbauen.

SITZ-BLEIB: SCHRITT 1

Für die erste Bleib-Übung solltest du mehrere Leckerlis in deiner Hand halten. Fordere deinen Hund wie gewohnt dazu auf, sich hinzusetzen. Hat sich dein Hund hingesetzt, gibst du ihm eines der Leckerlis, und sobald er dieses geschluckt hat, ein weiteres. Wichtig ist, dass du ihm die Leckerlis unmittelbar nacheinander gibst, sodass er gar nicht erst aufstehen kann. Nach einigen Leckerlis beendest du das Bleiben, indem du deine Hand schließt und die Übungseinheit mit einem Freigabesignal wie „Okay“ auflöst. Dein Hund lernt so, dass es sich lohnt, auch nach der erfolgten Belohnung weiter sitzen zu bleiben, da es unter Umständen noch weitere Leckerlis gibt. Variiere dabei von Anfang an die Anzahl der Übungen, indem du das Freigabesignal mal nach drei Leckerlis, mal nach fünf Leckerlis und dann wieder nach zwei Leckerlis sagst. Dein Hund weiß also nie genau, wann die Übungseinheit beendet ist und wird so immer motiviert mitmachen.

SITZ-BLEIB: SCHRITT 2

Nun zögerst du die Leckerchengabe ein wenig hinaus, du wartest also ein bis zwei Sekunden, bevor dein Hund das nächste Leckerli bekommt. Diese Zeit steigerst du immer mehr, bis dein Hund ca. zehn Sekunden sitzen bleibt und auf die nächste Belohnung wartet.

Martin trainiert mit dem Gos d'Atura Catalanarüden Jaron das Signal „Bleib". Dazu bewegt er sich anfangs nur auf der Stelle.

SITZ-BLEIB: SCHRITT 3

Wenn du dir nach einigen Übungen sicher bist, dass dein Hund sitzen bleibt, sagst du währenddessen „Bleib" (Hörzeichen). Nach einigen Wiederholungen hat dein Hund die Handlung „Sitzenbleiben" zuverlässig mit dem Hörzeichen verknüpft, sodass du es als Signal für das Verhalten nutzen kannst. Dein Hund bekommt das Futter jetzt nur noch nach der Übung als Belohnung.

SITZ-BLEIB: SCHRITT 4

Die für das Bleiben genutzte Handhaltung kannst du nun zum Sichtzeichen umwandeln, indem du nicht mehr die geschlossene, sondern die flach ausgestreckte nach oben zeigende Hand vor dich hältst.

SITZ-BLEIB: SCHRITT 5

Jetzt muss dein Hund noch lernen, sitzen zu bleiben, wenn du von ihm weggehst. Dazu bewegst du dich nach dem „Bleib" einmal auf der Stelle und belohnst ihn. Hält dein Hund die Bewegung aus, stellst du einen Fuß nach hinten, allerdings noch ohne dein Gewicht nach hinten zu verlagern. Nachdem du den Fuß wieder neben deinen anderen Fuß gestellt hast, belohnst du deinen Hund. Im nächsten Schritt machst du einen Wiegeschritt, du verlagerst also dein Gewicht jetzt auch auf dein nach hinten ausgestelltes Bein. Dann bist du so weit, dass du auch dein anderes Bein einen Schritt nach hinten stellen kannst. Wichtig ist, dass du weiterhin immer wieder zu deinem Hund zurückgehst und ihn dafür belohnst, dass er sitzen geblieben ist. Nun baust du Schritt für Schritt das Bleib auf, indem du zwei Schritte vom Hund weggehst, dann drei usw.

Entferne dich zu Beginn immer rückwärts sowie in Blickrichtung deines Hundes. Er würde in der Anfangsphase des Trainings sonst jede Richtungsänderung mit dem Kopf mitmachen und wahrscheinlich auch aufstehen und dir folgen. Erst wenn dein Hund zuverlässig sitzen bleibt, kannst du auch mit dem Rücken zu ihm von ihm weggehen sowie dich auch seitlich entfernen oder ihn sogar einmal ganz umkreisen. Steigere nun die Entfernung und die Zeit, in der dein Hund bleiben soll.

Ist er in der Lage, ca. drei Minuten und in einer Entfernung von ca. 30 Metern zuverlässig zu bleiben, kannst du dich auch für kurze Zeit aus seinem Blickfeld entfernen. Gehe kurz hinter einen Baum, komme nach zwei bis drei Sekunden wieder zurück und belohne ihn auf vertraute Weise. Dein Hund hat nun gelernt, zuverlässig sitzen zu bleiben. Damit ist der erste Schritt zu einer guten Impulskontrolle gemacht!

Jaron hat schnell gelernt sitzen zu bleiben, wenn Martin sich bewegt. Dieser kann sich nun mehrere Schritte entfernen.

WENN ES NICHT KLAPPT …

Wenn dein Hund aufsteht, während du dich rückwärts entfernst, gehst du mit ihm wortlos zu der Stelle zurück, an der er sich befand, als du ihm das Signal „Bleib" gegeben hast. Nun beginnst du die Übung neu, dieses Mal jedoch etwas einfacher. Entferne dich also nicht so weit von deinem Hund, sondern gehe nur wenige Schritte von ihm weg.

Wenn dein Hund aufgeregt wartet, anstatt entspannt sitzen zu bleiben, hast du ihn vermutlich zu früh oder zu oft aus dem Bleiben abgerufen. Denn die Belohnung erhält er in dem Fall ja für das Kommen, sodass es sich aus seiner Sicht lohnt, die Position so schnell wie möglich zu verlassen. Daher solltest du deinen Hund möglichst oft für das Bleiben belohnen, indem du zu ihm zurückgehst, und ihn nur sehr selten aus dem Bleiben abrufen.

Silke kann Graycie beim Entfernen den Rücken zuwenden.

Graycie bleibt bereits auf weite Distanz ruhig sitzen und wartet.

JEDERZEIT RÜCKRUFBAR

Dein Hund läuft in der Wohnung umher oder liegt auf seinem Platz. Rundherum sollte es aus Hundesicht ziemlich langweilig sein. Sprich ihn nun in einem freundlich animierenden Ton mit seinem Namen an. Im ersten Schritt kommt es nun wieder darauf an, dass du deinen Hund motivierst, das gewünschte Verhalten auszuführen. Um ihn zu dir zu locken, kannst du dich z. B. in die Hocke setzen, in deine Hände klatschen, mit der Zunge schnalzen oder dich ein paar Schritte rückwärts von ihm weg bewegen. Dies animiert die meisten Hunde dazu, der Bewegung ihres Menschen zu folgen. Diese Schritte in deine Richtung kannst du nun bereits belohnen, indem du ihm ein für ihn besonders begehrtes Leckerchen gibst.

Um Jobs zu sich zu locken, setzt sich Martin in die Hocke und klatscht in die Hände, worauf Jobs sofort losläuft.

HÖRZEICHEN „HIER"

Kommt dein Hund zuverlässig zu dir, ist es an der Zeit, ein Hörzeichen einzuführen, z. B. „Hier". Anfangs fügst du das Hörzeichen hinzu, kurz bevor dein Hund bei dir angekommen ist. Falls er doch einmal auf dem Weg zu dir etwas Spannendes in die Nase bekommt und abbiegt, besteht so zumindest keine Verknüpfung mit dem neuen Signal. Je zuverlässiger dein Hund nun zu dir kommt, desto früher kannst du das Hörzeichen sagen, bis du es schließlich als Signal für das Kommen nutzen kannst.

BELOHNUNG VARIIEREN

Dein Hund bekommt das Futter jetzt nur noch nach der Übung als Belohnung, du darfst das Leckerli daher nicht mehr sichtbar in deiner Hand halten. Hat dein Hund das Signal „Hier" verstanden, variierst du die Belohnung. Denn nur so bleibt die Übung für deinen Hund spannend. Mal gibt es einen ganz normalen Futterbrocken, mal ein Stück Wurst, mal ein tolles Spiel, mal eine Schmuseeinheit, je nachdem, wie groß die Anforderungen, also die dabei vorhandenen Ablenkungen, für deinen Hund jeweils waren. Die Belohnung muss später an die jeweilige Situation angepasst werden. Kommt dein Hund auf dein Signal zu dir angerannt, anstatt dem Reh hinterherzujagen, belohnst du ihn z. B. mit einem Hetzspiel mit der Reizangel. Kommt er aus einer einfacheren Situation, genügt auch die Belohnung aus der Futtertube.

RICHTIGE BELOHNUNG

Die Belohnungshappen sollten so klein sein, dass dein Hund sie leicht fressen/schlucken kann. Also möglichst keine Hundekuchen, da dein Hund sich sonst zu lange damit beschäftigt. Du solltest etwas Besonderes verwenden, etwas, das dein Hund extrem gern frisst, z. B. Frischfleisch, Trockenpansen oder Ähnliches. Gut geeignet ist auch die mit Leberwurst oder Ähnlichem gefüllte Futtertube, da dein Hund so eine längere Zeit bei dir an der Tube schlecken kann und nicht sofort wieder motiviert ist, wegzulaufen. Diese kannst du anfangs auch noch sichtbar in deiner Hand halten, um den Hund dadurch zu motivieren, zu dir zu kommen.

Links: Martin spricht den Elorüden Jobs mit seinem Namen an. Dieser dreht sich sofort aufmerksam um.

American Staffordshirehündin Kaira liebt die Belohnung aus der Futtertube. Kommt sie auf den Pfiff, darf sie lange an der Tube schlecken.

ABLENKUNGEN

Erst wenn dein Hund verstanden, also gelernt hat, dass er auf dein Signal so schnell wie möglich zu dir zurückkommen soll, fügst du nach und nach immer größere Ablenkungen hinzu. Dabei hängt es individuell vom Hund ab, welche Ablenkung er als einfach oder schwierig empfindet: Futter, andere Menschen, andere Hunde, Menschen/Hunde in Bewegung, sich bewegende Beute etc.

VERWENDUNG EINER PFEIFE

Für den Rückruf bietet sich der Einsatz einer Hundepfeife an. Diese kann dein Hund auch bei windigem Wetter, starken Nebengeräuschen und in weiter Entfernung gut hören. Sie bleibt dabei emotional neutral, was uns Menschen beim Rufen oft nicht leichtfällt. Allein schon ein lautes Rufen können wir meist nicht in nettem, freundlichem Ton. Wenn dann noch Sorge hinzukommt, weil der Hund sich etwas zu weit entfernt hat, ist es in der Regel vorbei mit dem freundlichen Rufen: Und diese Anspannung merkt dann auch dein Hund.

Ich empfehle eine Pfeife aus Kunststoff, diese gibt es in verschiedenen Tonhöhen. Sollten mehrere Familienmitglieder eine Pfeife benutzen oder aber einmal eine Pfeife verloren gehen, kannst du einfach eine zweite bzw. eine neue Pfeife kaufen, ohne deinen Hund an einen neuen Ton gewöhnen zu müssen. Mit dieser Pfeife hast du zudem die Möglichkeit, deinem Hund verschiedene Signale zu geben. Für ein Halt oder Stopp auf Entfernung bietet sich z. B. ein einzelner langer Pfiff an, für das „Hier" verwende ich dagegen zwei kurze, eher animierende Pfiffe.

Üben ohne Hund

Zunächst solltest du ohne deinen Hund den Signalpfiff für „Hier" üben. Dein Hund sollte anfangs deshalb nicht dabei sein, da er sonst unter Umständen mit dem Pfiff falsche Erwartungen oder, wie in den meisten Fällen, gar nichts mehr mit dem Pfiff verbindet, weil er schon desensibilisiert dafür ist. Je prägnanter und je weniger „kompliziert" der Pfiff ist, desto weniger Fehler kannst du später in der Anwendung machen. Wenn du also den Glockenschlag des Big Ben imitieren willst, mag das ja sehr schön sein, aber alltagstauglich ist es nicht.

Konditionierung auf den Pfiff

Der Aufbau des Rückrufs auf einen bestimmten Pfiff erfolgt analog zum bereits beschriebenen Aufbau des Hörzeichens „Hier". Hat dein Hund das Signal „Hier" jedoch bereits gut gelernt, kannst du auch damit den neuen Pfiff aufbauen. Dazu lässt du deinen Hund frei laufen. Pfeife nun das neue Signal mit der Pfeife und rufe deinen Hund direkt danach mit dem bereits erlernten Signalwort „Hier". Dein Hund verknüpft so die beiden Signale und lernt, dass der Pfiff offensichtlich die gleiche Bedeutung hat wie das Signal „Hier". Wiederhole dies nun mehrfach in den unterschiedlichsten Situationen über einen Zeitraum von einigen Wochen, bis dein Hund gelernt hat, auch nur auf den Pfiff zu kommen.
Achte bei diesem Training darauf, zuerst das neue Signal und dann das bereits erlernte Signal zu verwenden. Würdest du deinen Hund zuerst mit dem Signal „Hier" rufen und danach erst pfeifen, wäre er (vorausgesetzt, er reagiert auf dein Signal) bereits auf dem Rückweg zu dir. Die Gefahr, dass er nun gar nicht mehr mitbekommt, was du danach noch machst, ist sehr groß, sodass es bei dieser Variante in der Regel länger dauert, bis dein Hund das neue Signal lernt.

Scheue dich nicht, die Pfeife zu nutzen, auch wenn dein Hund in einem kleinen Radius in deiner Nähe ist. Viele Menschen machen zu Beginn des Trainings den Fehler, die Pfeife nur auf größere Distanz einzusetzen. Langfristig ist das sicher sinnvoll, da man den Hund in kurzer Distanz schneller einmal mit dem Signalwort „Hier" zu sich gerufen hat. Jedoch heißt es zu Beginn, den Hund darauf zu konditionieren, und hierzu sind viele Wiederholungen nötig. Es ist also sinnvoll zu pfeifen, wenn der Hund in direkter Nähe ist.

Rückruf in Gegenwart eines wartenden Hundes.

Rückruf aus dem Spiel heraus.

STOPPEN IN DER DISTANZ

Beginne das Training, wenn sich dein Hund im Freilauf befindet. In einem Augenblick, in dem er nicht weit von dir entfernt ist, sprichst du ihn mit seinem Namen an. Kennt er aus dem Training bereits das Hör- oder Sichtzeichen für die Signale „Steh“, „Sitz“ und/oder „Down“, kannst du diese nun verwenden. Jetzt gehst du zu deinem Hund und belohnst ihn an Ort und Stelle für das Anhalten. Danach gibst du ihn wieder frei und startest die Übung von Neuem. Überlege dir jedoch zunächst, was dein Hund machen soll, wenn du ihn in der Distanz abstoppen willst. Soll er sich hinlegen, hinsetzen oder einfach nur stehen bleiben? Das Steh ist für viele Hunde riskant, da die Versuchung, doch weiterzulaufen, aus dem Stehen heraus relativ groß ist. Down dagegen ist eindeutig ein Ruhesignal, jedoch brauchen einige Hunde relativ lange, bis sie liegen. Sitz ist ebenfalls eine eindeutig verharrende Position, die die meisten Hunde relativ schnell einnehmen. Probiere es einfach aus, hier gilt wieder: Jeder Hund ist individuell und du solltest die für deinen Hund passende Handlung auswählen.

ABSTOPPEN MIT DER PFEIFE

Du kannst für das Abstoppen auch ein neues Signal wie einen Pfiff etablieren. Dieser sollte sich eindeutig vom Pfiff für das Zurückkommen unterscheiden. Als Pfiff für das Abstoppen eignet sich ein langgezogener einzelner Pfiff. Ein Hund, der schnell und jagend unterwegs ist, wird einen kurzen Pfiff häufig gar nicht wahrnehmen. Genauso wie beim Abrufen ist es wichtig, dass du das neue Signal vor dem bereits bekannten Signal verwendest. Du sprichst deinen Hund also an, pfeifst das neue Signal und hebst direkt danach die Hand, um ihm so zu signalisieren, welche Position er einnehmen soll oder sprichst das für die Position etablierte Hörzeichen aus.

Mit einem Hör- und Sichtzeichen kann Ellen Camo stoppen.

ABSTOPPEN IM LAUF

Vermutlich möchte sich dein Hund nun nicht mehr gern von dir entfernen, da er nur darauf wartet, dass du ihn abstoppst und er eine Belohnung erhält. Damit du deinen Hund jetzt aber in einer immer weiteren Distanz abstoppen kannst, wirfst du ein gut sichtbares Leckerli (ein großes Stück gelber Käse ist gut sichtbar in grüner Wiese) oder einen Apportiergegenstand wie einen Ball. Zum Werfen nimmst du die Hand weit nach oben über deinen Kopf, da dein Hund so nicht erkennen kann, ob du den Ball wirklich wirfst. Dein Hund darf nun mehrfach den von dir geworfenen Ball direkt holen, er soll den Wurf gut verfolgen und die Fallstelle deutlich sehen können. Nach einigen Wiederholungen deutest du das Werfen an, wirfst aber nicht. Dein Hund wird in Erwartung des Wurfes in die angedeutete Richtung rennen. Sobald er stehen bleibt und dich fragend anschaut, da er keinen Ball sieht, signalisierst du ihm mit dem zuvor eingeführten Hör- und Sichtzeichen, dass er dort bleiben soll. Nun kannst du ihn wieder an Ort und Stelle belohnen. Später kannst du den Ball auch zur Belohnung werfen und er darf von dort aus loslaufen und ihn holen.

Danach geht Ellen zu Camo hin und belohnt ihn.

Hat dein Hund gelernt, auch in weiterer Distanz auf dein Signal abzustoppen, kannst du das Abstoppen in dein Training einbauen. Du kannst ihn z. B. auf dem Weg zu einem Dummy oder mitten in der Hetze hinter der Reizangel abstoppen. Du kannst auch andere Ablenkungen hinzufügen. Dabei hängt es individuell vom Hund ab, welche Ablenkung er als einfach oder schwierig empfindet: Futter, andere Menschen, andere Hunde, Menschen/Hunde in Bewegung, sich bewegende Beute etc.

Links: Mischlingsrüde Camo ist immer dynamisch unterwegs, er rennt gern weit über die Wiesen.

IMPULSKONTROLLE VERSUS FRUSTRATION

Impulskontrolle und Frustration bzw. Frustrationstoleranz gehören eng zusammen. Doch worin liegt eigentlich der Unterschied?

Ein Hund mit guter **Impulskontrolle** ist fähig, den Impuls einer unbewussten Handlung zu unterdrücken und den Impuls auslösenden Reiz auszuhalten, ohne dass er darauf reagiert. Ein jagdlich motivierter Hund ist also z. B. fähig, dem Impuls, einem plötzlich von ihm weglaufenden Hasen hinterherzurennen, nicht nachzugeben, sondern stattdessen neben seinem Menschen sitzen zu bleiben.

Frustrationstoleranz bezeichnet dagegen die Fähigkeit, unangenehme Momente, bei denen Frustration entsteht, auszuhalten. Befinden sich in unserem Beispiel Mensch und Hund auf einer weiten Ebene, sodass der Hund die Flucht des Hasen noch lange Zeit beobachten kann oder bricht der Hase eventuell auch die Flucht ab und bleibt in einiger Distanz sitzen, kommt, nachdem der Hund dem Impuls, dem Hasen hinterherzurennen, widerstanden hat, Frust auf, wenn er dem Hasen lange Zeit zuschauen muss. Dabei bedingt das eine durchaus auch das andere. Ein Hund, der sehr impulsiv ist und schnell auf Reize reagiert, wird schneller frustriert sein als ein Hund, der gelassen durchs Leben geht. Und je frustrierter ein Hund ist, desto weniger gut kann er erneute Impulse aushalten, selbst wenn diese nur in geringer Intensität auftreten.

FÄHIGKEIT ZUR IMPULSKONTROLLE

Die Fähigkeit, Impulse auszuhalten, ist zunächst einmal genetisch bedingt, dieser Faktor kann daher nicht wirklich durch ein Training verändert werden. Aus einem nervösen und impulsiv reagierenden Hund wird man durch noch so viel Training nicht den gelassenen, entspannten Hund machen, der in jeder Situation ruhig bleibt. Doch es gibt noch weitere Faktoren, die mit der Fähigkeit, auf Reize zu reagieren, zusammenhängen, die man durchaus beeinflussen kann. So spielen z. B. die Aufzucht der Welpen, der Umgang des Menschen mit dem Hund im Alltag und Training, aber auch Hormonstatus und Gesundheit eine Rolle.

Doch die Fähigkeit zur Impulskontrolle verändert sich auch je nach Situation und bereits ausgehaltenen Reizen. In jeder Situation, in der der Hund einen Reiz aushalten und damit einen Impuls unterdrücken muss, ist er danach erst einmal weniger in der Lage, weitere Reize auszuhalten. **Man kann also sagen, dass die Fähigkeit zur Impulskontrolle wie eine Ressource ist, die bei Gebrauch abnimmt.** Daher muss man dem Hund nach einer solchen Situation immer

Der Hund muss lernen, seine Impulse selbst zu kontrollieren, sich also selbst zurückzunehmen.

Hat ein Hund gelernt, seine Impulse zu kontrollieren, kann er die unterschiedlichsten Reize aushalten und entspannt warten.

auch die Möglichkeit geben, sich wieder zu entspannen, um diese Ressource sozusagen erneut aufzuladen. Man geht also erst einmal aus der Situation heraus und gibt dem Hund entweder die Möglichkeit, sich zu bewegen und die Anspannung abzubauen, oder man beendet das Training ganz, sodass der Hund zu Hause ausruhen kann. Daher kann man die Impulskontrolle zwar trainieren, jedoch darf man das Training nicht übertreiben. Sonst kann es passieren, dass der Hund auf einen geringen Reiz reagiert, der normalerweise keine Reaktion ausgelöst hat. Dies erklärt auch, warum viele Hundehalter oftmals bei ihren Hunden kein Muster in Bezug auf deren Reaktionen ausmachen können. Dabei muss man auch bedenken, dass der Hund nicht nur in der jeweiligen Trainingssituation seine Impulse kontrollieren muss, sondern den ganzen Tag, im Alltag und bei jedem Signal des Menschen.

ZIEL DES TRAININGS

Ziel eines Impulskontrolltrainings ist erst einmal, dass der Hund lernt, einem Impuls nicht nachzugeben. Damit ihm das leichter fällt, trainiert man stattdessen ein Signal mit ihm, das mit dem durch den Impuls ausgelösten Verhalten nicht vereinbar ist. Der Hund soll z. B. lernen, sitzen zu bleiben, anstatt dem Hasen, der im Training geworfenen Beute oder der Beute an der Reizangel hinterherzulaufen.

ÜBUNGEN ZUR IMPULS-KONTROLLE

Der erste Schritt der Impulskontrolle besteht z. B. darin, dass dein Hund lernt, sitzen zu bleiben, egal, was auch immer passiert. Hat dein Hund gelernt, auf das Signal „Bleib" an einer Stelle zu bleiben, auch wenn du dich von ihm entfernst, kannst du diese Übung nutzen, um die Impulskontrolle weiter zu festigen.

Nelly steht ruhig, obwohl Andrea um sie herum läuft.

Mailo wartet entspannt, auch wenn Sonja vor ihm hüpft.

Tobias lässt den Ball vor Emma kullern, sie bleibt liegen.

VERSCHIEDENE ABLENKUNGEN

Übung 1: Du kannst die Ablenkung steigern, indem du deinen Hund z. B. umrundest. Du kannst auf der Stelle hüpfen oder dich schnell laufend oder hüpfend um ihn herum bewegen. Gehe einfach in die Hocke oder lege dich auf den Boden. Sei kreativ, alles ist erlaubt. Aber steigere die ablenkenden Reize immer nur in kleinen Schritten, dein Hund soll Erfolg haben und die Reize aushalten können. Belohne ihn immer wieder dafür, dass er sitzen geblieben ist und lasse ihn kurz entspannen, bevor du weitere Übungen zur Impulskontrolle durchführst.
Nun kannst du auch Ablenkung durch andere Menschen oder andere Hunde hinzufügen. Bitte einen Helfer, an deinem Hund vorbeizulaufen. Später kann dieser noch einen Hund mit sich führen, oder aber den Hund an deinem Hund vorbei abrufen.

Übung 3: Lege einen Gegenstand aus, belohne deinen Hund und sammle diesen wieder ein. Im nächsten Schritt legst du den Gegenstand nicht mehr auf den Boden, sondern lässt ihn fallen. Bleibt dein Hund gelassen sitzen, wirfst du den Gegenstand ein kleines Stück weit aus dem Handgelenk. Klappt auch das, wirfst du den Gegenstand anfangs nur ein paar Meter, später auch mit immer größerer Dynamik.
Auch die Wurfrichtung kann variieren. Anfangs wirfst du den Gegenstand vom Hund weg, später fällt er seitlich neben ihn. Richtig schwer wird es, wenn der Gegenstand auch über deinen Hund hinwegfliegt oder kurz vor ihm über den Boden schlittert. Am Ende bleibt dein Hund ruhig und gelassen sitzen, obwohl du unendlich viele Gegenstände um ihn herum wirfst. Anfangs darf dein Hund den Gegenstand noch nicht apportieren. Später darf er ab und an einen der Gegenstände holen, dies erhöht die Spannung.

Übung 4: Die Reizangel kannst du ebenfalls nutzen. Lasse dazu deinen Hund sitzen, während du anfangs die Reizangel langsam vor deinem Hund auf und ab bewegst. Später kannst du diese

Labrador Retrieverhündin Nelly bleibt ruhig stehen, obwohl Andrea ein Rinderohr in ihre Richtung auf den Boden wirft.

immer schneller bewegen. Stehe anfangs deinem Hund gegenüber, denn so kannst du ihm die Körperfront zeigen und ihn damit stoppen. Zusätzlich kannst du das Sichtzeichen für „Bleib" deutlich sichtbar geben. Später stehst du neben deinem Hund und kannst so die Reizangel komplett um dich und deinen Hund herumschwingen.

Übung 5: Hat dein Hund gelernt, in einer Ruheposition Reize auszuhalten, kannst du das Impulskontrolltraining auch ausführen, wenn du dich mit deinem Hund zusammen bewegst, er dich also z. B. frei bei Fuß laufend begleitet.

Im letzten Schritt kannst du die Impulskontroll-Übungen durchführen, wenn sich dein Hund im Freilauf befindet. Kann er sich auch in der Distanz beherrschen und Impulsen widerstehen, sind die Voraussetzungen für einen entspannten Alltag geschaffen.

Übung 6: Impulskontrolle kannst du jederzeit mit deinem Hund trainieren, der Alltag bietet viele Situationen, in denen dein Hund lernen kann, sich zu beherrschen. Beispiele sind: Warten vor dem Futternapf, Warten vor dem Überqueren der Straße oder auch Warten im Auto, bis er dieses auf Signal verlassen darf.

GEMEINSAM UNTERWEGS

Mit dem Leinenführigkeitstraining solltest du immer erst dann beginnen, wenn dein Hund sich gelöst hat. Nur so kann er sich auf dich und die Aufgabe konzentrieren.

DER LEINENFÜHRIGE HUND

Natürlich sollte dein Hund gar nicht erst die Gelegenheit bekommen, an der Leine zu ziehen – auch nicht zum Auto oder auf die nächstgelegene Wiese. Kannst du das Auto direkt vor deiner Haustür auf deinem Grundstück parken, solltest du deinen Hund bis zum Auto frei laufen lassen. Alternativ kannst du ihm beibringen, dass er leinenführig laufen soll, wenn die Leine am Halsband befestigt ist, jedoch ziehen darf, wenn die Leine am Geschirr eingehakt ist. Viele Menschen nutzen ein Geschirr sowieso zu Trainingszwecken, bei denen der Hund die Leine auf Spannung bringen soll, z. B. beim Fährtentraining oder bei Trainingsformen, bei denen er explizit ziehen soll, z. B. beim Zughundesport/Schlittenhundetraining. Ein gut geschnittenes Geschirr fügt dem Hund dabei keinen Schaden zu, wenn er einmal zieht. So kannst du deinen Hund immer dann, wenn gerade keine Zeit für das Leinenführtraining ist oder die Ablenkung in der Situation einfach zu groß ist, am Geschirr führen. Die Leinenführigkeit wird dann ausschließlich am Halsband trainiert, in einer für Mensch und Hund möglichen Situation. In der ersten Trainingsphase trägt dein Hund daher sowohl Geschirr als auch Halsband, sodass du die Leine je nach Situation am Halsband oder am Geschirr befestigen kannst.

Maja begleitet Martin an durchhängender Leine. Sie läuft ganz entspannt an seiner linken Seite.

Maja hat die Leinenführigkeit auf beiden Seiten gelernt. An lockerer Leine folgt sie Martin auch auf dessen rechter Seite.

Auf das Signal „Schau" nimmt Collie-Mischlingshündin Maja Kontakt mit Martin auf und blickt ihn aufmerksam an. Jetzt kann das Leinenführtraining beginnen.

DIE RICHTIGE POSITION

An welcher Seite soll dein Hund bei Fuß laufen? Für den Hund hat es keine Bedeutung, ob er links oder rechts läuft. Optimal ist, wenn du deinem Hund eine ordentliche Leinenführigkeit an beiden Seiten beibringst. Erst die eine, und wenn diese sicher gelernt ist, kommt die andere hinzu. So kannst du ihn z. B. auf die andere Seite nehmen, wenn euch ein Hund entgegenkommt, der vielleicht nicht so verträglich ist und mehr Abstand benötigt. Beide Seiten gleichzeitig zu trainieren, wird deinen Hund verwirren und den Lernprozess verlangsamen. Entscheide dich also erst einmal für eine Seite. Für das Laufen an der jeweiligen Seite kannst du ein deutliches Sichtzeichen einführen, wie mit der Hand an die jeweilige Seite zeigen oder dir mit der jeweiligen Hand auf das Bein klopfen, sowie ein separates Hörzeichen wie das Signal „Rechts" oder „Links" bzw. „Fuß" oder „Hand" verwenden.

AUFMERKSAMKEITSSIGNAL

Mache deinen Hund auf den Trainingsbeginn aufmerksam und klicke die Leine vom Geschirr ins Halsband. Würdest du nun einfach loslaufen, könnte es sein, dass dein Hund in diesem Augenblick gar nicht aufmerksam ist, die Leine würde sich direkt spannen. Daher trainierst du zunächst einmal ein Aufmerksamkeitssignal, das deinem Hund signalisiert, dass etwas passiert, z. B. das Loslaufen oder ein Richtungswechsel. Als Signal kannst du entweder ein Geräusch wie ein Schnalzen wählen oder aber auch einfach ein besonderes Wort wie „Look" oder „Schau".

Dazu nimmst du in einer Umgebung mit wenigen Ablenkungen Leckerlis in die Hand, die dein Hund besonders gern mag. Nun wartest du, bis dein Hund dich anschaut. Das Anschauen kannst du auch provozieren, indem du dich bewegst, in die Hocke gehst oder z. B. rückwärts läufst. In diesem Augenblick belohnst du deinen Hund,

z. B. mit einem Lobwort wie „Prima“ und einem Futterstück aus deiner Hand. Dieses kannst du auch über den Boden kullern lassen, sodass sich dein Hund von dir wegbewegen und den Blickkontakt zu dir unterbrechen muss. Schaut dich dein Hund erneut an, belohnst du ihn wieder. Nach einigen Wiederholungen fügst du in dem Augenblick, in dem dein Hund dich anschaut, das neue Hörzeichen hinzu, sodass er nach einiger Zeit die Handlung Anschauen mit dem Signal verknüpft hat. Nun muss dein Hund noch lernen, dich so lange anzuschauen, bis du das Signal auflöst. Dazu verlängerst du Schritt für Schritt die Zeit, die dein Hund dich anschauen muss, bevor du das Signal auflöst und dein Hund eine Belohnung bekommt. In weiteren Trainingsschritten fügst du jetzt noch Ablenkungen hinzu. Wenn das klappt, trainierst du das Signal nicht nur in der Ruheposition, sondern auch, wenn dich dein Hund bei Fuß begleitet.

ERSTE SCHRITTE AN DER LEINE

Schritt 1: Nun geht es los mit dem ersten Schritt an der Leine. Sprich deinen Hund dazu erst einmal mit dem neu erlernten Aufmerksamkeitssignal an. Schaut er dich daraufhin an, läufst du einen Schritt geradeaus. Dein Hund wird neugierig auf das, was nun kommt, folgen. Da du wirklich nur einen Schritt nach vorne machst, wird die Leine dabei locker bleiben und du kannst ihn für diese tolle Leistung belohnen. Vielleicht denkst du jetzt, dass das doch eigentlich gar keine Leistung war? Für einen Schritt soll dein Hund bereits eine Belohnung erhalten? Ja, denn dieser eine Schritt ist die Grundlage für alle weiteren. Daher musst du für das Training dieses ersten Schrittes wirklich viel Zeit und eben auch viel Belohnung verwenden! Je besser dein Hund diesen Anfang lernt, desto leichter werden ihm die folgenden Schritte fallen, und zwar wortwörtlich!

Schritt 2: Beginne nach jeder Belohnung die Übung von vorne. Konzentriere dich, mache deinen Hund auf dich aufmerksam, gehe einen Schritt gemeinsam mit deinem Hund und belohne ihn erneut.

Schritt 3: Folgt dein Hund dir immer aufmerksam an lockerer Leine für einen Schritt, erhöhst du die Schrittanzahl auf zwei bis drei Schritte. Wechsle nun die Anzahl der Schritte, mal belohnst du direkt nach einem Schritt, mal nach zwei oder drei Schritten. Dein Hund darf nie wissen, wann die Belohnung erfolgt. So bleibt er immer aufmerksam, denn es könnte ja bei jedem Schritt so weit sein! Verlängere nun schrittweise die Strecke immer weiter.
Keine Angst, du musst ihn zukünftig nicht für jeden einzelnen Schritt belohnen. Denn sobald du das Training steigerst, also sobald du zwei, drei und mehr Schritte läufst, bekommt dein Hund die Belohnung nur noch für die gesteigerte Anzahl von Schritten. Belohnt wird also immer die Übungseinheit. Später belohnst du deinen Hund dann nur noch, wenn er eine Zeit lang neben dir hergelaufen ist und ihr beide dabei mehrere Richtungswechsel, Wendungen und Stopps durchgeführt habt.

Schritt 4: Jetzt kannst du auch ein Hörzeichen hinzufügen. Dieses ist im Grunde genommen nicht notwendig, denn dein Sichtzeichen für „Entspannt-an-der-Leine-laufen" hast du ja bereits zu Beginn aufgebaut, das Führen am Halsband. Dennoch macht ein Hörzeichen wie das Signal „Fuß" Sinn, da du deinen Hund damit später auch einmal ohne Leine nahe bei dir führen kannst. Füge das Hörzeichen hinzu, wenn dein Hund an lockerer Leine neben dir läuft, sodass er es mit dem richtigen Verhalten verknüpfen kann.

KÖRPERHILFEN

Sinnvoll ist an dieser Stelle, dem Hund auch durch gezielten Einsatz der Körpersprache zu helfen. Dazu nutzt du den Einsatz deiner Beine. Beginnst du mit der Leinenführigkeit, soll dein Hund folgen, du führst also den ersten Schritt mit dem Bein aus, neben dem dein Hund sich befindet. Soll er dagegen sitzen bleiben und warten, während du dich von ihm entfernst (Übung „Bleib"), führst du den ersten Schritt mit dem entgegengesetzten Bein aus. Sieht dein Hund also eine aktive Bewegung direkt neben sich, soll er folgen. Bewegst du dich fort, ohne dass eine aktive Bewegung für deinen Hund direkt erkennbar ist, soll er warten. Wenn du konsequent beim Aufbau dieser Körperhilfen bist, reichen diese sogar allein als Signal aus.

Links: Sobald Martin losläuft und den ersten Schritt macht, folgt Maja ihm ganz aufmerksam.

WINKEL UND WENDUNGEN

Wenn du bereits vier bis fünf Schritte mit deinem Hund an lockerer Leine zurücklegen kannst, ist es an der Zeit, einen Richtungswechsel einzubauen. Damit du deinen Hund nicht mit der neuen Übung überraschst und etwa anrempelst oder sich durch dein Weglaufen die Leine spannt, sprichst du vor dem Richtungswechsel erst einmal dein Aufmerksamkeitssignal aus. Schaut dein Hund dich aufmerksam an, biegst du in die neue Richtung ab.

Abbiegen vom Hund weg

Am einfachsten ist dabei zunächst einmal das Abbiegen von deinem Hund weg. Du kannst ihm dabei helfen, indem du den Richtungswechsel von ihm weg mit dem Fuß einleitest, der sich an der Seite deines Hundes befindet. So bemerkt er sofort deine veränderte Körperhaltung und kann seinen Laufweg entsprechend anpassen. Nach dem Richtungswechsel läufst du nun noch ein bis zwei weitere Schritte geradeaus, damit der Wechsel wirklich vollständig abgeschlossen ist

Pepper ist bereits ein richtiger Profi in Bezug auf die Leinenführigkeit.

Den Winkel von Pepper weg startet Ines mit dem rechten Bein.

Auch die Wendung von Pepper weg kündigt Ines rechtes Bein an.

Ines macht Pepper aufmerksam, dass gleich eine Wendung auf sie zu folgt.

Der Wechsel wird mit dem von Pepper abgewandten Bein eingeleitet.

So hat Pepper Zeit, sich darauf einzustellen und auch umzudrehen.

Nach der Wendung folgt Pepper Ines weiterhin sehr aufmerksam.

und belohnst ihn danach sofort. Denke daran, für deinen Hund ist das Abbiegen eine ganz andere Übung als das Geradeauslaufen, sodass du hier erst einmal wieder sofort nach der Übung belohnen musst. Beginne diese Übung zunächst mit einem 90-Grad-Winkel, bevor du eine komplette Wendung um 180 Grad durchführst.

Abbiegen auf den Hund zu

Das Abbiegen auf deinen Hund zu ist in der Regel die schwierigere Variante, da du seinen Laufweg kreuzt. Achte darauf, deinen Hund nicht anzurempeln oder zu bedrängen. Du willst ihn ja nicht für etwas, das er noch gar nicht gelernt hat, korrigieren. Nach dem Aufmerksamkeitssignal biegst du nun in Richtung deines Hundes ab. Leite den Richtungswechsel dazu am besten mit dem Bein ein, an dem sich dein Hund nicht befindet, da er so Zeit hat, sich auf den Richtungswechsel einzustellen. Dein Bein setzt du dazu ein wenig vor deinen Hund. Erst wenn er den Wechsel bemerkt und annimmt, drehst du auch das andere Bein zusammen mit deinem Hund ein. Auch bei dieser Variante beginnst du erst mit einem Richtungswechsel von 90 Grad, bevor du eine 180-Grad-Wendung durchführst.

Auch bei der Begegnung mit Menschen achtet Pepper immer auf Ines.

Andere Mensch-Hund-Teams sind ebenfalls keine Ablenkung für Pepper.

Nicht einmal ein Ball führt dazu, dass Pepper an der Leine zieht.

ABLENKUNGEN HINZUFÜGEN

Mithilfe anderer Menschen oder sogar Mensch-Hund-Teams kannst du das Training abwechslungsreich gestalten. Ein Mensch, der eng umrundet werden muss, ist eine große Ablenkung für deinen Hund. Anfangs führst du ihn noch an der Außenseite, später gehst du den Kreis auch andersherum und führst deinen Hund an der Innenseite. Er soll sich weiterhin auf dich konzentrieren und den Menschen nicht anspringen oder beschnüffeln. Sitzt nun noch ein anderer Hund neben dem Menschen, der umrundet werden soll, wird es richtig schwer!

Du kannst auch Gegenstände oder Futter auf dem Boden auslegen. Gerade für jagdlich motivierte Hunde, die zusätzlich zum Training der Leinenführigkeit noch mit einem Apportiertraining ausgelastet werden und daher das Training mit Ball, Felldummy oder Futterbeutel kennen, ist die Ablenkung durch die aus dem weiteren Training bekannten Gegenstände groß! Laufe daher zu Beginn im weiten Abstand am Gegenstand vorbei, bis du irgendwann deinen Hund ganz nah oder sogar über diesen laufen lassen kannst. Ablenkungen mit Futter sollten dabei anfangs vor der schnellen Aufnahme durch den Hund gesichert sein. Lege daher das Futter z. B. unter ein Küchensieb, das du mit Heringen befestigst. Sei kreativ! Du wirst staunen, wie viel Spaß ein solch aufgebautes Leinenführigkeitstraining dir und deinem Hund machen kann!

FREIES FOLGEN

Diese Übung solltest du erst beginnen, wenn dein Hund dir eine längere Strecke/Zeit an der lockeren Leine folgt. Du startest wie gewohnt mit dem Hörzeichen „Rechts“ oder „Fuß“, dein Hund ist nicht angeleint neben dir. Bitte mache jetzt nichts anders als zuvor, als die Leine noch am Hund befestigt war. Beginne in absolut reizarmer Umgebung. Viele Menschen wirken nun, weil sie Angst haben, der Hund würde sich ohne Leine anders verhalten, viel mehr auf ihn ein.

Und genau diese Unsicherheit bringt den Hund dann dazu, sich abzuwenden, um sich mit anderen Dingen zu beschäftigen. Sei aber auch nicht naiv und denke: „Ach prima, an der Leine klappt's, also geht's auch ohne." Habe die Konsequenz und die Geduld, auf die gleiche Art und Weise wie zuvor mit angeleintem Hund, also in vielen kleinen Teilschritten, das Laufen ohne Leine zu üben. Sollte sich dein Hund aber tatsächlich einmal komplett abgelenkt zeigen, rufst du ihn rechtzeitig wieder zu dir und trainierst erst einmal weiter mit Leine. Überlege zudem, wovon dein Hund abgelenkt war und verändere die äußeren Bedingungen, indem du eine für deinen Hund reizärmere Umgebung aufsuchst, um das Laufen ohne Leine erneut zu üben. Du wirst erleben, dass es durch konsequentes Training für deinen Hund immer „normaler" wird, auch ohne Leine an deiner Seite zu bleiben.

Trotzdem muss betont werden, dass ein noch so gut trainierter Hund immer auf Reize reagieren kann. Bitte leine deinen Hund deshalb in Gefahrenzonen wie Straßen etc. stets an. Sicher ist sicher!

Folgt ein Hund wie Pepper sogar frei laufend dem Menschen in jeder Situation, ist der Alltag selbst im belebten Park kein Problem.

MAULKORB

— *sinnvoll für alle Hunde*

Es ist sinnvoll, jeden Hund an das Tragen eines Maulkorbs zu gewöhnen. Es kann immer einmal zu einer Situation kommen, in der er einen Maulkorb tragen muss, z. B. beim Tierarzt oder in öffentlichen Verkehrsmitteln.

01

02

01 Zur Gewöhnung an den Maulkorb, darf Sari an der Futtertube lecken.

02 Im nächsten Schritt wird der Maulkorb hinter den Ohren verschlossen.

03 Um Sari vom geschlossenen Maulkorb abzulenken, soll sie Pfötchen geben.

04 Nach einiger Zeit trägt Sari den Maulkorb angeleint auf dem Spaziergang.

05 Dann lässt sich Sari auch im Freilauf nicht mehr durch den Maulkorb stören.

Schritt 1: Lasse deinen Hund zunächst Futter aus dem Maulkorb fressen. Damit er länger mit der Nase im Maulkorb bleibt, kannst du eine Futtertube verwenden, die du von unten durch eine Öffnung im Maulkorb hältst. Dein Hund darf nun eine ganze Zeit lang schlecken. Wichtig ist, dass du selbst das Training beendest. Füge daher ein Signalwort wie „Okay“, „Ende“ oder „Kopf hoch“ hinzu und nimm die Futtertube weg. Dein Hund wird nun seine Schnauze aus dem Maulkorb nehmen und so das Signalwort mit dieser Handlung verknüpfen. Damit bereitest du vor, dass dein Hund lernt, die Schnauze so lange ruhig im Maulkorb zu halten, bis du diesen wieder abnimmst.

Schritt 2: Jetzt führst du die Riemen des Maulkorbs nach oben um den Kopf deines Hundes herum. Diese werden in einer weiteren Übungseinheit nun kurz geschlossen. Gibt es damit keine Probleme, kannst du eine kleine Trainingseinheit, z. B. das Ausführen kleiner Tricks, mit Maulkorb durchführen. Dein Hund wird sich dadurch auf das Training konzentrieren und den Maulkorb vergessen. Zudem kannst du ihn immer wieder belohnen und so das Tragen des Maulkorbs durch das Training und die Belohnung positiv aufbauen.

03

04

05

Schritt 3: Jetzt muss dein Hund noch lernen, den Maulkorb auch dann zu tragen, wenn keine besonderen Aktivitäten erfolgen. Anstelle eines Trainings kannst du nun spazieren gehen. So kann dein Hund noch aktiv sein, schnüffeln und laufen. Versucht er dabei nicht mehr, sich den Maulkorb abzustreifen, kann er ihn immer wieder einmal auch in einer ruhigen Situation tragen. Kommt es doch noch einmal dazu, dass dein Hund versucht, den Maulkorb abzustreifen, darfst du nicht mit ihm schimpfen oder ihn dafür bestrafen. Vermutlich war die Zeit, die er den Maulkorb tragen sollte, zu lang. Du gehst in diesem Fall einfach einen Schritt im Training zurück.

UNERWÜNSCHTES VERHALTEN

In Zeiten, in denen Giftköder leider an der Tagesordnung sind, kann es lebensrettend für deinen Hund sein, wenn er gelernt hat, dass er nichts, das auf dem Boden liegt, einfach so aufnehmen darf, sondern dies immer nur erlaubt ist, wenn du ihm das Signal dazu gibst.

Sky schnüffelt am Futter in Martins verschlossener Hand.

Da sich die Hand nicht öffnet, wartet er in einigem Abstand.

Das Warten belohnt Martin sofort, indem er die Hand öffnet.

ABBRUCHSIGNAL – LASS DAS SEIN!

Häufig werden in der Hundeerziehung die Wörter „Nein", „Pfui" oder „Aus" verwendet, um einem Hund ein Verbot auszusprechen. Da alle drei Wörter den Menschen sehr leicht über die Lippen gehen, werden sie leider häufig benutzt, ohne dass eine eindeutige Konsequenz für den Hund folgt. Ich benutze deshalb gern das Wort „Tabu". Nicht nur, dass es inhaltlich genau das trifft, worum es hier geht. Es ist für uns Menschen ungewöhnlich, es in der Kommunikation mit unseren Hunden zu nutzen, sodass die Gefahr des „verbalen Missbrauchs" viel kleiner ist als bei den herkömmlichen Begriffen. Ein schöner Nebeneffekt ist zudem, dass man dieses Wort ruhig und mit dunkler Stimme aussprechen kann, sodass es auch akustisch seinen Sinn nicht verfehlt. Du wirst bereits nach einigen Wiederholungen erleben, dass das Wort „Tabu" ausreicht, um deinem Hund zu vermitteln, dass das, was er gerade tut, nicht erlaubt ist.

DIE SCHRITTE ZUM „TABU"

Schritt 1: Wichtig bei der Etablierung eines Tabus ist das beherzte, zügige Eingreifen, ohne zu zögern. Am einfachsten ist, du spielst mit etwas, mit dem dein Hund nie spielen darf. Spiele nun so auffällig und ausgelassen, dass dein Hund Interesse an dem Gegenstand entwickelt. Halte kurz inne, lasse den Gegenstand vor dich fallen und wirke für einen kurzen Moment uninteressiert. In dem Moment, in dem dein Hund „deinen" Gegenstand berühren möchte, sprich mit ruhiger Stimme

Nach einiger Zeit hat Sky gelernt, auch bei geöffneter Hand ruhig zu warten, bis Martin ihm durch das Signal „Nimm" die Freigabe erteilt.

das Wort „Tabu" aus und greife unmittelbar und ruhig auch etwas fester über seinen Fang. Löse den Griff sofort wieder, nimm den Gegenstand auf und gehe weg. Diese Form des Schnauzgriffes nutzen auch Hunde untereinander, um Tabus durchzusetzen (siehe S. 47).

Schritt 2: Wiederhole diese Übung noch mit anderen Gegenständen sowie an unterschiedlichen Orten, damit dein Hund generalisiert, dass das in diesem Augenblick gezeigte Verhalten an sich nicht erwünscht ist, und damit er einen eindeutigen Bezug zu dem Wort und nicht zu der jeweiligen Situation bekommt. Sonst wird er Folgendes verbinden: „Immer, wenn mein Mensch mit diesem Gegenstand spielt, folgt für mich im Anschluss eine Sanktion." Und das ist nicht das Ziel.

JETZT DARFST DU ES NEHMEN – SIGNAL „NIMM"

Schritt 1: Damit dein Hund lernt, etwas nur vom Boden aufzunehmen, wenn du ihm das Signal dazu gibst, nimmst du zunächst ein Futterstück in die Hand. Halte dieses deinem vor dir wartenden Hund auf der offenen, flachen Hand vor die Nase. Anfangs solltest du deine Hand noch ein Stück von der Nase deines Hundes entfernt halten, später kann sie sich auch direkt vor seiner Nase befinden. Möchte dein Hund das Futterstück von deiner Hand nehmen, schließt du sie.

Schritt 2: Du kannst auch ein Abbruchsignal einführen wie das Wort „Schade" oder „Falsch". Hierbei wendest du das Prinzip der negativen

Noch sichert die Hand das Futter ab.

Journo nimmt das Futter nicht vom Boden.

Erst auf die Freigabe frisst er das Leckerli.

Nach einiger Zeit kann das Futter mitten zwischen Journos Beinen liegen.

Bestrafung an, du entziehst deinem Hund etwas Angenehmes, nämlich das Futter, damit er zukünftig nicht mehr nach dem Futterstück schnappt.

Schritt 3: Zieht er sich zurück, öffnest du deine Hand wieder. Jedes Mal, wenn dein Hund nun versucht, das Futter von deiner Hand zu nehmen, schließt du diese. Wartet dein Hund jedoch brav ab, bewegst du deine Hand in seine Richtung und gibst das Futterstück mit dem Signal „Nimm" frei.

Schritt 4: Hat dein Hund gelernt, dass er Futter aus deiner Hand nur fressen darf, wenn du ihm das Signal „Nimm" gibst, legst du das Leckerli auf den Boden vor dich. Anfangs befindest du dich dabei noch in der Hocke, sodass du schnell die Hand über das Futter legen kannst, wenn dein Hund doch noch einmal versuchen sollte, sich das Futter ohne deine Freigabe zu nehmen.

UNBEDINGT ZU BEACHTEN!

Sorge dafür, dass dein Hund in anderen Situationen auch erlebt, dass deine Hände vorsichtig und streichelnd seinen Fang umfassen. Denn er soll selbstverständlich keine Scheu vor deinen Händen entwickeln! Diese Form der Schnauzenzärtlichkeiten tauschen Hunde auch untereinander aus.
Bist du dir nicht sicher, ob dein Hund in der hier beschriebenen Übung Aggressionen dir gegenüber zeigen könnte, suche dringend professionelle Hilfe, bevor du dich in Gefahr bringst.

Mit dem Schnauzgriff kann man den Hund davon abhalten, etwas vom Boden zu fressen. Später reicht das Signal „Tabu".

Schritt 5: Im weiteren Training kannst du die Anforderungen steigern, indem du nicht nur Futter, sondern auch begehrte Leckerlis wie Fisch, Fleisch oder Käse auslegst. Du kannst das Futter auch dicht vor deinen Hund oder sogar zwischen seine Pfoten legen. Richtige Profis können es sogar auf die ausgestreckten Beine des liegenden Hundes oder auf dessen Nase platzieren.
Du kannst das Futter dann auch draußen auslegen, ohne dass dein Hund dies mitbekommt. So ist er nicht darauf vorbereitet und wird im ersten Moment vielleicht doch noch einmal versuchen, das Futter aufzunehmen. Da du die Stelle, an der das Futter liegt, jedoch kennst, bist du vorbereitet und kannst dies durch das Abbruchsignal verhindern. Zur Sicherheit kannst du die Aufnahme des Futters aber auch verhindern, indem du es durch ein mit Heringen am Boden befestigtes Küchensieb sicherst.

Schritt 6: Für die letzte Bewährungsprobe brauchst du einen Helfer. Dieser legt an einer Stelle auf dem Spaziergang Futter aus, informiert dich aber nicht darüber, wo das Futter liegt. Nimmt dein Hund auch jetzt das Futter nicht auf, bist du für den Alltag gut gerüstet.

PRAKTISCHE PRÜFUNG

DURCHFÜHRUNG DER PRÜFUNG

Die praktische Prüfung soll den Charakter eines Spaziergangs haben, in dessen Verlauf die folgenden 20 Übungen sowie das generelle Verhalten von Hund und Prüfungsteilnehmer in der Öffentlichkeit geprüft werden.

Die praktische Prüfung ist bestanden, wenn mindestens 16 von 20 Übungen (80 %) entsprechend der Vorgaben der Prüfungsordnung ausgeführt wurden.

Die beschriebenen Übungen müssen mindestens einmal überprüft werden. Die Prüfung findet an zwei verschiedenen Orten statt. Die veranstaltende DOGS Hundeschule hat dafür Sorge zu tragen,

---

ÜBERSICHT PRAKTISCHE PRÜFUNG

In einem belebten, öffentlichen Gelände

1. Leinenführigkeit/Freies Folgen mit Begegnung mit einem Menschen
2. Leinenführigkeit/Freies Folgen mit Begrüßung eines Menschen
3. Leinenführigkeit/Freies Folgen mit Begegnung mit zwei sich schnell bewegenden Reizen, einmal von vorne, einmal von hinten kommend
4. Leinenführigkeit/Freies Folgen mit Begegnung mit einem Menschen mit ungewöhnlichem Erscheinungsbild
5. Leinenführigkeit/Freies Folgen mit Begegnung mit einem Mensch-Hund-Team
6. Leinenführigkeit/Freies Folgen mit Abbruch einer unerwünschten Handlung
7. Maulkorb anlegen und Leinenführigkeit/Freies Folgen mit Maulkorb
8. Ruhiges Verhalten in einer längeren Wartesituation
9. Bleiben
10. Bleiben, auch unter Ablenkung durch einen sich schnell bewegenden Reiz
11. Freilauf mit Kommen auf Signal
12. Freilauf mit Kommen auf Signal, auch unter Ablenkung bei der Begegnung mit einem Menschen
13. Freilauf mit Stoppen auf Signal
14. Freilauf mit Stoppen auf Signal, auch unter Ablenkung durch einen sich schnell bewegenden Reiz
15. Überprüfen von Ohren/Zähnen/Pfoten

In einem innerstädtischen Gelände

1. Aus- und Einsteigen aus dem bzw. in das Auto
2. Leinenführigkeit und Überqueren einer stark befahrenen Straße
3. Warten in einer engen Situation, auch in einem Gebäude
4. Ruhiges Verhalten in einer Wartesituation in einem Café/Restaurant
5. Abbruch einer unerwünschten Handlung

---

dass eine Durchführung der Prüfung behördlich genehmigt ist, und dass die Zustimmung zur Durchführung der Prüfung vom Eigentümer des Prüfungsgeländes vorliegt. Sie muss zudem gewährleisten, dass alle Übungen inklusive aller geforderten Begegnungsreize/Ablenkungen überprüft werden können. Alle Situationen, die natürlich im Verlauf der praktischen Prüfung erfolgen, werden ebenfalls vom Prüfer in die Überprüfung mit einbezogen. Wurde eine Begegnung bereits in einer natürlichen Situation überprüft, kann die Überprüfung der „gestellten" Begegnung entfallen. Die Entscheidung hierüber obliegt dem Prüfer. **Die Prüfungsdauer beträgt insgesamt ca. 60 Minuten.**

TEIL 1: IN EINEM BELEBTEN, ÖFFENTLICHEN GELÄNDE

Der erste Übungsteil der praktischen Prüfung findet auf einem belebten, öffentlichen Gelände mit unterschiedlichsten Reizen/Ablenkungen statt, wie in einem Park oder einer Grünanlage. Dieser Teil soll den Charakter eines Spaziergangs haben, in dessen Verlauf die einzelnen Übungen sowie das generelle Verhalten von Hund und Prüfungsteilnehmer in der Öffentlichkeit geprüft werden. Es werden 15 Übungen überprüft. Der Prüfungsteilnehmer entscheidet in jeder Übung selbstständig, ob er seinen Hund angeleint oder frei laufend führt.

Der DOGS Hundeführerschein kann von allen Hunden absolviert werden, egal welcher Rasse oder Rassemischung sie angehören.

Für jede Übung, bei der eine Begegnung mit Menschen überprüft wird, sollen nach Möglichkeit andere Menschen eingesetzt werden. Hunde, die als Reiz/Ablenkung eingesetzt werden, sollen sich dem zu prüfenden Hund neutral gegenüber verhalten.

ÜBUNG 1: BEGEGNUNG MIT EINEM MENSCHEN

Der Prüfungsteilnehmer läuft mit seinem an der Führleine angeleinten oder frei laufenden Hund. Der Hund soll entspannt an lockerer Leine bzw. in der Nähe des Prüfungsteilnehmers laufen. Bei der Begegnung mit einem anderen Menschen soll der Prüfungsteilnehmer den Hund selbstständig an die Seite nehmen, an der der Hund keinen direkten Kontakt zum entgegenkommenden Menschen hat oder einen Abstand einhalten, der dem entgegenkommenden Menschen eine respektvolle Distanz vermittelt. Der Hund soll entspannt an lockerer Leine bzw. in der Nähe des Prüfungsteilnehmers laufen, während das Mensch-Hund-Team am entgegenkommenden Menschen vorbeiläuft. Alternativ kann der Prüfungsteilnehmer auch stehen bleiben und seinen Hund vor, neben oder hinter sich zum Bleiben auffordern, bis der entgegenkommende Mensch vorbeigegangen ist. Eine bestimmte Position („Sitz", „Down", „Steh"), die der Hund einnehmen soll, ist nicht vorgeschrieben. Der Hund darf die Position – auch mehrfach – wechseln.

Die Prüfung gilt als nicht bestanden, ...

... wenn der Hund dauerhaft an der stark gespannten Leine läuft bzw. vom Prüfungsteilnehmer ständig ermahnt werden muss, ihn frei laufend zu begleiten oder bei ihm zu bleiben oder wenn der Hund sich mehrfach mehr als ca. 2 m vom Prüfungsteilnehmer entfernt.
... wenn der Prüfungsteilnehmer seinen Hund nicht selbstständig auf die abgewandte Seite des entgegenkommenden Menschen nimmt oder wenn er keinen respektvollen Abstand einhält.
... wenn sich der Hund aggressiv gegenüber dem entgegenkommenden Menschen verhält oder diesen belästigt.

Bei der Begegnung mit einem Menschen soll der Hund dem Prüfungsteilnehmer an lockerer Leine oder frei folgen.

Alternativ kann der Hund auch aufgefordert werden, an der Seite zu warten, während der Passant vorbeiläuft.

Beim Gespräch mit einem anderen Menschen, soll der Hund ruhig warten und die Unterhaltung nicht stören. Er darf dabei die Position wechseln.

ÜBUNG 2: BEGRÜSSUNG EINES MENSCHEN

Der Prüfungsteilnehmer läuft mit seinem an der Führleine angeleinten oder frei laufenden Hund. Der Hund soll entspannt an lockerer Leine bzw. in der Nähe des Prüfungsteilnehmers laufen und sich nicht weiter als 2 m entfernen. Der Prüfungsteilnehmer begegnet mit seinem Hund einem Menschen. In einer Distanz von ca. 2 m bleiben beide Menschen stehen, um sich zu begrüßen. Der Hund soll während der Begrüßung entspannt vor, neben oder hinter dem Prüfungsteilnehmer warten. Eine bestimmte Position („Sitz", „Down", „Steh"), die der Hund einnehmen soll, ist nicht vorgeschrieben. Der Hund darf die Position – auch mehrfach – wechseln.

Die Prüfung gilt als nicht bestanden, ...

... wenn der Hund dauerhaft an der stark gespannten Leine läuft bzw. vom Prüfungsteilnehmer ständig ermahnt werden muss, ihn frei laufend zu begleiten oder bei ihm zu bleiben oder wenn der Hund sich mehrfach mehr als ca. 2 m vom Prüfungsteilnehmer entfernt.

... wenn der Hund während der Wartezeit dauerhaft an der Leine zerrt, in diese beißt oder Verhalten zeigt, das störend auf anwesende Personen wirkt. Eine einmalige erneute Aufforderung des Prüfungsteilnehmers an seinen Hund, sich ruhig zu verhalten, ist erlaubt.

... wenn sich der Hund aggressiv gegenüber dem entgegenkommenden Menschen verhält oder diesen belästigt.

Der Hund soll einen sich schnell bewegenden Reiz wie z. B. einen Menschen auf einem Tretroller ignorieren und weiter entspannt folgen.

ÜBUNG 3: VERHALTEN BEI SICH SCHNELL BEWEGENDEN REIZEN

Der Prüfungsteilnehmer läuft mit seinem an der Führleine angeleinten oder frei laufenden Hund. Der Hund soll entspannt an lockerer Leine bzw. in der Nähe des Prüfungsteilnehmers laufen. Der Prüfungsteilnehmer begegnet mit seinem Hund nacheinander zwei sich schnell bewegenden Reizen. Hierzu werden zwei Reize aus den folgenden möglichen Reizen ausgewählt: Fahrrad-, Roller-, Skateboard- oder Rollschuhfahrer, Inlineskater, Jogger, rollender Ball. Einer der beiden Reize kommt dem Prüfungsteilnehmer mit seinem Hund dabei entgegen, der zweite Reiz überholt den Prüfungsteilnehmer mit seinem Hund. Bei der Begegnung mit zwei sich schnell bewegenden Reizen soll der Prüfungsteilnehmer den Hund selbstständig an die Seite nehmen, an der der Hund keinen direkten Kontakt zum entgegenkommenden Menschen hat oder einen Abstand einhalten, der dem entgegenkommenden Menschen eine respektvolle Distanz vermittelt. Alternativ kann der Prüfungsteilnehmer auch stehen bleiben und seinen Hund vor, neben oder hinter sich zum Bleiben auffordern, bis der Reiz das Mensch-Hund-Team passiert hat. Eine bestimmte Position („Sitz“, „Down“, „Steh“), die der Hund einnehmen soll, ist nicht vorgeschrieben. Er darf die Position – auch mehrfach – wechseln.

Der Mensch kann den Hund auch auffordern, zu warten, bis der sich schnell bewegende Reiz vorbei ist.

Die Prüfung gilt als nicht bestanden, ...

... wenn der Hund dauerhaft an der stark gespannten Leine läuft bzw. vom Prüfungsteilnehmer ständig ermahnt werden muss, ihn frei laufend zu begleiten oder bei ihm zu bleiben oder wenn der Hund sich mehrfach mehr als ca. 2 m vom Prüfungsteilnehmer entfernt.

... wenn der Prüfungsteilnehmer seinen Hund nicht selbstständig auf die abgewandte Seite des entgegenkommenden Menschen nimmt oder wenn er keinen respektvollen Abstand einhält.

... wenn sich der Hund aggressiv gegenüber dem entgegenkommenden Menschen verhält oder diesen belästigt.

ÜBUNG 4: BEGEGNUNG MIT EINEM MENSCHEN MIT UNGEWÖHNLICHEM ERSCHEINUNGSBILD

Der Prüfungsteilnehmer läuft mit seinem an der Führleine angeleinten oder frei laufenden Hund. Der Hund soll entspannt an lockerer Leine oder in der Nähe des Prüfungsteilnehmers laufen. Der Prüfungsteilnehmer begegnet mit seinem Hund einem Menschen mit ungewöhnlichem Erscheinungsbild. Hierzu wird ein Reiz aus den folgenden möglichen Reizen ausgewählt: Mensch im Rollstuhl, Mensch am Rollator, Mensch mit Krücken, Mensch mit Nordic-Walking-Stöcken, Mensch mit ungewöhnlichem Gangbild, Mensch mit ungewöhnlicher Kleidung, Mensch mit Kinderwagen (ohne Kind), Motorradfahrer mit Helm. Bei der Begegnung mit einem Menschen mit ungewöhnlichem Erscheinungsbild soll der Prüfungsteilnehmer den Hund selbstständig an die Seite nehmen, an der der Hund keinen direkt Kontakt zum entgegenkommenden Menschen hat oder einen Abstand einhalten, der dem entgegenkommenden Menschen eine respektvolle Distanz vermittelt.

Alternativ kann der Prüfungsteilnehmer auch stehen bleiben und seinen Hund vor, neben oder hinter sich zum Bleiben auffordern, bis der entgegenkommende Mensch vorbeigegangen ist. Eine bestimmte Position („Sitz", „Down", „Steh"), die der Hund einnehmen soll, ist nicht vorgeschrieben. Der Hund darf die Position – auch mehrfach – wechseln.

Die Prüfung gilt als nicht bestanden, ...

... wenn der Hund dauerhaft an der stark gespannten Leine läuft oder vom Prüfungsteilnehmer ständig ermahnt werden muss, ihn frei laufend zu begleiten oder bei ihm zu bleiben oder wenn der Hund sich mehrfach mehr als ca. 2 m vom Prüfungsteilnehmer entfernt.

... wenn der Prüfungsteilnehmer seinen Hund nicht selbstständig auf die abgewandte Seite des entgegenkommenden Menschen nimmt oder wenn er keinen respektvollen Abstand einhält.

... wenn sich der Hund aggressiv gegenüber dem entgegenkommenden Menschen verhält oder diesen belästigt.

Ein Mensch mit ungewöhnlichem Erscheinungsbild wie z. B. ein Mensch mit Krücken läuft am Mensch-Hund-Team vorbei.

Die Begegnung mit einem Menschen mit Kinderwagen kann während der Prüfung überprüft werden.

ÜBUNG 5: BEGEGNUNG MIT EINEM MENSCH-HUND-TEAM

Der Prüfungsteilnehmer läuft mit seinem an der Führleine angeleinten oder frei laufenden Hund. Der Hund soll entspannt an lockerer Leine oder in der Nähe des Prüfungsteilnehmers laufen. Der Prüfungsteilnehmer begegnet mit seinem Hund einem anderen Mensch-Hund-Team. Bei der Begegnung mit einem anderen Mensch-Hund-Team soll der Prüfungsteilnehmer den Hund selbstständig an die Seite nehmen, an der der Hund keinen Kontakt zum entgegenkommenden Mensch-Hund-Team hat oder einen Abstand einhalten, der dem entgegenkommenden Menschen eine respektvolle Distanz vermittelt. Alternativ kann der Prüfungsteilnehmer auch stehen bleiben und seinen Hund vor, neben oder hinter sich zum Bleiben auffordern, bis das entgegenkommende Mensch-Hund-Team vorbeigegangen ist. Eine bestimmte Position („Sitz“, „Down“, „Steh“), die der Hund einnehmen soll, ist nicht vorgeschrieben. Der Hund darf die Position – auch mehrfach – wechseln.

Die Prüfung gilt als nicht bestanden, ...

... wenn der Hund dauerhaft an der stark gespannten Leine läuft oder vom Prüfungsteilnehmer ständig ermahnt werden muss, ihn frei laufend zu begleiten oder bei ihm zu bleiben oder wenn der Hund sich mehrfach mehr als ca. 2 m vom Prüfungsteilnehmer entfernt.

... wenn der Prüfungsteilnehmer seinen Hund nicht selbstständig auf die abgewandte Seite des entgegenkommenden Menschen nimmt oder wenn er keinen respektvollen Abstand einhält.

... wenn sich der Hund aggressiv gegenüber dem entgegenkommenden Menschen verhält oder diesen belästigt.

ÜBUNG 6: ABBRUCH EINER UNERWÜNSCHTEN HANDLUNG

Der Prüfungsteilnehmer läuft mit seinem an der Führleine angeleinten oder frei laufenden Hund. Der Hund soll entspannt an lockerer Leine oder in der Nähe des Prüfungsteilnehmers laufen. Der Prüfer weist den Prüfungsteilnehmer darauf hin, dass in näherer Entfernung etwas für den

Bei der Begegnung mit einem anderen Mensch-Hund-Team sollen beide Hunde zueinander einen ausreichenden Abstand einhalten.

Im Idealfall achten beide Hunde auf ihren Menschen und lassen sich vom jeweils anderen Hund nicht ablenken.

Mit einem Hör- und/oder Sichtzeichen muss er seinen Hund abhalten, eine Verlockung vom Boden aufzunehmen.

Hund Verlockendes, wie ein mit Fleischwurst belegtes Brötchen, auf dem Boden liegt. Der Hund muss die Verlockung wahrnehmen können und sichtlich Interesse daran zeigen können, sie soll aber nicht sichtbar für den Hund ausgelegt werden. Der Prüfungsteilnehmer soll seinen Hund davon abhalten, die Verlockung aufzunehmen. Dazu darf er nicht mit der Leine einwirken oder anderweitige körperliche Einwirkungen vornehmen.

Die Prüfung gilt als nicht bestanden, ...

... wenn der Hund dauerhaft an der stark gespannten Leine läuft oder vom Prüfungsteilnehmer ständig ermahnt werden muss, ihn frei laufend zu begleiten oder bei ihm zu bleiben oder wenn der Hund sich mehrfach mehr als ca. 2 m vom Prüfungsteilnehmer entfernt.
... wenn der Prüfungsteilnehmer seinen Hund nicht davon abhalten kann, die Verlockung aufzunehmen.

ÜBUNG 7: MAULKORB ANLEGEN/ TRAGEN

Der Prüfungsteilnehmer legt seinem Hund einen passenden Maulkorb an und läuft mit seinem an der Führleine angeleinten oder frei laufenden Hund mit Maulkorb mindestens 30 Schritte. Der Hund soll sich während des Anlegens des Maulkorbs ruhig verhalten und den Prüfungsteilnehmer entspannt mit angelegtem Maulkorb begleiten.

Die Prüfung gilt als nicht bestanden, ...

... wenn der Hund dauerhaft an der stark gespannten Leine läuft oder vom Prüfungsteilnehmer ständig ermahnt werden muss, ihn frei laufend zu begleiten oder bei ihm zu bleiben oder wenn der Hund sich mehrfach mehr als ca. 2 m vom Prüfungsteilnehmer entfernt.
... bei deutlichen Anzeichen von Stress beim Hund wie Hecheln sowie dem deutlichen Versuch des Hundes, sich der Überprüfung zu entziehen, indem er versucht, den Maulkorb abzustreifen (die Entscheidung hierüber obliegt dem Ermessen des Prüfers).

Der Hund muss den Maulkorb angeleint oder frei laufend für mindestens 30 Schritte entspannt tragen, ohne zu versuchen, ihn abzustreifen.

ÜBUNG 8: RUHIGES VERHALTEN IN EINER LÄNGEREN WARTESITUATION

Der Prüfungsteilnehmer setzt sich auf eine Bank oder ähnliche Sitzgelegenheit. Die Wartezeit beträgt mindestens zwei Minuten, das Ende der Wartezeit wird dem Prüfungsteilnehmer vom Prüfer bekannt gegeben. Der Hund darf vor, neben oder hinter dem Prüfungsteilnehmer warten. Eine bestimmte Position („Sitz", „Down", „Steh"), die der Hund einnehmen soll, ist nicht vorgeschrieben. Der Hund darf die Position – auch mehrfach – wechseln. Der Hund darf auch auf einer Decke zum Warten aufgefordert werden. Während der Wartezeit laufen mehrere Menschen oder auch Mensch-Hund-Teams vorbei.

Die Prüfung gilt als nicht bestanden, ...

... wenn der Hund während der Wartezeit dauerhaft an der Leine zerrt, in die Leine beißt oder Verhalten zeigt, das störend auf anwesende Personen wirkt. Eine einmalige erneute Aufforderung des Prüfungsteilnehmers an seinen Hund, sich ruhig zu verhalten, ist erlaubt.

... wenn sich der Hund aggressiv gegenüber dem entgegenkommenden Menschen verhält oder diesen belästigt.

Während einer kurzen Pause von 2 Minuten, soll der Hund entspannt warten, ohne den Prüfungsteilnehmer zu nerven oder Passanten zu belästigen.

Der Mensch entfernt sich mind. 10 Schritte vom wartenden Hund, der durch die Schleppleine gesichert sein darf.

Bei „Bleib" ist keine Position vorgeschrieben, der Hund darf sitzen, liegen oder stehen sowie die Position wechseln.

ÜBUNG 9: BLEIBEN

Der Prüfungsteilnehmer fordert seinen Hund auf, an einem Ort zu bleiben. Der Hund darf dabei auch durch die 10 bis 15 m lange Schleppleine begrenzt werden. Der Prüfungsteilnehmer entfernt sich zehn Schritte von seinem Hund und stellt sich, mit Blick zu ihm, ihm gegenüber auf. Er darf sich dem Hund zugewandt oder mit dem Rücken zum Hund entfernen. Auf Anweisung des Prüfers (nach ca. 5 Sekunden) geht der Prüfungsteilnehmer zu seinem Hund zurück.

Die Prüfung gilt als nicht bestanden, ...

... wenn der Hund die ihm zugewiesene Position verlässt und mehr als 1 m hinterherkommt.
... wenn der Hund den Prüfungsteilnehmer anspringt, anrempelt oder stupst.

ÜBUNG 10: BLEIBEN, AUCH UNTER ABLENKUNG

Der Prüfungsteilnehmer fordert seinen Hund auf, an einem Ort zu bleiben. Der Hund darf dabei auch durch die 10 bis 15 m lange Schleppleine begrenzt werden. Der Prüfungsteilnehmer entfernt sich zehn Schritte von seinem Hund und stellt sich, mit Blick zu ihm, ihm gegenüber auf. Er darf sich dem Hund zugewandt oder mit dem Rücken zum Hund entfernen. Ein sich schnell bewegender Reiz passiert den Prüfungsteilnehmer mit seinem wartenden Hund in einer Distanz von etwa 5 m. Hierzu wird ein Reiz aus den folgenden möglichen Reizen ausgewählt: Fahrrad-, Roller-, Skateboard- oder Rollschuhfahrer, Inlineskater, Jogger, rollender Ball. Auf Anweisung des Prüfers (nachdem der schnell bewegende Reiz vorbei ist), geht der Prüfungsteilnehmer zu seinem Hund zurück.

Die Prüfung gilt als nicht bestanden, ...

... wenn der Hund die ihm zugewiesene Position verlässt und mehr als 1 m hinterherkommt.
... wenn der Hund den Prüfungsteilnehmer anspringt, anrempelt oder stupst.

Beim „Bleiben unter Ablenkung" wirkt ein sich schnell bewegender Reiz (z. B. Kind mit Ball) auf den Hund ein.

Der Prüfungsteilnehmer darf den Hund im Freilauf oder im begrenzten Freilauf an der 10 bis 15 m langen Schleppleine führen.

ÜBUNG 11: FREILAUF MIT KOMMEN AUF SIGNAL

Der Hund befindet sich im Freilauf oder im begrenzten Freilauf an der 10 bis 15 m langen Schleppleine. Der Prüfungsteilnehmer soll seinen Hund während des gesamten Freilaufs im Blick behalten. Der Hund soll sich maximal ca. 30 m vom Prüfungsteilnehmer entfernen. Er darf sich jedoch immer nur so weit entfernen, wie er rückrufbar ist. Aus einer Distanz von mindestens 10 m soll der Prüfungsteilnehmer seinen Hund auf Anweisung des Prüfers aus der Bewegung zu sich zurückrufen. Der Einsatz einer hörbaren Pfeife ist für den Rückruf gestattet. Der Hund soll auf das Signal zu seinem Prüfungsteilnehmer kommen und dort (vor, neben oder hinter ihm) bleiben, bis der Prüfungsteilnehmer ihn wieder in den Freilauf/begrenzten Freilauf schickt. Eine bestimmte Position („Sitz", „Down", „Steh"), die der Hund beim Prüfungsteilnehmer einnehmen soll, ist nicht vorgeschrieben.

Die Prüfung gilt als nicht bestanden, ...

... wenn der Hund das Signal des Prüfungsteilnehmers ignoriert und auch auf ein zweites Signal nicht kommt.
... wenn der Hund, nachdem er abgerufen wurde, mehr als 1 m am Prüfungsteilnehmer vorbei läuft.
... wenn der Hund den Prüfungsteilnehmer anspringt, anrempelt oder stupst.

Für den Rückruf darf der Prüfungsteilnehmer auch eine Pfeife verwenden, diese darf jedoch nicht lautlos sein.

Beim Prüfungsteilnehmer angekommen, soll der Hund zunächst warten, bis er die Freigabe zum Freilauf erhält.

ÜBUNG 12: FREILAUF MIT KOMMEN AUF SIGNAL, AUCH BEI ABLENKUNG

Der Hund befindet sich im Freilauf oder im begrenzten Freilauf an der 10 bis 15 m langen Schleppleine. Der Prüfungsteilnehmer soll seinen Hund während des gesamten Freilaufs im Blick behalten. Der Hund soll sich maximal ca. 30 m vom Prüfungsteilnehmer entfernen. Er darf sich jedoch immer nur so weit entfernen, wie er rückrufbar ist. Bei der Begegnung mit einem anderen Menschen oder einem anderen Mensch-Hund-Team soll der Prüfungsteilnehmer seinen Hund zu sich zurückrufen und selbstständig an die Seite nehmen, an der der Hund keinen direkten Kontakt mit dem entgegenkommenden Menschen hat oder einen Abstand einhalten, der dem entgegenkommenden Menschen eine respektvolle Distanz vermittelt. Der Einsatz einer hörbaren Pfeife ist für den Rückruf gestattet. Der Hund soll entspannt an der Leine oder in der Nähe des Prüfungsteilnehmers laufen, während das Mensch-Hund-Team am entgegenkommenden Menschen vorbeiläuft. Alternativ kann der Prüfungsteilnehmer auch stehen bleiben und seinen Hund vor, neben oder hinter sich zum Bleiben auffordern, bis das entgegenkommende Mensch-Hund-Team vorbeigegangen ist. Eine bestimmte Position („Sitz“, „Down“, „Steh“), die der Hund einnehmen soll, ist nicht vorgeschrieben. Der Hund darf die Position – auch mehrfach – wechseln. Der Hund soll auf das Signal zu seinem Prüfungsteilnehmer kommen und dort bleiben, bis der Prüfungsteilnehmer ihn wieder in den Freilauf schickt. Beim Prüfungsteilnehmer angekommen, soll der Hund sich auf das Signal des Prüfungsteilnehmers hinsetzen, hinlegen oder hinstellen. Der Hund darf vor, neben oder hinter dem Prüfungsteilnehmer positioniert werden.

Die Prüfung gilt als nicht bestanden, ...

... wenn der Hund das Signal des Prüfungsteilnehmers ignoriert und auch auf ein zweites Signal nicht kommt.
... wenn der Hund, nachdem er abgerufen wurde, mehr als 1 m am Prüfungsteilnehmer vorbeiläuft.
... wenn der Hund den Prüfungsteilnehmer anspringt, anrempelt oder stupst.
... wenn der Hund dauerhaft an der stark gespannten Leine läuft oder ständig vom Prüfungsteilnehmer ermahnt werden muss, ihn frei laufend zu begleiten oder bei ihm zu bleiben oder er sich mehrfach mehr als ca. 2 m vom Prüfungsteilnehmer entfernt.
... wenn der Prüfungsteilnehmer seinen Hund nicht selbstständig auf die abgewandte Seite des entgegenkommenden Menschen nimmt oder wenn er keinen respektvollen Abstand einhält.
... wenn sich der Hund aggressiv gegenüber dem entgegenkommenden Menschen verhält oder diesen belästigt.

Der Rückruf wird unter Ablenkung überprüft. Der Hund wird gerufen, wenn ein anderer Mensch entgegenkommt.

Ablenkung beim Rückruf kann auch ein anderes Mensch-Hund-Team sein. Der Prüfer hat hier die Wahl.

Stopp aus Distanz: der Hund muss mind. 10 m entfernt sein.

Auf ein Hör- oder Sichtzeichen soll er auf der Stelle warten.

Der Hund darf für das Warten belohnt werden.

ÜBUNG 13: FREILAUF MIT STOPPEN AUF SIGNAL

Der Hund befindet sich im Freilauf oder im begrenzten Freilauf an der 10 bis 15 m langen Schleppleine. Der Prüfungsteilnehmer soll seinen Hund während des gesamten Freilaufs im Blick behalten. Der Hund soll sich maximal ca. 30 m vom Prüfungsteilnehmer entfernen. Er darf sich jedoch immer nur so weit entfernen, wie er zu stoppen ist. Aus einer Distanz von mindestens 10 m soll der Prüfungsteilnehmer seinen Hund auf Anweisung des Prüfers aus der Bewegung zum Stoppen und Warten auffordern. Der Einsatz einer hörbaren Pfeife ist für das Stoppen gestattet. Der Hund soll auf das Signal stoppen und dort bleiben, bis der Prüfungsteilnehmer ihn auf Anweisung des Prüfers (nach ca. 5 Sekunden) wieder in den Freilauf/begrenzten Freilauf schickt, ihn zu sich ruft oder sich zu ihm begibt. Eine bestimmte Position („Sitz“, „Down“, „Steh“), die der Hund beim Stoppen und Warten einnehmen soll, ist nicht vorgeschrieben.

Die Prüfung gilt als nicht bestanden, ...

... wenn der Hund das Signal des Prüfungsteilnehmers ignoriert und auch auf ein zweites Signal nicht stoppt.

... wenn der Hund, nachdem er gestoppt wurde, mehr als 1 m weiter läuft.

... wenn der Hund den Prüfungsteilnehmer anspringt, anrempelt oder stupst.

ÜBUNG 14: FREILAUF MIT STOPPEN AUF SIGNAL, AUCH BEI ABLENKUNG

Der Hund befindet sich im Freilauf oder im begrenzten Freilauf an der 10 bis 15 m langen Schleppleine. Der Prüfungsteilnehmer soll seinen Hund während des gesamten Freilaufs im Blick behalten. Der Hund soll sich maximal ca. 30 m vom Prüfungsteilnehmer entfernen. Er darf sich jedoch immer nur so weit entfernen, wie er zu stoppen ist. Bei der Begegnung mit einem sich schnell bewegenden Reiz soll der Prüfungsteilnehmer seinen Hund zum Stoppen und Warten auffordern. Hierzu wird ein Reiz aus den folgenden möglichen Reizen ausgewählt: Fahrrad-,

Roller-, Skateboard- oder Rollschuhfahrer, Inlineskater, Jogger, rollender Ball. Der Einsatz einer hörbaren Pfeife ist für das Stoppen gestattet. Der Hund soll auf das Signal stoppen und dort bleiben, bis der Prüfungsteilnehmer ihn, nachdem der sich schnell bewegende Reiz vorbei ist, wieder in den Freilauf/begrenzten Freilauf schickt, ihn zu sich ruft oder sich zu ihm begibt. Eine bestimmte Position („Sitz", „Down", „Steh"), die der Hund beim Stoppen und Warten einnehmen soll, ist nicht vorgeschrieben.

Die Prüfung gilt als nicht bestanden, …

… wenn der Hund das Signal des Prüfungsteilnehmers ignoriert und auch auf ein zweites Signal nicht stoppt.

… wenn der Hund, nachdem er gestoppt wurde, mehr als 1 m weiter läuft.

… wenn der Hund den Prüfungsteilnehmer anspringt, anrempelt oder stupst.

… wenn sich der Hund aggressiv gegenüber dem entgegenkommenden Menschen verhält, oder diesen belästigt.

Ein sich schnell bewegender Reiz, z. B. ein Jogger, passiert den wartenden Hund.

ÜBUNG 15: ÜBERPRÜFEN VON OHREN, ZÄHNEN UND PFOTEN

Der Prüfungsteilnehmer soll zeigen, dass er in der Lage ist, sämtliche Körperteile seines Hundes anzufassen und zu kontrollieren. Der Hund soll sich während der Kontrolle ruhig verhalten und entspannt bleiben. Der Prüfungsteilnehmer schaut bei der Überprüfung in jedes Ohr des Hundes. Er hebt beide Lefzen hoch, um die Zähne kontrollieren zu können. Jede Pfote des Hundes wird einzeln einmal hochgehoben, die Pfotenballen werden vom Prüfungsteilnehmer kontrolliert.

Die Prüfung gilt als nicht bestanden, ...

... wenn deutliche Anzeichen von Stress wie Hecheln gezeigt werden, sowie beim deutlichen Versuch, sich der Überprüfung zu entziehen (die Entscheidung hierüber obliegt dem Ermessen des Prüfers).

Der Mensch schaut einmal kurz in jedes Ohr des Hundes.

Bei der Zahnkontrolle werden beide Seiten überprüft.

Jede Pfote wird vom Prüfungsteilnehmer kontrolliert.

Der zweite Prüfungsteil findet in einem innerstädtischen Gebiet statt, der Hund wird hier ausschließlich an der Leine geführt.

TEIL 2: IN EINEM INNERSTÄDTISCHEN GELÄNDE

Der zweite Übungsteil der praktischen Prüfung findet in einem innerstädtischen Gelände mit unterschiedlichsten Reizen/Ablenkungen statt. Der Übungsteil soll den Charakter eines Stadtbummels haben, in dessen Verlauf die einzelnen Übungen sowie das generelle Verhalten von Hund und Prüfungsteilnehmer in der Öffentlichkeit geprüft werden.
Es werden fünf Übungen überprüft. Der Hund wird hier ausschließlich angeleint geführt.
Die Situationen, in denen Prüfungsteilnehmer und Hund anderen Menschen und/oder Mensch-Hund-Teams begegnen, sollten sich aus dem öffentlichen Verkehr ergeben. Dazu muss das ausgewählte Gelände genug natürliche Möglichkeiten bieten, also ausreichend belebt sein.

ÜBUNG 1: AUS- UND EINSTEIGEN AUS DEM BZW. IN DAS AUTO

Der Prüfungsteilnehmer holt seinen Hund zu Beginn des zweiten Prüfungsteils aus dem auf einem Parkplatz abgestellten Auto. Dabei achtet er darauf, dass der Hund jederzeit gesichert ist. Der Hund wird entweder aus dem Auto herausgehoben oder darf, auf das Signal des Prüfungsteilnehmers, aus dem Auto herausspringen oder dieses über eine Rampe verlassen. Er soll sich danach sofort wieder an seinem Menschen orientieren.
Am Ende des zweiten Prüfungsteils fordert der Prüfungsteilnehmer seinen Hund auf, ins Auto zu springen oder über eine Rampe in das Auto einzusteigen, nachdem dieser ruhig gewartet und der Prüfungsteilnehmer das Auto geöffnet hat. Alternativ kann der Hund in das Auto hineingehoben werden. Im Auto wartet der Hund nun ruhig, bis der Prüfungsteilnehmer dieses geschlossen hat. Dabei achtet der Prüfungsteilnehmer darauf, dass der Hund jederzeit gesichert ist und sich nicht verletzen kann.

Die Prüfung gilt als nicht bestanden, ...

... wenn der Hund aus dem Auto heraus- bzw. in das Auto hineinspringt, bevor der Prüfungsteilnehmer ihm das Signal dazu gibt.
... wenn der Prüfungsteilnehmer den Hund beim Aus- oder Einsteigen aus dem bzw. ins Auto nicht kontrollieren kann, sodass der Hund andere Menschen belästigt oder durch Weglaufen die öffentliche Sicherheit gefährdet.

Der Hund soll seinem Prüfungsteilnehmer zu jeder Zeit aufmerksam an lockerer Leine folgen.

Bei der Überprüfung der Leinenführigkeit müssen beide auch durch enge Passagen laufen.

ÜBUNG 2: LEINENFÜHRIGKEIT UND ÜBERQUEREN EINER STARK BEFAHRENEN STRASSE

Der Prüfungsteilnehmer läuft mit seinem an der Führleine angeleinten Hund. Der Hund soll entspannt an lockerer Leine laufen. Dabei bewegt sich das Mensch-Hund-Team im innerstädtischen Bereich, in dem viele Ablenkungen durch Menschen, Hunde, Autos etc. vorhanden sind. Bei der Begegnung mit anderen Menschen soll der Prüfungsteilnehmer seinen Hund selbstständig immer da, wo es möglich ist, an die Seite nehmen, an der der Hund keinen Kontakt zum entgegenkommenden Menschen hat oder einen Abstand einhalten, der dem entgegenkommenden Menschen eine respektvolle Distanz vermittelt. Der Hund soll während der Begegnungen durchgängig entspannt an lockerer Leine laufen. Im Laufe des Stadtbummels bewegt sich das Mensch-Hund-Team auch durch eine enge Situation wie zwischen zwei Pfosten hindurch.
An einer stark befahrenen Straße hält der Prüfungsteilnehmer an. Der Hund soll währenddessen entspannt vor, neben oder hinter dem Prüfungsteilnehmer warten. Eine bestimmte Position („Sitz", „Down", „Steh"), die der Hund einnehmen soll, ist nicht vorgeschrieben. Der Hund darf die Position – auch mehrfach – wechseln. Sobald es die Verkehrssituation zulässt, überquert der Prüfungsteilnehmer mit seinem an der Führleine angeleinten Hund die Straße.

Die Prüfung gilt als nicht bestanden, …

… wenn der Hund dauerhaft an der stark gespannten Leine läuft.
… wenn der Prüfungsteilnehmer seinen Hund nicht selbstständig auf die Seite nimmt, auf der der Hund keinen Kontakt mit dem entgegenkommenden Menschen hat oder wenn er keinen respektvollen Abstand einhält.
… wenn der Hund während der Wartezeit dauerhaft an der Leine zerrt, in die Leine beißt oder Verhalten zeigt, das störend auf anwesende Personen wirkt. Eine einmalige erneute Aufforderung des Prüfungsteilnehmers an seinen Hund, sich ruhig zu verhalten, ist erlaubt.
… wenn sich der Hund aggressiv gegenüber dem entgegenkommenden Menschen verhält oder diesen belästigt.

ÜBUNG 3: WARTEN IN EINER ENGEN SITUATION, AUCH IN EINEM GEBÄUDE

Der Prüfungsteilnehmer bleibt mit seinem an der Führleine angeleinten Hund in einer Menschenmenge von mind. sechs weiteren Personen stehen. Der Hund darf vor, neben oder hinter dem Prüfungsteilnehmer warten. Eine bestimmte Position („Sitz", „Down", „Steh"), die der Hund einnehmen soll, ist nicht vorgeschrieben. Der Hund darf die Position – auch mehrfach – wechseln. Diese Übung kann im Zuge mit Übung 2 überprüft werden, wenn das Mensch-Hund-Team z. B. an einem Fußgängerüberweg oder einer Ampel wartet. Fühlt sich der Hund unwohl, soll der Prüfungsteilnehmer dies erkennen und ihn in eine Position bringen, in der er keinen direkten Kontakt mit den anderen Menschen hat.

Der Prüfungsteilnehmer bleibt zudem mit seinem an der Führleine angeleinten Hund in einer Menschenmenge von mind. sechs weiteren Personen in einem Gebäude stehen. Es soll eine enge Situation hergestellt werden, wie z. B. im Fahrstuhl. Der Hund darf vor, neben oder hinter dem Prüfungsteilnehmer warten. Eine bestimmte Position („Sitz", „Down", „Steh"), die der Hund einnehmen soll, ist nicht vorgeschrieben. Der Hund darf die Position – auch mehrfach – wechseln. Fühlt er sich unwohl, soll der Prüfungsteilnehmer dies erkennen und ihn in eine Position bringen, in der er keinen direkten Kontakt mit den Menschen hat.

Die Prüfung gilt als nicht bestanden, ...

... wenn der Hund während der Wartezeit dauerhaft an der Leine zerrt, in die Leine beißt oder Verhalten zeigt, das störend auf anwesende Personen wirkt. Eine einmalige erneute Aufforderung des Prüfungsteilnehmers an seinen Hund, sich ruhig zu verhalten, ist erlaubt.

... wenn sich der Hund aggressiv gegenüber dem entgegenkommenden Menschen verhält.

An einer Ampel einer stark befahrenen Straße soll der Hund entspannt warten, bis die Straße überquert werden kann.

Während der Wartezeit versammeln sich mindestens sechs weitere Menschen rund um das Mensch-Hund-Team und überqueren mit diesem die Straße.

In einem Restaurant oder Café soll der Hund mindestens zwei Minuten lang ruhig warten und die Menschen nicht nerven oder belästigen.

ÜBUNG 4: RUHIGES VERHALTEN IN EINER WARTESITUATION IN EINEM CAFÉ/RESTAURANT

Der Prüfungsteilnehmer setzt sich mit seinem an der Führleine angeleinten Hund in ein Café/ Restaurant. Die Genehmigung des Inhabers muss zuvor von der veranstaltenden DOGS Hundeschule eingeholt werden. Die Wartezeit beträgt mindestens 2 Minuten, das Ende der Wartezeit wird dem Prüfungsteilnehmer vom Prüfer bekannt gegeben. Der Hund darf vor, neben oder hinter dem Prüfungsteilnehmer warten. Eine bestimmte Position („Sitz", „Down", „Steh"), die der Hund einnehmen soll, ist nicht vorgeschrieben.

Der Hund darf die Position – auch mehrfach – wechseln. Der Hund darf auch auf einer Decke zum Warten aufgefordert werden. Während der Wartezeit laufen mehrere verschiedene Menschen oder auch Mensch-Hund-Teams an dem wartenden Mensch-Hund-Team vorbei.

Die Prüfung gilt als nicht bestanden, ...

... wenn der Hund während der Wartezeit dauerhaft an der Leine zerrt, in die Leine beißt oder Verhalten zeigt, das störend auf anwesende Personen wirkt. Eine einmalige erneute Aufforderung des Prüfungsteilnehmers an seinen Hund, sich ruhig zu verhalten, ist erlaubt.
... wenn sich der Hund aggressiv gegenüber den Menschen im Restaurant/Café verhält oder diese belästigt.

ÜBUNG 5: ABBRUCH EINER UNERWÜNSCHTEN HANDLUNG

Der Prüfer hält dem Hund eine begehrte Verlockung wie ein mit Fleischwurst belegtes Brötchen hin. Der Hund muss die Verlockung wahrnehmen können und sichtlich daran interessiert sein. Der Prüfungsteilnehmer soll seinen Hund davon abhalten, die Verlockung aus der Hand des Prüfers anzunehmen. Dazu darf er nicht mit der Leine einwirken oder anderweitige körperliche Einwirkungen vornehmen. Die Übung kann im Verlauf oder im direkten Anschluss an Übung 4 überprüft werden.

Der Hund darf vom Prüfer nichts annehmen.

Die Prüfung gilt als nicht bestanden, ...

... wenn der Prüfungsteilnehmer seinen Hund nicht davon abhalten kann, die Verlockung aufzunehmen.
... wenn sich der Hund aggressiv gegenüber dem Prüfer oder den Menschen im Restaurant/Café verhält oder diese belästigt.

SERVICE

— *Wissenswertes für Hundehalter*

DOGS

Martin Rütter DOGS
Die Hundeschulen für Menschen
www.martinruetter.com/hundeschulen

LINK: PRÜFUNGSORDNUNG

Unter diesem Link findest du die Prüfungsordnung zum DOGS Hundeführerschein als Download:
https://www.martinruetter.com/hundefuehrerschein/pruefung/

MARTIN RÜTTER IM KOSMOS-VERLAG

Hundetraining: Alles über den Aufbau einer guten Beziehung und alle wichtigen Signale Schritt für Schritt erklärt.

Welpentraining: Der beste Start ins Hundeleben! Informationen, Tipps und Übungen für die ersten Monate mit dem Welpen/Junghund.

Sprachkurs Hund: So klappt die Verständigung! Körpersprache, Mimik und Lautsprache von Hunden verstehen lernen und besser kommunizieren.

Hunde beschäftigen: Für jeden Hundetyp die passende Beschäftigung. Gemeinsame Aktivitäten fördern die Beziehung und verbessern die Lebensqualität.

Hund und Kind: Der Beratungscoach für Familien, damit das Zusammenleben problemlos klappt.

Hundesenioren: Alte Hunde haben eigene Bedürfnisse, aber auch noch viel Freude an gemeinsamen Unternehmungen. Hier findest du viele Tipps, wie du das Leben alter Hunde gestalten kannst.

Problem gelöst! Ob Besuch-Anspringen, Nicht-allein-bleiben-Können, An-der-Leine-Ziehen, Aggression gegen Artgenossen an der Leine – hier findet man den Weg aus dem Dilemma.

Angst bei Hunden: Ängstliche Hunde leiden meist still. Deshalb ist es wichtig zu wissen, wie man als Mensch mit den Ängsten umgehen kann und welche Hilfestellungen es gibt.

Aggression beim Hund: Als Halter eines aggressiven Hundes wird man schnell in eine Ecke gedrängt. Doch es gibt Trainingsmöglichkeiten und Hilfsmittel, die den Alltag sicherer und stressfreier machen.

Haltung mehrerer Hunde: Der Wunsch nach einem Zweithund ist schnell vorhanden! Hier erfährst du, was man bei der Auswahl beachten sollte und wie das Zusammenleben klappt.

Jagdverhalten bei Hunden: Jagen muss nicht lebenslang Leine bedeuten. Hier erfährst du, wie du einen zuverlässigen Rückruf aufbauen und deinen Hund durch alternative Beschäftigung auslasten kannst.

Der Hundeprofi: Begleite Martin Rütter, wenn er Hundehalter coacht und ihnen zeigt, wie das Leben mit Hund im Haus und auf dem Spaziergang gestaltet werden kann.

Freispruch! Das Buch zur Tour FREISPRUCH! – lustig, frech und mit vielen Tipps.

NOCH MEHR **MARTIN RÜTTER**

BUCH
HUNDETRAINING

FUTTERTUBE
GOTOOB

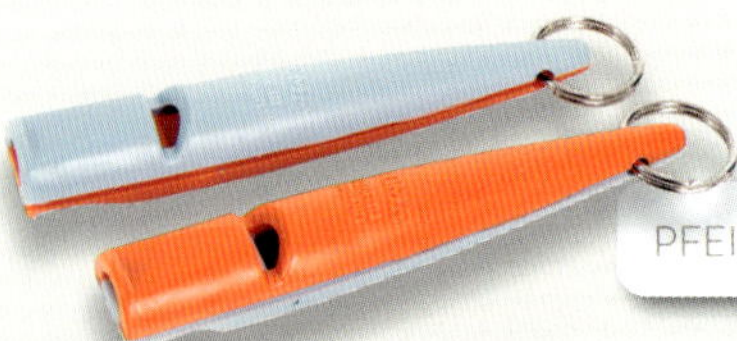

PFEIFEN ACME

BUCH
HUNDE BESCHÄFTIGEN

TRAININGSSNACKS
FRESCO

FUTTERBALL SNOOP

BUCH
WELPENTRAINING

GESCHIRRE

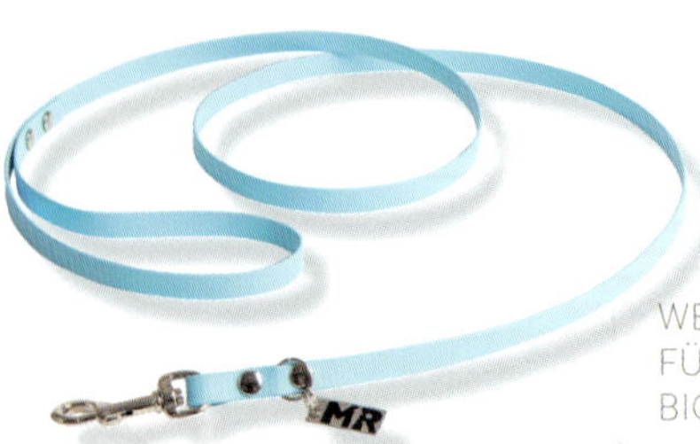

WELPEN
FÜHRLEINEN
BIOTHANE

BUCH
HUNDESENIOREN

PFOTENABDRUCK
MIT FORMSCHAUM

ORTHOPÄDISCHES
HUNDEKISSEN

Diese und weitere Produkte:
www.**martinrütter**.shop

AUTOREN

Martin Rütter gründete 1995 sein „Zentrum für Menschen mit Hund", in dem er nach neuesten wissenschaftlichen Kenntnissen aus der Verhaltensforschung seine Trainingsphilosophie DOGS aufbaute und diese bis heute weiterentwickelt. Mittlerweile gibt es in ganz Deutschland, Österreich, Südtirol und in der Schweiz Hundeschulen, die nach DOGS arbeiten und in denen vor allem der Mensch im Vordergrund steht und mit seinen Problemen ernst genommen wird. Immer mehr Mensch-Hund-Teams profitieren von diesem Angebot, das auch den DOGS Hundeführerschein beinhaltet.

Andrea Buisman ist seit 2003 im Team von Martin Rütter, bildet angehende DOGS Coachs aus und ist für die fachliche Betreuung des Netzwerkes der DOGS Hundeschulen zuständig sowie für die Ausarbeitung des DOGS Hundeführerscheins. Ihre Spezialgebiete sind Mehrhundehaltung und Jagdverhalten und sie ist gefragte Referentin für Trainerfortbildungen zu Themen wie Welpen und Aggression bei Hunden. Andrea Buisman züchtet zudem Labrador Retriever im Deutschen Retriever Club unter dem Zwingernamen „Speed'n Style".

FACHLICHE BERATUNG

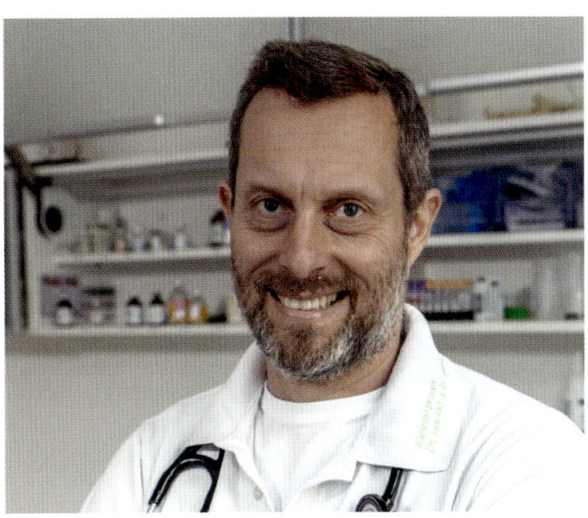

Dr. med. vet. Ralf Unna hat an der Freien Universität Berlin studiert, ist Vizepräsident des Landestierschutzverbandes NRW und leitet zusammen mit Dr. Sabine Holland die Kleintierpraxis Dr. Holland & Dr. Unna in Köln.
Er hat Martin Rütter und Andrea Buisman bei der Erstellung der medizinischen Themen unterstützt und seine Praxis für Fotoaufnahmen zur Verfügung gestellt.

REGISTER

BILDNACHWEIS

237 Farbfotos wurden von Klaus Grittner für dieses Buch aufgenommen.

Weitere Farbfotos von Andrea Buisman (5: S. 33, 34, 35, 37). Fotos in den Anzeigen von Guido Engels (S. 256), Jelena Fillipinski (S. 250) und Alex Stiebritz (S. 254 u.). Illustrationen von Wolfgang Lang / Kosmos (2: 52, 102)

IMPRESSUM

Umschlaggestaltung von GRAMISCI Editorialdesign unter Verwendung von zwei Farbfotos von Klaus Grittner / Kosmos.

Mit 243 Farbfotos und 2 Illustrationen.

Alle Angaben in diesem Buch erfolgen nach bestem Wissen und Gewissen. Sorgfalt bei der Umsetzung ist indes dennoch geboten. Der Verlag und die Autoren übernehmen keinerlei Haftung für Personen-, Sach- oder Vermögensschäden, die aus der Anwendung der vorgestellten Materialien, Methoden oder Informationen entstehen könnten.

Unser gesamtes Programm finden Sie unter **kosmos.de.**
Über Neuigkeiten informieren Sie regelmäßig unsere Newsletter, einfach anmelden unter **kosmos.de/newsletter**

Gedruckt auf chlorfrei gebleichtem Papier

ISBN 978-3-440-17180-6
Redaktion: Hilke Heinemann
Gestaltungskonzept: Peter Schmidt Group GmbH, Hamburg
Gestaltung und Satz: Atelier Krohmer, Dettingen/Erms
Produktion: Nina Renz
Druck und Bindung: Printer Trento
Printed in Italy / Imprimé en Italie

FSC www.fsc.org MIX Papier aus verantwortungsvollen Quellen FSC® C015829